"十三五"职业教育国家规划教材

土木工程概论

（第二版）

主　编　陈克森　张　玲
副主编　郭青芳　李凌霄　黄　欢
　　　　余文星　伍　根　蔡韩英
主　审　刘志麟

南京大学出版社

内容摘要

本书介绍了土木工程中的主要原材料、基本构件、工程类型及其特点、工程施工与项目管理等知识。全书共分为八个单元，分别为：背景知识、土木工程材料、地基与基础工程、建筑工程、交通工程、水利工程、土木工程施工、土木工程项目管理等。

本书主要作为高等职业院校工程造价、工程管理、工程监理等土建管理类各专业的教材，同时也适用于建筑工程、基础工程、水利工程、道路与桥梁工程、市政工程、给排水工程等专业少学时教学教材，也可作为有关工程技术人员的参考用书。

图书在版编目(CIP)数据

土木工程概论 / 陈克森，张玲主编. —2 版. —南京：南京大学出版社，2019.7(2021.5 重印)
ISBN 978-7-305-09587-0

Ⅰ.①土… Ⅱ.①陈… Ⅲ.①土木工程—高等职业教育—教材 Ⅳ.①TU

中国版本图书馆 CIP 数据核字(2019)第 228959 号

出版发行 南京大学出版社
社　　址 南京市汉口路 22 号　　邮　　编 210093
出 版 人 金鑫荣

书　　名 土木工程概论
主　　编 陈克森 张 玲
责任编辑 朱彦霖　　编辑热线 025-83597482

照　　排 南京开卷文化传媒有限公司
印　　刷 常州市武进第三印刷有限公司
开　　本 787×1092 1/16 印张 15.75 字数 396 千
版　　次 2019 年 7 月第 2 版 2021 年 5 月第 3 次印刷
ISBN 978-7-305-09587-0
定　　价 45.00 元

网　　址：http://www.njupco.com
官方微博：http://weibo.com/njupco
官方微信号：njutumu
销售咨询热线：(025)83594756

前言

“土木工程概论”作为土建类各专业的前导课程，阐述了土木工程的重要性和它所包含的主要内容。本课程的学习可以使学生对土木工程有一个概貌的了解，为后续专业课程的学习做好铺垫，起到“引子”的作用，这即为编者编写本教材的出发点。

针对高等职业教育工程造价、工程管理、工程监理等土建管理类各专业学生的能力培养，建筑工程、基础工程、水利工程、道路与桥梁工程、市政工程、给排水工程等专业学生的能力拓展，本书在编写时着重把基本概念介绍清楚，同时尽可能地对各类工程的结构类型、适用条件、构造特点以及主要技术参数等作较为详细的介绍，力求给学生用上一个系统、全面的知识体系，并适应不同学时的教学要求。教材内容按照单元、课题的体例编写，力求精练，注重理论联系实际，突出职业教育的教材特点。

本书介绍了土木工程中的主要原材料、基本构件、工程类型及其特点、工程施工与项目管理等知识。全书共分为八个单元，分别为：背景知识、土木工程材料、地基与基础工程、建筑工程、交通工程、水利工程、土木工程施工、土木工程项目管理等。

本书由山东水利职业学院陈克森、张玲任主编，山东水利职业学院郭青芳、李凌霄，武汉船舶职业技术学院黄欢，江门职业技术学院佘文星，咸宁职业技术学院伍根，新乡职业技术学院蔡韩英任副主编。日照职业技术学院刘志麟任主审。

本书在编写过程中，得到了编者所在单位领导、南京大学出版社领导和编辑的大力支持与帮助，在此表示深深的谢意。

本书参考和引用了有关教材、科技文献及部分网络资源内容，未能同作者一一联系，其中绝大部分已在本书参考文献中列出，但也难免有遗漏，编者在此一并表示衷心的感谢。

由于编者水平有限，书中难免存在疏漏、错误和不妥之处，有些内容还不够完善，恳请广大读者提出宝贵意见，以便进一步提高本教材的质量。

编　者

2021年4月

目　录

立体化资源目录

续表

单元一　背景知识

学习目标

了解土木工程在国民经济建设中的地位和重要性；了解一些古今中外典型土木工程项目；了解土木工程的发展趋势；掌握土木工程概论课程的学习方法。

学习重点

土木工程在国民经济中的重要地位及其发展简史。

课题一　土木工程的重要地位

土木工程，一层含义是指与人类生活、生产活动有关的各类工程设施；另一层含义是指为了建造工程设施，应用材料、工程设备在工地上所进行的勘察、设计、施工等工程技术活动。它是工程建设的对象，即建造在地上或地下、陆地或水中的，直接或间接为人类生活、生产、军事、科学研究服务的各种工程设施，例如房屋、道路、铁路、隧道、河道、堤坝等各种工程设施。也指所应用的材料、设备和所进行的勘测设计、施工、保养、维修等技术活动。

土木工程为国民经济的发展和人民生活的改善提供了重要的物质技术基础，在国民经济中占有举足轻重的地位。人们的生活离不开衣、食、住、行，铁路、公路、水运、航空等的发展都离不开土木工程。为改善人们的居住条件，国家每年在建造住宅方面的投资是十分巨大的。1978 年，我国城市人均居住面积为 6.7 m^2，到 2018 年，城镇居民人均居住面积已达 39 m^2。各种工业建设，无论其性质和规模如何，首先必须兴建厂房才能投产。核电站核反应堆的基础和保护罩乃至核废料的处理，都牵涉到土木工程。截止到 2019 年 9 月，我国大陆已建成并投入商业运行的核电站有 17 个，主要分布在沿海地区。分别是辽宁红沿河核电厂（辽宁省大连市瓦房店红沿河镇）、海阳核电厂（山东省海阳市）、石岛湾核电站（石岛湾以北的宁津湾）、田湾核电厂（江苏省连云港市连云区田湾）、秦山核电厂和秦山第二核电厂以及秦山第三核电厂（均位于浙江省海盐县）、方家山核电厂（是秦山一期核电工程的扩建项目）、三门核电厂（浙江省台州市三门县）、福建宁德核电站（福鼎市秦屿镇备湾村）、福建福清核电厂（福建省福清市三山镇前薛村的岐尾山）、大亚湾核电站（广东省深圳市龙岗区大鹏半岛）、岭澳核电厂（广东大亚湾西海岸大鹏半岛东南侧）、台山核电厂（台山市赤溪镇腰古村东北方约 1.2 km 处）、阳江核电站（粤西沿海的阳江市）、防城港核电站（广西防城港市企沙半岛东侧）、昌江核电厂（海南省昌江县海尾镇唐兴村）。即便水力发电，也需建坝和建造机房。露天采矿也不能没有办公用房和生活用房；采矿机械和运输车辆也不能长期露天放置。近海平台的设计和兴建，水下仓库、车库、水下和海底隧道无一不需土建人员的参加。宇宙火箭和航天飞机的发射基地和发射架，甚至太空试验站都有土木工程人员“用武之地”。

土木工程的建设，也称为各行各业的基本建设或工程建设，它既包括建筑安装工程，又包括建设单位及其主管部门的投资决策活动以及土地征用、工程勘察设计、工程监理等。工程建设是社会化大生产，有着产品体积庞大、建设场所固定、建设周期长、投资数额大、占据资源多的特点，它涉及建筑业、房地产业、工程勘察设计等行业，也带动了物业管理和工程咨询等新兴行业的发展。

土木工程虽然是古老的学科，但其领域随各种学科的发展而不断发展壮大。因此，土木工程技术人员的知识面要更为广阔，学科间的相互渗透和促进的要求也更为迫切，而且要求知识不断更新，因此信息科学和国际交流对土木工程人员也极其重要；对专业的掌握应更为深入，设计建造和科学研究需更紧密联系。现代的土木工程不仅要求按计划完成，而且要按最佳方案并以最优方式来设计和建造。土木工程建设者的任务是光荣而艰巨的。

课题二　土木工程发展简史

土木工程从起源至今经历了漫长的发展过程，在漫长的演变和发展过程中，不断地注入了新的内涵。它与社会、经济、科学技术的发展密切相关，而就其本身而言，则主要围绕着材料、施工技术、力学与结构理论的演变而不断发展。

土木工程经历了古代、近代、现代三个历史时期。

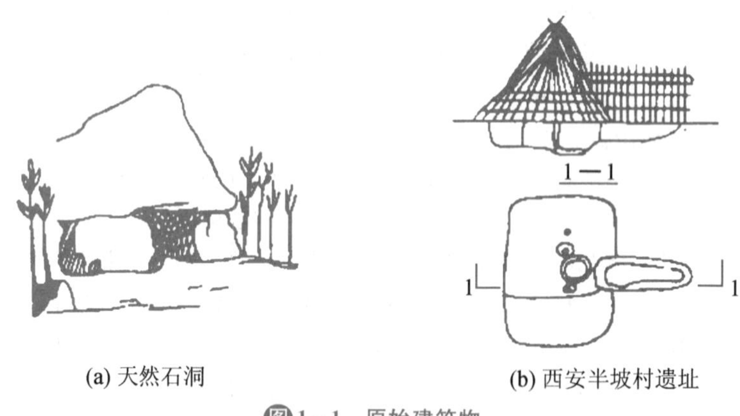

(a) 天然石洞　　(b) 西安半坡村遗址

图1-1　原始建筑物

一、古代土木工程

古代土木工程是从新石器时代开始，到公元17世纪工程结构有了定量的理论分析为止。这一时期，人类实践应用简单的工具，依靠手工劳动，没有系统的理论，但是在此期间人类发明了烧制的瓦和砖，这是土木工程发展史上的一件大事，同时，人类也建造了不少辉煌而伟大的工程。

随着历史的发展，人类社会的进步，人们开始掘地为穴、搭木为桥，开始了原始的土木工程。在中国黄河流域的仰韶文化遗址（公元前5000～前3000年）中，发现了遗存浅穴和地面建筑。西安半坡村遗址(公元前4800～前3600年)中有很多圆形房屋,直径5～6 m,室内竖有木柱来支撑上部屋顶,如图1-1所示。洛阳王湾的仰韶文化遗址(公元前4000～前3000年)中有一座面积为200 m^2 的房屋,墙下挖有基槽,槽内有卵石,这是墙基的雏形。

英格兰的索尔兹伯里的石环,距今已有四千余年,石环直径约32 m,单石高达6 m,采用巨型青石近百块,每块重达10 t,石环间平放着厚重的石梁,这种梁柱结构方式至今仍为建筑的基本结构体系之一。大约公元前3世纪出现了经过烧制的砖和瓦,在构造方面,形成了木构架、石梁柱等结构体系,还有许多较大型土木工程。

随着生产力的发展,私有制取代了原始的公有制,奴隶社会代替了原始社会。在奴隶社会里,奴隶主利用奴隶们的无偿劳动力,建造了大规模的建筑物,推动了社会文明的进步,也促进了建筑技术的发展。古代的埃及、印度、罗马等先后建造了许多大型建筑、桥梁、输水道等。

吉萨大金字塔

埃及的吉萨金字塔群(建于公元前2700～前2600年)如图1-2所示,它造型简单、计算准确、施工精细、规模宏大,是人类伟大的文化遗产。

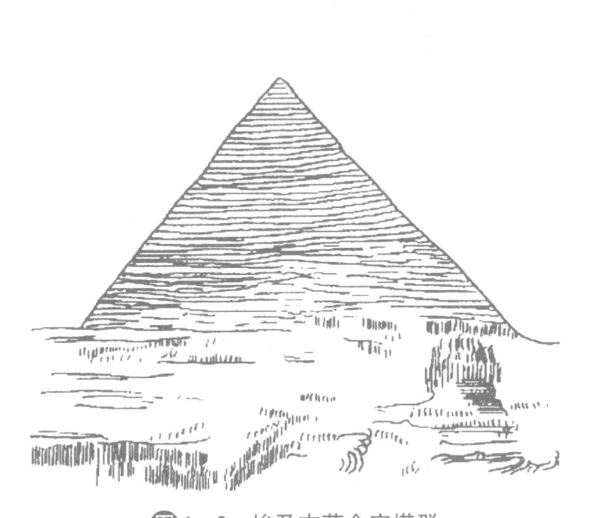
图1-2　埃及吉萨金字塔群

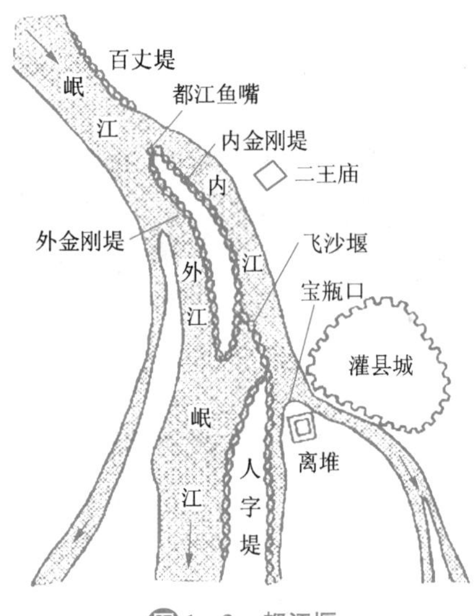

图1-3　都江堰

公元前5世纪～前4世纪,在我国河北临漳,西门豹主持修筑引漳灌邺工程。公元前3世纪中叶,在今四川灌县,李冰父子主持修建都江堰,解决围堰、防洪、灌溉以及水陆交通问题,是世界上最早的综合性大型水利工程,如图1-3所示。长城原是春秋战国时各诸侯国为互相防御而修建的城墙。秦始皇于公元前221年统一全国后,为防御北方匈奴贵族的侵犯,于公元前214年在魏、赵、燕三国修建的土长城的基础上进行修缮。明代为了防御外族的侵扰,前后修建长城18次,西起嘉峪关,东至山海关,总长6700 km,成为举世闻名的万里长城,如图1-4所示。

图1-4　万里长城

欧洲以石拱建筑为主的古典建筑在这一时期就已达到了很高的水平。早在公元前4世纪，罗马采用券拱技术砌筑下水道、隧道、渡槽等土木工程；在建筑工程方面则继承和发展了古希腊的传统柱式，如万神庙（公元120～124年）的圆形正殿屋顶，直径43.43 m，是古代最大的圆顶庙。意大利的比萨大教堂建筑群、法国的巴黎圣母院教堂（公元1163～1127年），均为拱券结构。圣保罗主教堂是英国最大的教堂，是英国古典主义建筑的代表，教堂内部进深141 m，翼部宽30.8 m，中央穹顶直径34 m，顶端离地111.5 m。

古希腊是欧洲文化的摇篮，公元前5世纪建成的以帕提农神庙为主体的雅典卫城，是最杰出的古希腊建筑，造型典雅壮丽，用白色大理石砌筑，庙宇宏大，石制梁柱结构精美，在建筑和雕刻上都有很高的成就，是典型的列柱围廊式建筑，如图1-5所示。

古罗马建筑对欧洲乃至世界建筑都产生了巨大的影响。古罗马大斗兽场在功能、形式与结构上做到了和谐统一，建筑平面成椭圆形，长轴188 m，短轴156 m，立面为4层，总高48.5 m，场内有60排座位，80个出入口，可容纳4.8～8万名观众，如图1-6所示。

图1-5　帕提农神庙

图1-6　罗马大斗兽场

我国古代建筑的一大特点是木结构占主导地位。现存高层木结构实物，当以山西应县佛宫寺释迦塔（建于1056年）为代表，塔身外观5层，内有4个暗层，共有9层，高67 m，平面成八角形，是世界上现存最高的木结构之一。

古代土木工程在建筑工程上取得巨大成绩的同时，在其他方面也取得了重大成就。秦朝在统一中国后，修建了以咸阳为中心的通向全国的驰道，形成了全国规模的交通网。在欧洲，罗马建设了以罗马为中心，包括29条辐射主干道和322条联络干道，总长达78000 km的罗马大道网。道路的发展推动了桥梁工程的发展，桥梁结构最早为行人的石板桥和木梁桥，后来逐步发展成石拱桥。现保存最完好的我国最早石砌拱桥为河北赵县的安济桥，又名赵州桥，如图1-7所示。它建于公元595～605年，为隋朝匠人李春设计并参加建造，该桥全部用石灰石建成，全长50.83 m，净跨37.02 m，矢高

图1-7　赵州桥

7.23 m，矢跨比小于1/5，桥面宽9 m。该桥在材料使用、结构受力、艺术造型和经济上都取得了极高的成就。

在水利工程方面，公元前3世纪，中国秦代在今广西兴安开凿灵渠，总长34 km，落差32 m，沟通湘江、漓江，联系长江、珠江水系，后建成使用"湘漓分流"的水利工程。运河为人工开挖的水道，用以沟通不同的河流、水系和海洋，连接重要城镇和矿区，发展水上运输。公元7世纪初，我国隋代开凿修建的京杭大运河，全长2500 km，它北起北京，经天津市和河北、山东、江苏、浙江四省，南至杭州，是世界历史上最长的运河，至今该运河的江苏、浙江段仍是重要的水运通道。这一时期，城市建设和工艺技术方面也都取得了很多成绩。人们在大量建造土木工程的同时，注意总结经验，促进意识的深化，编写了许多优秀的土木工程著作，出现了许多优秀的工匠和技术人才，如中国的《木经》《营造法式》(李诫著)，意大利的《论建筑》(阿尔贝蒂著)等。

二、近代土木工程

从17世纪中叶到20世纪中叶的300年间，土木工程有了飞速迅猛的发展。伽利略在1638年出版的著作《关于两门新科学的谈话和数学证明》中，论述了建筑材料的力学性能和梁的强度。1687年牛顿总结的力学运动三大定律是土木工程设计理论的基础。瑞士数学家欧拉在1744年出版的《曲线的变分法》中建立了柱的压屈公式。1773年法国工程师库仑著的《建筑静力学各种问题极大极小法则的应用》一文说明了材料的强度理论及一些构件的力学理论。18世纪下半叶，瓦特发明的蒸汽机的使用推动了产业革命，为土木工程提供了多种建筑材料和施工机具，同时也对土木工程提出了新的要求。

1824年英国人J·阿斯普丁发明了波特兰水泥，1856年转炉炼钢法取得成功，两项发明为钢筋混凝土的产生奠定了基础。1867年法国人J·莫尼埃用钢丝加固混凝土制成了花盆，并把这种方法推广到工程中，建造了一座贮水池，这是钢筋混凝土应用的开端。1875年他主持建造成第一座长16 m的钢筋混凝土桥。1886年，在美国芝加哥建成的9层家庭保险公司大厦，被认为是现代高层建筑的开端。1889年在法国巴黎建成高300 m的埃菲尔铁塔。

产业革命还从交通方面推动了土木工程的发展。蒸汽轮船的出现推动了航运事业的发展，同时也推动了港口和码头的修建、运河的开凿。苏伊士运河建于1859～1869年，贯通苏伊士海峡，连接地中海和红海，从塞得港至陶菲克港，长161 km，连同深入地中海和红海的河段，总长173 km，河面宽60～100 m，平均水深15 m，可通8万吨巨轮，使从西欧到印度洋间的航程比绕道非洲好望角缩短了5500～8000 km。1825年G·斯蒂芬森建成了从斯托克特到达灵顿的长21 km的第一条铁路，1869年美国建成横贯北美大陆的铁路，20世纪初俄国建成西伯利亚铁路。1863年英国伦敦建成世界上第一条地铁，长6.7 km。1819年英国马克当筑路法明确了碎石路的施工工艺和路面锁结理论。在桥梁工程方面，1779年英国用铸铁建成了跨度30.5 m的拱桥，1826年英国人托马斯·特尔福德用锻铁建成了跨度177 m的梅奈悬索桥。1890年英国福斯湾建成两孔主跨达521 m的悬臂式桁架梁桥。19世纪，设计理论进一步发展并有所突破，土木方面的协会、团体也相继出现。

第一次世界大战以后，道路、桥梁、房屋大规模出现。道路建设方面，沥青混凝土开始用于高级路面。1931～1942年德国首先修筑了长达3860 km的高速公路网。1918年加拿大建成魁北克悬臂桥，跨度548.6 m。1937年美国旧金山建成金门悬索桥，跨度1280 m，全长2825 m。

随着工业的发展和城市人口的增多，大跨度和高层建筑相继出现。1925～1933年在法国、苏联和美国分别建成了跨度达60 m的圆壳、扁壳和圆形悬索屋盖。中世纪的石砌拱终于被壳体结构和悬索结构取代。1931年美国纽约的帝国大厦落成，共102层，高378 m，结构用钢5万多吨，内有电梯67部，可谓集当时技术之大成，它保持世界房屋最高纪录达40年之久。

1886年美国人P・H杰克逊首次应用预应力混凝土制作建筑构件后，预应力混凝土先后在一些工程中得到应用并得到进一步发展。超高层建筑相继出现，大跨度桥梁也不断涌现，至此土木工程开始向现代化迈进。

水利建设方面宏伟的成就是两条大运河的建成通航，一条是1869年开凿成功的苏伊士运河，将地中海和印度洋连接起来，这样从欧洲到亚洲的航行不必再绕行南非；另一条是1914年建成的巴拿马运河，它将太平洋和大西洋直接联系起来，在全球运输中发挥了巨大作用。

必须看到，近代土木工程的发展是以西方土木工程的发展为代表的，这一时期的中国，由于清政府采取闭关锁国的政策，土木工程技术进展缓慢，直到清末洋务运动开始后，才引进了一些西方的先进技术，并建造了一些对中国近代经济发展有影响的工程。例如：1909年詹天佑主持的京张铁路建成，全长200 km，达到当时世界先进水平。1889年唐山设立水泥厂。1910年开始生产机制砖。1934年上海建成24层的国际饭店，21层的百老汇大厦。1937年已有近代公路11万公里。中国土木工程教育事业开始于1895年的北洋大学（今天津大学）和1896年的北洋铁路官学堂（今西南交通大学）。1912年成立中华工程师学会，詹天佑为首任会长。20世纪30年代成立中国土木工程学会。

三、现代土木工程

现代土木工程以社会生产力的现代发展为动力，以现代科学技术为背景，以现代科学材料为基础，以现代工艺与机具为手段高速地向前发展。

现代土木工程是以第二次世界大战后为起点。由于经济复苏，科学技术得到飞速发展，土木工程也进入了新的时代。从世界范围来看，现代土木工程具有以下特点：

1. 土木工程功能化

现代土木工程的特征之一是工程设施同它的使用功能或生产工艺紧密地结合在一起。现代土木工程已超出了它的原始意义的范畴，随着各行各业飞速发展，其他行业对土木工程提出了更高的要求，土木工程必须适应其他行业的发展要求。土木工程与其他行业的关系越来越密切，它们相互依存、相互渗透、相互作用、共同发展。例如大型挡水坝的混凝土浇筑量达数千万立方米，有的高炉基础达数千万立方米。满足土木工程特殊功能要求的特种工程结构也发展起来。如核工业的发展带来了新的工程类型。目前世界上已有30多个国家或地区建有核电站。根据国际原子能机构（IAEA）统计，截至2019年底，共有443台核电机组在运行，总装机容量392.1 GW。

随着社会的进步，经济的发展，现代土木工程也要满足人们日益增长的对物质和文化生活的需要，现代化的公用建筑和住宅工程融各种设备及高科技产品成果于一体，不再仅仅是传统意义上的只是四壁的房屋。

2. 城市建设立体化

迪拜塔

城市在平面上向外扩展的同时，也向地下和高空发展，高层建筑成了现代化城市的象征。美国的高层建筑数量最多，高度在 160～200 m 的建筑就有 100 多幢。1973 年在美国芝加哥建成高达 443 m 的西尔斯大厦，如图 1－8 所示，其高度比 1931 年建造的纽约帝国大厦高出 65 m 左右。2010 年在阿拉伯联合酋长国建成高 828 m 的迪拜塔，目前世界最高，如图 1－9 所示。总高为 632 m 的上海中心大厦为中国第一高楼，位居世界第三。

地铁、地下商店、地下车库和油库日益增多。道路下面密布着的电缆、给水、排水、供热、煤气、通信等管网构成了城市的脉络。现代城市建设已成为一个立体的、有机的整体，对土木工程各个分支以及它们之间的协作提出了更高的要求。

图 1－8　美国西尔斯大厦

图 1－9　阿拉伯联合酋长国迪拜塔

3. 交通运输高速化

市场经济的繁荣与发展，对运输系统提出了快速、高效的要求，而现代化技术的进步也为满足这种要求提供了条件。现在人们常说“地球越来越小了”，这是运输高速化的结果。

高速公路出现于第二次世界大战前，但到战后才在各国大规模兴建。据不完全统计，全世界 80 多个国家和地区拥有高速公路，我国《国家公路网规划(2013 年—2030 年)》提出，未来我国公路网总规模约 580 万公里，其中国家公路约 40 万公里。在 40 万公里的国家公路中，普通公路网 26.5 万公里，国家高速公路网 11.8 万公里，还有 1.8 万公里的展望线。铁路运输在公路、航空运输的竞争中也开始快速化和高速化。速度在 150～200 km/h 以上的高速铁路先后在日本、法国和德国建成。截止至 2018 年末，我国铁路营业总里程是 13.2 万公里，这个数字比 1949 年增长了 5 倍；高铁从无到有，现在通车里程达到 2.9 万公里，居世界第一。上海引进磁悬浮高速铁道系统，其试验速度已达 500 km/h 以上，目前已建成并投入商业营运。飞机是最快捷的运输工具，但成本高、运输量小。二战以后飞机的容量愈来愈大，功能愈来愈多，因此，许多国家和地区相继建设了先进的大型航空港。1974 年投入使用的巴黎戴高乐机场，拥有 4 条跑道，跑道面层混凝土厚 400 mm，机场占地面积 $2.995\times10^7\ m^2$，高峰时每分钟可起降 2～3 架飞机。美国芝加哥国际机场，年吞吐量 4000 万人次，高峰时每小时起降飞机 200 架次，居世界第一。我国在北京、上海、香港新建或扩建的机场均已跨入世界大型航空港之列。这种庞大的空中交通设施，对机场的导航系统、客货出入分流系统、安全检查系统、故障紧急救援系统均有很严格的要求，完成这样巨大的航空港建设没有现代土木工程技术是不能实现的。

4. 工程设施建设大型化

为了满足能源、交通、环保及大众公共活动的需要，许多大型的土木工程在二战后陆续建成并投入使用。

古代建设交通道路是“逢山开路，遇水架桥”，但真的遇到大江大河或高山险岭，还是得绕行。如我国长江，直到 1956 年才有了第一座跨江大桥。有了现代化的施工技术，跨江河甚至跨海湾的大桥陆续建成。自 1937 年美国金门悬索桥一跨超过千米以后，目前已有 6 座悬索桥的跨度超过了金门大桥。其中，日本明石海峡大桥，主跨 1991 m，于 1998 年建成，它连接了日本的本洲与四国岛，是目前世界上跨度最大的悬索桥。居世界第二位的是中国的杨泗港长江大桥，跨度 1700 m，于 2019 年建成。第三大跨为中国的西堠门大桥，主跨 1650 m，于 2009 年建成。

在拱桥方面，南斯拉夫克尔克二号混凝土拱桥跨度达 390 m，在相当长的时间内位居世界第一。现在位居世界第一的是中国的重庆朝天门长江大桥，主跨 552 米，全长 1741 米，若含前后引桥段则长达 4881 米，建成于 2009 年，第二大跨的为中国的上海卢浦大桥，主跨 550 米，直线引桥全长 3900 米，建成于 2003 年，居世界第三位的是美国的美国新河峡谷大桥，主跨 518 米，建成于 1977 年。

斜拉桥是二战以后出现的新桥型。排名第一的是 2012 年建成的俄罗斯的俄罗斯岛大桥，主跨径长 1104 m，第二的是 2020 年建成通车的中国的沪苏通长江公铁大桥，主跨径长 1092 m，第三为 2008 年建成的中国的苏通长江大桥，主跨径为 1088 m。

沪苏通长江公铁大桥

在隧道方面，近代开凿了许多穿过大山或越过大江、海峡的通道。目前世界上最长隧道是 2016 年建成的瑞士的圣哥达基线隧道，全长 57.1 km，其次为日本的青函海峡隧道，长 53.9 km，于 1988 年建成通车。

在高层建筑方面，1994 年美国芝加哥建成的西尔斯大厦，110 层，高 443 m。目前中国最高的建筑为上海中心大厦，118 层，高 632 m。国内其他有代表性的高层建筑有：上海金茂大厦，高 420.5 m；深圳地王大厦，高 325 m；广州中天广场，高 321.9 m；广东国际会议中心，高 200 m。

在高耸结构方面，东京晴空塔，其高度为 634.0 m，于 2011 年 11 月 17 日获得吉尼斯世界纪录认证为“世界第一高塔”，为世界之冠；第二位则为 2009 年建成的中国的广州塔，高 600 m。在大跨度建筑方面，主要是体育馆、展览厅和大型储罐。如美国西雅图的金群体育馆为钢结构穹球顶，直径达 202 m。法国巴黎工业展览馆的屋盖跨度为 218 m×218 m，由装配式薄壳组成。北京工人体育馆为悬索屋盖，直径 90 m。于 2019 年 9 月 25 日正式投入运营的北京大兴国际机场，占地 140 万平方米，相当于 63 个天安门广场的大小。屋顶投影面积相当于 25 个足球场，用钢量达到 5.5 万吨，等于一个北京鸟巢，是全球最大的单体航站楼。日本于 1993 年建成的预应力混凝土液化气储罐，容量达 $14\times10^4\,m^3$。瑞典、挪威、法国等欧洲国家，在地下岩石中修建不衬砌的油库和气库，其容量高达几十万甚至上百万立方米。

北京新机场

为了满足日益增加的能源要求，海上采油平台、核发电站等也加快了建造速度。20 世纪 50 年代才开始和平利用核能建造原子能电站，截至 2019 年 12 月底，我国运行核电机组达到 47 台，总装机容量为 4875 万千瓦，位列全球第三，在建核电机组 13 台，总装机容量 1387 万千瓦，位列全球第一。再如海上采油平台，全世界已有 300 多座，中国在渤海、东海和南海也建有多座采油钻井平台，正在开采海底石油。这种平台所处环境恶劣、荷载复杂、施工困难而功能要求很高，平台的建造可以显示其土木工程的技术水平。

水利工程中筑坝蓄水，对灌溉、航运、发电有许多益处。目前世界上最高的水坝为在建的中国的双江口水电站，建成后坝高 314 m，其次为中国的小湾水电站，坝高 294.5 m，第三为瑞士的大迪克桑斯坝，是世界最高的混凝土重力坝，坝高 285 m。为了减小坝体断面，减少工程量，二战后发展了钢筋混凝土拱坝。当今世界上最高的双曲拱坝是俄罗斯的英古里坝，坝高 272 m。我国贵州乌江渡坝为拱形重力坝，坝高 165 m。在装机发电容量方面，超过 1×10^7 kW 的电站有 3 座，分别为美国大古里水电站，总装机容量 1030×10^4 kW；委内瑞拉水电站，装机容量 1083×10^4 kW；我国的三峡水利枢纽，水电站主坝高 190 m，总装机容量 2250×10^4 kW，名列世界第一，巴西-巴拉圭的伊泰普水电站，总装机容量为 1400×10^4 kW，居世界第二，排名第三的为中国的溪洛渡水电站，总装机容量为 1386×10^4 kW。

三峡大坝

综观土木工程历史，中国在古代土木工程中拥有光辉成就，至今仍有许多历史遗存，有的已列入世界文化遗产名录，在近代却进展很慢，这与封建时代末期落后的制度有关。近 20 年来，中国的土木工程取得了举世瞩目的成就。以往在列举世界有名的土木工程时，只有长城、故宫、赵州桥等古代建筑，而现在无论是高层建筑、大跨桥梁，还是宏伟机场、港口码头，中国在前十名中均有建树，有的已列前三名，甚至第一名。这些成就均是改革开放以来取得的。

中国建筑成就

课题三　土木工程发展趋势

土木工程是一门古老的学科，它已经取得了巨大的成就，预测未来土木工程的发展前景，首先要考虑人类社会所面临的挑战和发展机遇。土木工程目前面临的形势是：

(1) 世界正经历工业革命以来的又一次重大变革，这便是信息(包括计算机、通讯、网络等)工业的迅猛发展，可以预计人类的生产、生活方式将会因此发生重大变化。

(2) 航空、航天事业等高科技事业快速发展，月球上已经留下了人类的足迹，对火星及太阳系内外星空的探索已取得了巨大进步。

国家航天局：中国正规划建设国际月球科研站

(3) 地球上居住人口激增，目前世界人口已超过70亿，预计到21世纪末，人口要接近百亿。而地球上的土地资源是有限的，并且因过度消耗而日益枯竭。

(4) 生态环境破坏严重，如：森林植被破坏、土地荒漠化、河流海洋水体污染、城市垃圾成山、空气混浊、大气臭氧层破坏等，工业在发展，技术在进步，而人类生存环境却在日益恶化。

人类为了争取生存，为了争取舒适的生存环境，必将推动土木工程向前快速发展。

1. 精密化的理论研究

未来土木工程的理论发展趋势集中在力学，物理、化学、计算机技术在土木工程方面的应用重点是解决数学分析与处理。现阶段，有些领域还不够完善，比如：复杂结构、流体介质等的受力分析，还需要进一步精密研究；对于土木工程中复杂的数值问题，还需要专门化的数学来解决。土木工程的信息化，可以模拟更复杂的施工情况。

2. 土木工程材料的发展

土木工程的施工材料不仅要质量高、安全性高、使用寿命长，而且随着生态型建筑理念的发展，对建筑材料带来的污染、资源浪费等问题也日益重视，需要发展新型的、高新技术、生态建筑材料，以适应人和自然环境的协调发展。

(1) 生态建材的发展

为了实现绿色建筑，在保证工程质量的前提下，选用生态建材是最首要和有效的途径。比如选用环保材料、净化材料、可再生材料、循环使用材料等将成为未来发展的趋势。生态建材的发明和使用，大大提高了人们的居住品质，减少了对环境的破坏，有效降低建筑垃圾的产生，避免建筑材料的浪费，实现了用最少的资源实现最高品质的要求。新型生态材料的使用，在节水节电上进一步优化，节省资源，实现人与自然的可持续发展。

(2) 抗震强度高的钢材

随着高层建筑、大跨度结构建筑的不断增多，对抗震材料的要求也越来越高。因此，要求建筑结构使用的钢材逐渐向高强度化、极厚化、低屈服比、低屈服点等方向发展。日本的建筑抗震效果较好，值得借鉴。他们研究的具有高抗震设计的低屈服比和低屈服点的钢板，是采用调整化学成分和改进热处理工艺等方法制成的。生产出来的低屈服点钢材可辅助结构和减震控震装置。当地震发生时，钢材首先达到屈服点开始变形，吸收了地震能，从而防止主体结构的破坏。高强度的抗震材料的使用，不仅可以减少钢材的使用量，还为抗震提供了安全保障，是未来钢材发展的趋势。

(3) 智能化的混凝土

目前使用的高性能的混凝土，具有体积稳定性好、强度高、工作性强、耐久性好等优点。这些混凝土，具有高抗渗性、抗腐蚀性、抗冻性等优势，所以它们能够在恶劣的环境下较长时间地使用。最新设计的混凝土甚至可以使用100年或者200年以上。随着科学的不断进步和发展，智能化的混凝土将成为未来发展的趋势。智能化混凝土工程材料是指混凝土工程材料能够接受某些环境信息，自觉地进行逻辑判断，同时做出适应性调整。这种智能化的混凝土材料，可以根据工程的需要，维持和调整混凝土的性质，比如：流动性、保水性、粘聚性等，这样可以防止建筑受到侵害，或者对破坏进行修补，或者当有危险时也可以发出警报。这种智能化的混凝土是未来建筑材料发展的关键技术，但目前还比较昂贵，研究的人也不多。相信随着信息科学、生命科学的不断进步，智能化材料也将逐渐进入到土木工程的市场。

3. 空间站、海底建筑、地下建筑

穿越海峡

早在 1984 年，美籍华裔林铜柱博士就提出了一个大胆的设想，即在月球上利用它上面的岩石生产水泥并预制混凝土构件来组装太空试验站。这也表明土木工程的活动场所在不久的将来可能超出地球的范围。随着地上空间的减少，人类的注意力也越来越多地转移到地下空间，21 世纪的土木工程将包括海底的世界。实际上东京地铁已达地下三层，除在青函海底隧道的中部设置了车站外，还建设了博物馆。

4. 结构形式

计算理论和计算手段的进步以及新材料新工艺的出现，为结构形式的革新提供了有利条件。空间结构将得到更广泛的应用，不同受力形式的结构融为一体，结构形式将更趋于合理和安全。

5. 土木工程信息化的发展

近年来，信息化已经普及，并且逐渐带动工业的信息化，必然也会对土木工程造成较大影响。土木工程的信息化包括智能信息处理技术、计算机技术、自动化控制技术、网络技术等等，这些信息化技术不断渗透到土木工程中，并且涵盖了土木工程的全过程，不仅限于设计和施工，还有工程的物业管理、物流管理、设备维护和建筑全方位的实时监控等各个方面。可以利用计算机模拟管道空间布线，也可以利用信息化技术实现大型设备的整体吊装、大型桥梁悬索受力的控制、高温高压的焊接控制、建筑物的爆破等。

6. 防震与减灾

神奇的预制件

随着当前超大跨桥梁、高层建筑和大跨结构建筑物的兴起，结构设计呈现出更高、更长的发展趋势。在很多情况下，地震荷载已经成为结构设计的控制因素。所以大型复杂结构的抗震设计及其相对应的问题也得到了进一步的关注。相关的研究包括地震动的作用机理，建筑结构的抗震机理等。

7. 扩大对岩土锚固技术的应用

岩土锚固技术的应用领域要不断地进行扩展。岩土锚固技术除了在边坡工程、地下工程、深基坑工程、结构抗浮工程中保持着良好的发展状态外，在桥梁工程、重力坝加固工程、抗地震工程中则有着长远的进展；同时，锚杆锚固机理的技术仍然不成熟，仍然是土木工程界的难点。

目前，我国土木工程的某些领域已处于世界先进行列，但我国土木工程的设计、施工和理论研究方面的总体水平与发达国家相比还有一定的差距。展望未来，不仅要加强新型结构形式、新型建筑材料、新的技术手段的理论探索和应用研究，更要加强土木工程二级学科间理论和技术的融合与渗透，实现土木工程的更大突破。

课题四 本课程的学习目的与方法

土木工程概论既是土木工程、建筑工程、工程造价专业的一门重要的专业基础课，又是一门实践性很强的应用型学科，它系统地阐述了土木工程的专业知识要点，表述了土木工程学科综合知识的构成及重要内容。

一、土木工程的知识、能力和素质要求

在土木工程学科知识的系统学习中，不仅要注意知识的积累，更应注意能力的培养。

1. 自主学习能力

高职只有三年，每门课从十几个学时到上百个学时，所学的东西总是有限的，土木工程内容广泛，新的技术又不断出现，因而自主学习，扩大知识面，自我成长的能力非常重要。不仅要向老师学、向课本学，而且要注意在实践中学习，善于查阅文献，善于在网上学习。

2. 综合解决问题的能力

在大学期间大多数课程是单科教学，有一些综合训练及毕业设计可训练综合解决问题的能力。实际工程问题的解决总是要综合运用各种知识和技能，在学习过程中要注意培养这种综合能力，尤其是设计、施工等实践工作的能力。

3. 创新能力

社会在进步，经济在发展，对人才创新要求也日益提高。所以在学习过程中要注意创新能力的培养。大学学习的主要任务是打好理论基础，强化动手操作能力培养。

4. 协调、管理能力

现代土木工程不是一个人能完成的，少则几个人、几百人，多则需成千上万人共同努力才能成功，为此培养自己的协调、管理能力非常重要。同学们毕业后，不论参加任何业务部分的工作，总会涉及管理工作。同学们在工作中一定要处理好上下左右的关系，对上级要尊重，有不同意见应当面提出讨论，要努力负责地完成上级交给的任务，使上级对你的工作“放心”；对同事要既竞争又友好；对下级要既严格要求又体贴关怀。总之，要有“厚德载物”的包容精神，做事要合理、合法、合情，要有团队精神，这样，工作才能顺利开展，事业才能更上一层楼。

二、主要教学方法及学习建议

大学的教学和训练与中学相比要多样化一些，主要的教学形式有课堂教学、实验课、设计训练和施工实习。下面对这几个环节做简要介绍。

1. 课堂教学

课堂教学是学校学习最主要的形式，即通过老师的讲授，学生听课而学习。课堂学习时，学生要注意记住老师讲授的思路、重点、难点和主要结论。在课堂上做一些笔记，记下老师讲课的内容，有的学生记得极详细，几乎一字不漏；有的只记要点、难点和因果关系。编者

建议采用后者，甚至可在教材的空白处旁记，并用自己约定的符号在书上划出重点和各内容之间的联系。

与大班课堂讲授相配套的可能还有小班的讨论课、习题课，以加深对课程的重点、难点的理解。参加这样的课时，同学们一定要积极思考，主动参加讨论，这不仅能巩固和加深所学知识，也是对表达能力的一种训练。

课堂教学后，要复习巩固，整理笔记，能用自己的语言表达所学内容。对于不懂的问题不要放过，可自己思索，也可与同学切磋，还不懂时，可记下来，适当的时候找老师讨论。

2. 实验教学

通过实验手段掌握实验技术，弄懂科学原理。在土木工程、工程造价等专业中还开设材料实验、结构检验的实验课，这不仅是学习基本理论的需要，同时也是同学们熟悉国家有关实验、检测规程，熟悉实验方法及学习撰写实验报告的需要。不要有重理论轻实验的思想，应认真做好每一次实验，并努力做到自主设计、规划实验。

3. 设计训练

任何一个土木工程项目确定以后，首先要进行设计，然后才交付施工。设计是综合运用所学知识，提出自己的设想和技术方案，并以工程图及说明书来表达自己的设计意图的过程，可从根本上培养学生自主学习、自主解决问题的能力。

设计土木工程项目一定会受到多方面的约束，而不像单科习题那样只有一两个已知条件约束，这种约束不仅有科学技术方面的，还有人文经济等方面的。使土木工程项目“满足功能需要，结构安全可靠，成本经济合理，造型美观悦目”是设计的总体目的，要做到这一点必须综合运用各种知识，而其答案也不会是唯一的，这对培养学生的综合能力、创新能力有很大作用。

4. 施工实习

贯彻理论联系实际的原则，让学生到施工现场或管理部门学习生产技术和管理知识。通常一个工地往往很难容纳一个班(几十人)的学生，因此，施工实习通常在统一要求下分散进行。这不仅是对学生能否在实际中学习知识技能的一种训练，也是对学生的敬业精神、劳动纪律和职业道德的综合检验。

主动认真地进行施工实习，虚心向工地工人、工程技术人员请教，可以学习到在课堂上学不到的许多知识和技能，但如马马虎虎，仅为完成实习报告而走过场，则会白白浪费自己的宝贵时间。能否成为土木工程方面的优秀人才，施工实习至关重要。

单元小结

本单元主要介绍了：

(1) 土木工程在国民经济建设中的地位和重要性。土木工程为国民经济的发展和人民生活的改善提供了重要的物质技术基础，在国民经济中占有举足轻重的地位。

(2) 土木工程的发展和近、现代典型土木工程项目的基本知识。

(3) 土木工程的发展趋势。土木工程与社会、经济、科学技术的发展密切相关，而就其自身而言则主要围绕着材料、施工技术、力学与结构理论的演变等不断发展。

(4) 土木工程概论课程的学习方法。在土木工程学科知识的系统学习中，不仅要注意知识的积累，更应注意能力的培养。

复习思考题

1. 简述土木工程的内涵及其在国民经济发展中的重要地位。
2. 试简述土木工程的发展简史。
3. 现代土木工程有哪些主要特点？
4. 土木工程发展趋势如何？
5. 该课程的主要学习内容、学习方法与学习过程如何？

单元二 土木工程材料

学习目标

了解土木工程中使用的材料的种类、基本性能及应用状况，重点掌握砖、水泥、混凝土、钢材、建筑砂浆等材料的基本性能和用途，对其他材料作一般了解。

学习重点

砖、水泥、砂浆、混凝土、钢材等土木工程材料的分类；常用土木工程材料的技术性能、技术标准及选用原则。

课题一　土木工程材料分类

土木工程材料是指各类土木工程(建筑工程、交通工程、水利工程等)中所用的材料。土木工程材料是各项基本建设的重要物质基础，其质量直接影响工程的质量与寿命。一幢建筑物从主体结构到每一个细部和构件，都是由各种建筑材料经过设计、施工而成。因此，正确选择建筑材料的质量、品种、规格以及色彩，对建筑工程的安全、实用、耐久、美观及造价等均有重要意义。新型建筑材料的出现，对建筑形式的变化，结构设计计算和施工技术都会有很大的促进作用。

由于建筑材料品种繁多，作用和功能各不相同，为便于掌握和使用，一般可把材料进行简单的分类。如：按基本成分分类，可分为金属材料和非金属材料，见表 2 - 1。非金属材料按化学组成又可分为无机材料和有机材料。按在建筑中的用途，可分为结构材料、构造材料、绝热材料、吸声材料、防水材料、装饰材料等。

表 2-1 建筑材料按基本成分的分类

<table>
<tr><td colspan="2" rowspan="2">金属材料</td><td>黑色金属</td><td colspan="2">钢、铁</td></tr>
<tr><td>有色金属</td><td colspan="2">铝、铜、铅及其合金等</td></tr>
<tr><td rowspan="6">非金属材料</td><td rowspan="5">无机材料</td><td>天然石材</td><td colspan="2">花岗岩、石灰岩、大理石等</td></tr>
<tr><td>烧土制品</td><td colspan="2">砖瓦、陶瓷、玻璃等</td></tr>
<tr><td rowspan="2">胶凝材料</td><td>气硬性胶凝材料</td><td>石灰、石膏、水玻璃等</td></tr>
<tr><td>水硬性胶凝材料</td><td>各种水泥</td></tr>
<tr><td colspan="2">以胶凝材料为基础的人造石</td><td>混凝土
砂浆
石棉水泥制品
硅酸盐建筑制品</td></tr>
<tr><td>有机材料</td><td colspan="3">木材、沥青、树脂和塑料、涂料、橡胶等</td></tr>
<tr><td colspan="2">复合材料</td><td colspan="3">金属-非金属材料、非金属-金属材料
无机-有机材料、有机-无机材料</td></tr>
</table>

课题二 石材、砖、瓦

早期使用的土木工程材料主要有石材、砖、瓦等，它们至今仍在土木工程材料中占有重要地位。目前在土木工程中，石材主要用作结构材料、装饰材料、混凝土集料和人造石材的原料等。

一、石材

石材

天然石材是最古老的土木工程材料之一。天然石材具有很高的抗压强度，良好的耐磨性和耐久性，经加工后表面美观富于装饰性，资源分布广，蕴藏量丰富，便于就地取材，生产成本低等优点，是古今土木工程中修建城垣、桥梁、房屋、道路及水利工程的主要材料。天然石材经加工后具有良好的装饰性，是现代土木工程的主要装饰材料之一。

石材具有良好的耐久性，用石材建造的结构物具有永久保存的可能。古代人早就认识到这一点，因此许多重要的建筑物及纪念性结构物都是使用石材建造的。

石材的耐水性好，抗压强度高。1 m^2 面积的石材上面能承受 5000 t 的压力。所以在石块上叠砌石块，有可能建成大型的结构物。以石材为主的西欧建筑，威严雄浑，给人以庄重高贵的感觉。石材建筑是欧洲文化的象征。许多皇家建筑多采用石材。例如欧洲最大的皇宫——法国凡尔赛宫(1661 年—1689 年建造)，占地面积达 100 多万平方米，其中建筑面积为 11 万平方米，宫殿中建筑物的墙体以及外部的地面全部使用石材建成，如图 2-1 所示。

图2-1　法国凡尔赛宫

石材的种类：

1. 毛石

毛石也称片石，是采石场由爆破直接获得的形状不规则的石块。根据平整程度又将其分为乱毛石和平毛石两类。

毛石可用于砌筑基础、堤坝、挡土墙等，乱毛石也可作为毛石混凝土的骨料。

2. 料石

料石是人工或机械开采出的较规则的六面体石块略经凿琢而成。根据表面加工的平整程度分为毛料石、粗料石、半细料石和细料石四种。

料石一般由致密均匀的砂岩、石灰岩、花岗岩加工而成。料石主要用于砌筑墙身、踏步、拱和纪念碑、柱等。

3. 饰面石材

建筑物内外墙面、柱面、地面、栏杆、台阶等处装修用的石材称为饰面石材。饰面石材从岩石种类分主要有大理石和花岗岩两大类。饰面石材的外形有加工成平面的板材，或者加工成曲面的各种定型件。表面经不同的工艺可加工成凹凸不平的毛面，或者经过精磨抛光成光彩照人的镜面。

4. 色石渣

色石渣也称色石子，是由天然大理石、白云石、方解石或花岗岩等石材经破碎筛选加工而成，作为骨料主要用于人造大理石、水磨石、水刷石、干粘石、斩假石等建筑物面层的装饰工程。

5. 石子

在混凝土组成材料中，砂称为细骨料，石子称为粗骨料。石子除用作混凝土粗骨料外，也常用作路桥工程、铁道工程的路基道砟等。石子分碎石和卵石，由天然岩石或卵石经破碎、筛分而得到的粒径大于5 mm的岩石颗粒，称为碎石或碎卵石；岩石在自然条件作用下形成的粒径大于5 mm的颗粒，称为卵石。

二、砖

砖

砖是一种最为常用的砌筑材料。砖、瓦的生产和使用在我国历史悠久。春秋战国时期陆续创制了方形砖和长形砖，秦汉时期制砖的技术、生产规模、质量和花式品种都有显著发展，史称“秦砖”。制砖的原料容易取得，生产工艺比较简单，价格低，体积小，便于组合，黏土砖还有防火、隔热、隔声、吸潮等优点，所以至今仍然广泛地用于墙体、基础、柱等砌筑工程中。但是由于生产传统黏土砖毁田取土量大、能耗高、自重大，施工生产中劳动强度高、工效低，因此有逐步改革并用新型材料取代的必要。有的城市已禁止在建筑物中使用黏土砖。

（一）砖的分类

砖按照生产工艺分为烧结砖和非烧结砖；实心砖按所用原材料分为黏土砖、页岩砖、煤矸石砖、粉煤灰砖、炉渣砖和灰砂砖等；按有无孔洞分为空心砖和多孔砖。

（二）常用砖

1. 烧结普通砖

烧结普通砖

根据《烧结普通砖》(GB 5101—2017)的规定：烧结普通砖是以黏土、页岩、煤矸石或粉煤灰为主要原料，经制坯和焙烧而成的实心或孔洞率不大于15%的砖。

（1）烧结普通砖的技术性能指标

1）规格：烧结普通砖的外形为直角六面体，其标准尺寸是 240 mm×115 mm×53 mm。按技术指标分为优等品(A)、一等品(B)、合格品(C)3 个质量等级。

2）强度等级：烧结普通砖按抗压强度分为 MU30，MU25，MU20，MU15，MU10 共 5 个强度等级。

3）抗风化性能：抗风化性能是烧结普通砖主要的耐久性之一。它是指材料在干湿变化、温度变化、冻融变化等物理因素作用下，材料不破坏并长期保持其原有性质的能力。抗风化性能越强，耐久性越好。

4）泛霜：泛霜是指砖内可溶性盐类(如硫酸钠等)随着砖内水分蒸发，逐渐于砖的表面析出一层白霜的现象。严重泛霜的出现不仅有损建筑物的外观，而且对建筑结构的破坏较大。

5）石灰爆裂：烧结砖的原料中夹有石灰质，经过焙烧，石灰质变为生石灰，生石灰吸水熟化为熟石灰，体积膨胀，使砖因产生内应力而爆裂的现象。

（2）烧结普通砖的应用

烧结普通砖是砌筑工程中的一种主要材料。它可用做墙体，亦可砌筑柱、拱、烟囱及基础等。

2. 烧结多孔砖和烧结空心砖

可减轻建筑物自重，节约黏土资源，节省烧结时的燃料消耗，提高墙体施工工效，并能改善砖的隔热、隔声性能。推广使用多孔砖和空心砖是我国墙体材料改革的一项重要内容。

GB 13544—2011

烧结多孔砖和多孔砌块

(1) 烧结多孔砖

烧结多孔砖是以黏土、页岩、煤矸石、粉煤灰、淤泥及其他废弃物等为主要原料烧制的主要用于结构承重的多孔砖。烧结多孔砖的孔洞率一般在28%以上。孔洞尺寸小而数量多，用于砌筑墙体的承重用砖。多孔砖形状见图2-2。

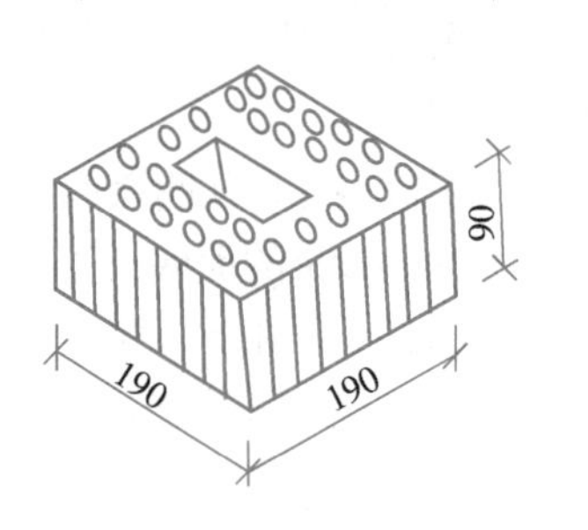

图2-2　烧结多孔砖

GB/T 13545—2014

烧结空心砖和空心砌块

(2) 烧结空心砖

烧结空心砖是以黏土、页岩、粉煤灰、煤矸石、淤泥、建筑渣土及其他固体废弃物为主要原料，经焙烧而成。空心砖的孔洞率一般在40%以上，孔洞尺寸大而数量少。空心砖形状见图2-3。

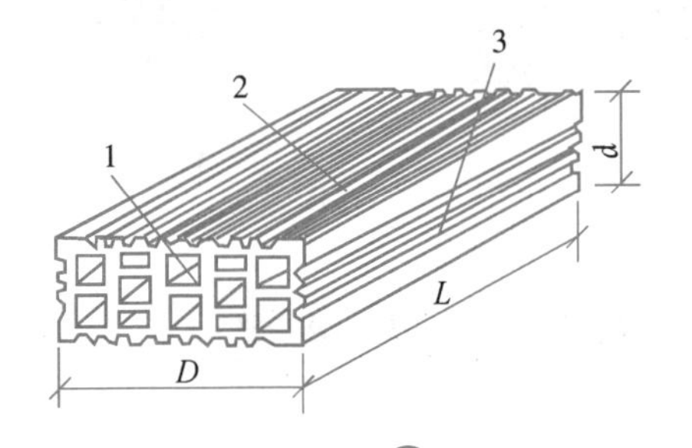

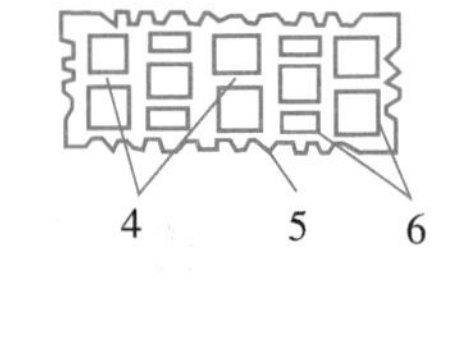

图2-3　烧结空心砖

1—顶面；2—大面；3—条面；4—肋；5—凹线槽；6—外壁 L—长度；D—宽度；d—高度

烧结空心砖自重较轻，强度较低，多用于非承重墙，如多层建筑内隔墙或框架结构的填充墙等。

三、瓦

秦砖汉瓦

(一) 瓦的历史

瓦，一般指黏土瓦。以黏土(包括页岩、煤矸石等粉料)为主要原料，经泥料处理、成型、干燥和焙烧而制成。在中国，瓦的生产比砖早。从甲骨文字形中可以知道，3000多年前的屋脊有高耸的装饰或结构构件，但尚未有实物陶瓦的发掘发现。春秋时期出现板瓦、筒瓦、瓦当等。到了战国时代，一般人的房子都能用上瓦了。秦汉形成了独立的制陶业，并在工艺上做了许多改进，如改用瓦榫头使瓦间相接更为吻合，取代瓦钉和瓦鼻。西汉时期工艺上又取得了明显的进步，如带有圆形瓦当的筒瓦由三道工序简化成一道工序，瓦的质量也有较大提高，史称“汉瓦”。

(二) 常见的瓦

黏土瓦的生产工艺与黏土砖相似,但对黏土的质量要求较高,如含杂质少、塑性高、泥料均化程度高等。中国目前生产的黏土瓦有小青瓦、脊瓦和平瓦(图 2-4)。

黏土瓦只能应用于较大坡度的屋面。由于材质脆、自重大、片小,施工效率低,且需要大量木材等缺点,在现代建筑屋面材料中的比例已逐渐下降。

瓦,原本色泽灰黑无光,然而,紫禁城的瓦表面光滑如镜,这种瓦叫琉璃瓦(如图 2-5 所示)。琉璃瓦是中国帝王之家的专属用品,也是中国建筑的象征。最早的琉璃瓦实物见于唐昭陵。

一块色泽美丽的琉璃瓦,必须经过两座窑炉的煅烧方可制成。琉璃的制作工艺是采用两次烧成的方式,第一次是将制好的黑色瓦坯烧成洁白的素坯,第二次则是素坯施釉后烧成色彩缤纷的琉璃瓦。上釉的素坯需经过窑火的洗礼,火温稍有差异,出窑的琉璃瓦便呈现出不同的色彩,且具有良好的防水性和稳定性。

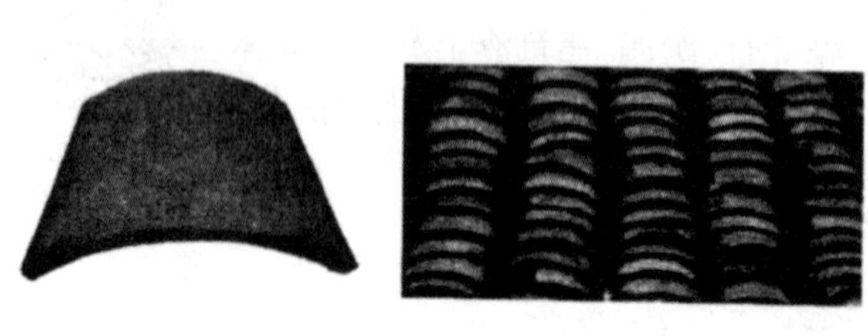

图2-4 小青瓦及小青瓦屋顶

图2-5 琉璃瓦

课题三 石灰、水泥、砂浆

胶凝材料又称胶结材料,凡是在物理作用或化学作用下,能把其他固体材料胶结成整体并具有一定强度的材料,统称为胶凝材料。

按胶凝材料的化学组成,可分为无机胶凝材料和有机胶凝材料两大类。无机胶凝材料根据硬化条件不同,又分为气硬性胶凝材料和水硬性胶凝材料。有机胶凝材料以天然合成的有机高分子化合物为基本成分,如沥青、各种合成树脂等。

气硬性胶凝材料只能在空气中硬化,并保持和发展其强度,常用的有石灰、石膏、水玻璃等。水硬性胶凝材料既可在空气中硬化也可在水中硬化,并保持和发展其强度,如各种水泥。

一、石灰

石灰是一种古老的建筑材料。由于其生产工艺简单,价格低廉,有良好的性能,因而在建筑工程中应用广泛。建筑工程中所指的石灰包括生石灰、生石灰粉和消石灰等。

(一) 石灰的生产及分类

将主要成分是碳酸钙的天然石灰石在 900～1100 ℃下煅烧,排除分解出的二氧化碳后,得到以氧化钙为主要成分的产品为生石灰。

煅烧生成的块状生石灰经过不同加工，可得到石灰的另外三种产品。

(1) 生石灰粉：将块状生石灰磨细制成粉末，其主要成分是 CaO。

(2) 消石灰粉：将块状生石灰用适量水熟化而得到的主要成分是 $Ca(OH)_2$ 的白色粉末，又称熟石灰。

(3) 石灰膏：将块状生石灰用过量水熟化，或将消石灰粉和水拌合，得到的具有一定稠度的膏状物，其主要成分是 $Ca(OH)_2$ 和水。

(二) 石灰的熟化

石灰消化试验

生石灰加水生成氢氧化钙的过程称为生石灰熟化或消解。生石灰熟化过程会放出大量的热，熟化时体积增大 1～2.5 倍。生石灰必须在充分熟化后才能使用，否则未熟化的生石灰将在使用后继续熟化，使材料表面凸起、开裂或局部脱落。

(三) 石灰的硬化

块状生石灰用过量水熟化，或将消石灰粉和水拌合，得到一定稠度的石灰膏，石灰膏会在空气中逐渐凝结硬化。其过程是氢氧化钙吸收空气中的二氧化碳，表面水分蒸发形成组织致密的碳酸钙薄膜，阻碍了空气中的二氧化碳的继续渗入，所以其过程十分缓慢。随着时间的延长，表面碳酸钙的厚度逐渐增加，整体强度逐渐增大。

(四) 石灰的性质

(1) 可塑性好。生石灰熟化为石灰膏时，氢氧化钙表面吸附一层水膜，所以用石灰配置的砂浆具有良好的可塑性。

(2) 强度不高。石灰浆体硬化后强度不高，配比为 1∶3 的石灰砂浆 28 d 抗压强度通常只有 0.2～0.5 MPa。

(3) 硬化慢且体积收缩大。由于空气中二氧化碳含量较少，表面硬化后，不利于内部水分的蒸发，因此硬化过程缓慢。体积收缩大，容易出现裂缝。

(4) 耐水性差。硬化后的石灰受潮后，结晶析出的碳酸钙会再次微溶，所以石灰不宜用于潮湿环境，如基础工程。

(五) 石灰的用途

石灰在建筑工程中应用广泛，主要用途如下：

(1) 制造石灰乳涂料。由消石灰粉或石灰浆掺入大量的水调制而成。用于粉刷墙面或顶棚。

(2) 配置砂浆。可单独配置砂浆，称石灰砂浆，和水泥一起配置的，称水泥混合砂浆，用于砌筑和抹灰工程。用于抹灰工程的石灰砂浆，需加入纸筋等纤维材料，以克服收缩性大、易开裂的缺点。

(3) 拌制灰土和三合土。在夯实状态下，灰土或三合土比黏土抗渗能力、抗压强度、耐水性均有所提高。灰土和三合土广泛用于建筑物基础的各种垫层。

(4) 生产硅酸盐制品。石灰是生产粉煤灰砖、灰砂砖、硅酸盐砌块等硅酸盐制品的主要材料。各类石灰在建筑上的用途见表2-2。

表2-2 各类石灰在建筑上的用途

品种名称	使用范围
生石灰	配置石灰膏;磨细成生石灰粉
石灰膏	用于调制石灰砌筑砂浆或抹面砂浆 稀释成石灰乳(石灰水)涂料,用于内墙和平顶刷白
生石灰粉 (磨细生石灰粉)	用于调制石灰砌筑砂浆或抹面砂浆 配置无熟料水泥(石灰矿渣水泥、石灰粉煤灰水泥、石灰火山灰水泥等) 制作硅酸盐制品(如灰砂砖等) 制作碳化制品(如碳化石灰空心板) 用于石灰土(灰土)和三合土
消石灰粉	制作硅酸盐制品;用于石灰土(石灰+黏土)和三合土

二、水泥

水泥的历史

水泥是一种粉末状物质,与适量的水混合后,经过物理、化学作用由浆体变成坚硬的石状物,并能将散粒状材料胶结成整体。由于水泥浆体不仅可以在空气中硬化,而且能更好地在水中硬化,故水泥称为水硬性胶凝材料。水泥是重要的建筑材料之一,广泛应用于各类土木工程之中,如建筑、道路、铁路、水利、海港等工程。

水泥的种类繁多。按其主要水硬性物质名称,分为硅酸盐水泥、铝酸盐水泥、硫铝酸盐水泥、氟铝酸盐水泥、铁铝酸盐水泥。按其用途和性能,又可分为通用水泥、专用水泥以及特性水泥三大类。通用水泥指用于建筑工程的水泥,如硅酸盐水泥、普通硅酸盐水泥、矿渣硅酸盐水泥、火山灰质硅酸盐水泥、粉煤灰硅酸盐水泥以及复合硅酸盐水泥,即所谓六大水泥。专用水泥是指有专门用途的水泥,如砌筑水泥、道路水泥等。特性水泥是指某种性能比较突出的水泥,如快硬水泥、白色水泥、抗硫酸盐水泥、中热低热矿渣水泥以及膨胀水泥等。下面主要介绍常用的硅酸盐水泥。

(一)硅酸盐水泥的生产

硅酸盐水泥是以石灰质原料(如石灰石)与黏土质原料(如黏土、页岩等)为主,有时辅以少量铁粉,按一定比例配合磨细成生料粉,送入回转窑或立窑,在1450℃左右的高温下燃烧,使其达到部分熔融,得到以硅酸钙为主要成分的水泥熟料,再将熟料与适量石膏共同磨细而制成的水泥。硅酸盐水泥生产工艺流程如图2-6所示。

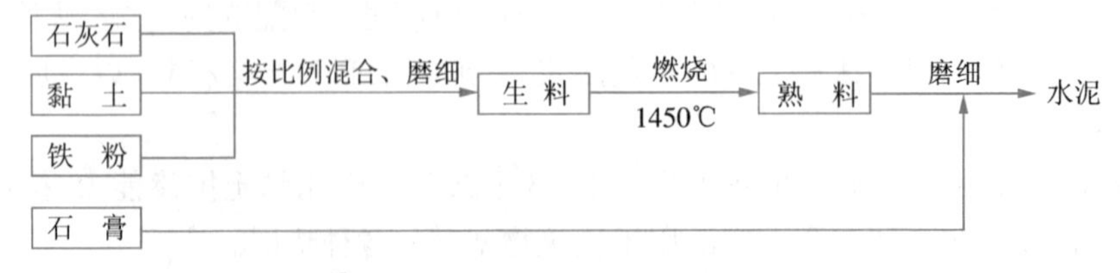

图2-6 硅酸盐水泥生产工艺流程

生料在高温过程中，首先脱水、分解，生成氧化钙（CaO）、二氧化硅（SiO_2）、三氧化二铝（Al_2O_3）、三氧化二铁（Fe_2O_3），然后在更高的温度下，CaO 与 SiO_2，Al_3O_2，Fe_2O_3 相结合，形成新的水泥熟料矿物化合物，即

硅酸三钙（$3CaO \cdot SiO_2$，简写为 C_3S）；

硅酸二钙（$2CaO \cdot SiO_2$，简写为 C_2S）；

铝酸三钙（$3CaO \cdot Al_2O_3$，简写为 C_3A）；

铁铝酸四钙（$4CaO \cdot Al_2O_3 \cdot Fe_2O_3$，简写为 C_4AF）。

除上述四种主要熟料矿物外，水泥熟料中还含有少量的游离氧化钙（CaO）、氧化镁（MgO）、氧化钾（K_2O）、氧化钠（Na_2O）与三氧化硫（SO_3）等有害成分。熟料中所含的游离 CaO 和 MgO 均系过火石灰，一般在水泥硬化并具有一定强度后，才开始与水缓慢作用，并增大体积，使已硬化的水泥浆体开裂，造成水泥体积安定性不良。Na_2O 与 K_2O 则能与某些作为混凝土骨料的岩石发生所谓“碱—骨料”反应，使水泥石胀裂，危害很大。SO_3 数量过多，会引起水泥假凝、强度下降或水泥石开裂等不良后果。

水泥熟料是具有不同特性的多种熟料矿物的混合物，因此，如果熟料中各种矿物的相对含量不同时，水泥的性质也会发生相应的变化。例如，提高 C_3S 的含量，可以制成高强度水泥；提高 C_3S+C_3A 的总含量，可以制得快硬早强水泥；降低 C_3A 与 C_3S 的含量，提高 C_2S 的含量，则可制得低水化热水泥（如大坝水泥）等。

（二）水泥的水化与凝结硬化

水泥加水拌和后，就开始了水化反应，成为可塑性的水泥浆。随着水化的不断进行，水泥浆逐步变稠，失去可塑性，但尚不具有强度的过程，称为水泥的凝结。随着水化的进一步进行，水泥浆将产生明显的强度并逐渐发展成为坚硬的人造石——水泥石的过程，称为硬化。水泥的水化是复杂的化学反应，凝结、硬化实质上是一个连续的、复杂的物理化学变化过程，是水化的外在表现，其凝结硬化阶段则是人为划分的。

硅酸盐水泥在一般使用情况下，是在少量水中进行水化作用的。其中 C_3S 水化时，会析出大量的 $Ca(OH)_2$。此外，水泥磨细时所掺的石膏也溶解于水，并与某些成分互相化合。故而，水泥的水化作用，基本上是在 $Ca(OH)_2$ 和 $CaSO_4$ 的饱和溶液或过饱和溶液中进行的，忽略水泥中一些次要的和少量的成分，可认为硅酸盐水泥的水化产物主要是水化硅酸钙与水化铁酸钙的凝胶，以及氢氧化钙、水化铝酸钙与水化硫铝酸钙的晶体。

经过一定时间，水化物凝胶体的浓度上升，凝胶粒子相互凝聚成网状结构，使水泥浆变稠、失去塑性，这种过程称为凝结。再过若干时间，生成的凝胶增多，被紧密填充在水泥颗粒间而逐渐硬化。图 2－7 为水泥凝结硬化示意图。

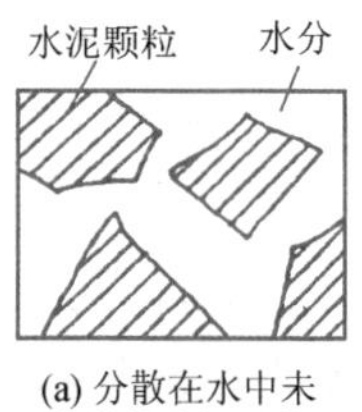

(a) 分散在水中未水化的水泥颗粒

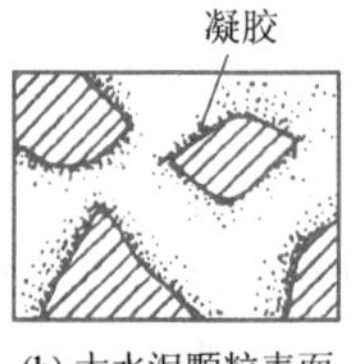

(b) 大水泥颗粒表面形成水化物膜层

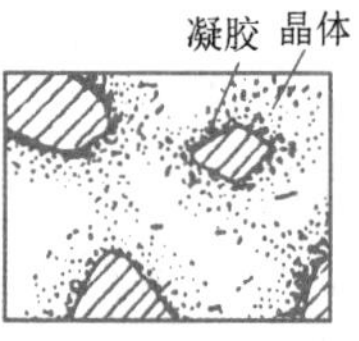

(c) 膜层长大并互相连接（凝结）

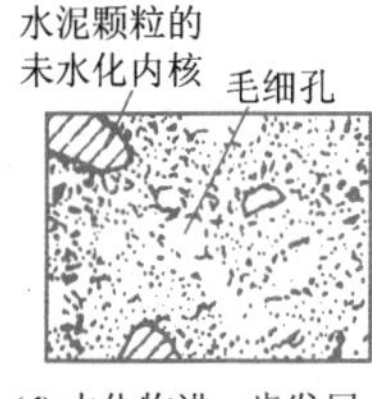

(d) 水化物进一步发展，填充毛细孔（硬化）

图2－7　水泥凝结硬化过程示意

硬化后的水泥石是由凝胶体、结晶体、未水化的水泥颗粒、水和孔隙构成。水泥石的性质主要取决于这些组成的性质、它们的相对含量以及它们之间的相互作用。

GB 175—2007

通用硅酸盐水泥

(三) 水泥的技术性质

1. 细度

水泥颗粒越细,颗粒总表面积越大,水化反应越快、越充分,强度(特别是早期强度)越高,收缩也增大。

2. 凝结时间

为使混凝土与砂浆有充分时间进行搅拌、运输、浇灌和砌筑,初凝不能太早。当施工结束后,则要求混凝土或砂浆尽快结硬并具有强度,终凝时间不能太迟。

国家标准规定:硅酸盐水泥的初凝时间不得早于45分钟,终凝时间不得迟于6.5小时。

3. 体积安定性

水泥在硬化过程中体积变化是否均匀的性质,称为体积安定性。国家标准规定:游离MgO的含量应小于5%,SO_3的含量不得超过3.5%,以保证水泥在这两方面的体积安定性。用沸煮法检验水泥体积安定性,若用标准稠度水泥净浆做成的试饼煮沸3小时后,经肉眼观察未发现裂纹,用直尺检查没有弯曲,可认为体积安定性合格。

4. 强度

强度是选用水泥的主要技术指标。目前我国测定水泥强度的试验按照《水泥胶砂强度检验方法(ISO法)》(GB/T 17671)进行。按国家标准《通用硅酸盐水泥》(GB 175—2007)规定,根据3d,28d的抗折强度及抗压强度,将硅酸盐水泥分为42.5,52.5,62.5三个强度等级。按早期强度大小及强度等级,又分为两种类型,冠以"R"是属于早强型。

5. 水化热

水泥的放热过程可以延续很长时间,但大部分热量在早期释放,特别是在前三天,水化热及放热速率与水泥的矿物成分及水泥细度有关。

(四) 其他品种水泥

为什么白糖能阻抑水泥变硬

在实际施工中,往往会遇到一些有特殊要求的工程,如紧急抢修工程、耐热耐酸工程、新旧混凝土搭接工程等。对这些工程,需要采用其他品种的水泥,如快硬硅酸盐水泥、高铝水泥、白色硅酸盐水泥等。

(1) 快硬硅酸盐水泥。凡以硅酸盐水泥熟料和适量石膏磨细制成的,以3d抗压强度表示标号的水硬性胶凝材料称为快硬硅酸盐水泥(简称快硬水泥)。由于快硬水泥凝结硬化快,故适用于紧急抢修工程、低温施工工程和高标号混凝土预制件等。但储存和运输中要特别注意防潮,施工时不能与其他水泥混合使用。另外,这种水泥水化放热量大而迅速,不适合用于大体积混凝土工程。

(2) 快凝快硬硅酸盐水泥。以硅酸钙、氟铝酸钙为主的熟料,加入适量石膏、粒化高炉矿渣、无水硫酸钠,经过磨细制成的一种凝结快、小时强度增长快的水硬性胶凝材料,称为快凝快硬硅酸盐水泥(简称为双快水泥)。

双快水泥主要用于军事工程、机场跑道、桥梁、隧道和涵洞等紧急抢修工程。同样不得与其他品种水泥混合使用，并注意放热量大而迅速的特点。

(3) 白色硅酸盐水泥。由白色硅酸盐水泥熟料加入适量石膏，磨细制成的水硬性胶凝材料，称为白色硅酸盐水泥(简称白水泥)。

白水泥强度高，色泽洁白，可配制彩色砂浆和涂料、白色或彩色混凝土、水磨石等，用于建筑物的内外装修。白水泥也是生产彩色水泥的主要原料。

(4) 高铝水泥。高铝水泥是一种快硬、高强、耐热及耐腐蚀的胶凝材料。主要特性有：早期强度高、耐高温和耐腐蚀。高铝水泥主要用于工期紧急的工程，如国防、道路和特殊抢修工程等，也可用于冬季施工的工程。

(5) 膨胀水泥。由硅酸盐水泥熟料与适量石膏和膨胀剂共同磨细制成的水硬性胶凝材料，称为膨胀水泥。按水泥的主要成分不同，分为硅酸盐、铝酸盐和硫铝酸盐型膨胀水泥；按水泥的膨胀值及其用途不同，又分为收缩补偿水泥和自应力水泥两大类。

上述各种水泥的共同点是在硬化过程中产生一定的收缩，可能造成裂纹、透水或产生不适于某些工程的特性。膨胀水泥在硬化过程中不但不收缩，而且有不同程度的膨胀。膨胀水泥除了具有微膨胀性能外，也具有强度发展快、早期强度高的特点。可用于制作大口径输水管和各种输油、输气管，也常用于有抗渗要求的工程、要求补偿收缩的混凝土结构、要求早强的工程结构节点浇筑等。

三、砂浆

砂浆

砂浆是一种主要的土木工程材料，广泛应用于砌筑工程、抹面工程、修补工程。

砂浆是由胶凝材料、细骨料、掺和料和水按适当配合比例拌制并经硬化而成的材料。按所用的胶凝材料不同，砂浆可分为水泥砂浆、混合砂浆、石灰砂浆、聚合物砂浆等。

(一) 砂浆的组成材料

(1) 胶凝材料是砂浆的重要组成材料，起胶结作用，影响着砂浆流动性、保水性和强度等技术性质。常用的有水泥、石灰等。

配制砂浆所选用的水泥品种有普通硅酸盐水泥、矿渣硅酸盐水泥、火山灰质硅酸盐水泥、矿渣硅酸盐水泥、复合硅酸盐水泥等。选用的水泥强度等级一般是32.5级水泥。

可选用石灰作为胶凝材料配制成石灰砂浆，也可用石灰代替部分水泥配制混合砂浆。混合砂浆不但可以节约水泥，而且具有很好的和易性。配制砂浆所用的石灰应预先消化，并符合相应的技术要求。

(2) 细骨料在砂浆中所起的作用与混凝土中骨料的作用相同。但因砂浆层一般较薄，故对骨料的最大粒径要有所限制。

(3) 砂浆拌合水的技术要求与混凝土拌合水相同。应选用洁净无杂质的水。

(二) 砂浆的技术要求

1. 和易性

新拌砂浆应具有良好的和易性。砂浆拌合物的和易性包括流动性和保水性两方面。砂浆的流动性是指砂浆在自重或外力作用下流动的特性，也称稠度。流动性应根据砂浆的用途、施工工艺及气候条件来选择。砂浆的保水性是指砂浆保持水分的能力。砂浆中的水分应不易流失，摊铺容易。

2. 强度

强度是指边长为 70.7 mm 的立方体试件，在标准养护条件下[温度为(20±3)℃，相对温度为 90%以上]养护 28d 的抗压强度平均值(单位为 MPa)。

砌筑砂浆的强度分为 M2.5，M5，M7.5，M10，M15 五个强度等级。

(三) 常用砂浆

1. 砌筑砂浆

将砖、石或砌块粘结成为砌体的砂浆，称为砌筑砂浆。它起着粘结砖、石或砌块构成砌体，传递荷载，协调变形的作用。砌筑砂浆的主要技术指标是强度，砌筑砂浆强度的选择由设计要求决定。

2. 抹面砂浆

抹面砂浆是指压抹在建筑物或构件表面的砂浆。可分为普通抹面砂浆、防水抹面砂浆和装饰抹面砂浆等。抹面砂浆的技术要求是具有良好的和易性和良好的粘结力。

普通抹面砂浆具有保护建筑物、提高耐久性、增强装饰等功能。普通抹面砂浆常选用水泥砂浆、水泥混合砂浆、石灰砂浆等。抹面一般分两层或三层施工，底层起粘结作用，中层起找平作用，面层起装饰作用。

3. 防水砂浆

用于防水层的砂浆称为防水砂浆。防水砂浆适用于堤坝、隧洞、水池、沟渠等具有一定刚度的混凝土或砖石砌体工程。对于变形较大或可能发生不均匀沉陷的建筑物防水层不宜采用。

为提高防水砂浆的防水性能，可掺入防水剂。常用的防水剂有氯化铁、金属皂类防水剂、有机硅防水剂等。防水砂浆的水泥用量较多，砂灰比一般为 2.5～3.0，水灰比为 0.5～0.55；水泥应选用 42.5 级以上的火山灰水泥、硅酸盐水泥或普通硅酸盐水泥；采用级配良好的中砂。防水砂浆的施工操作要求很高，施工时应将墙面清洁湿润，分多层涂抹，逐层压实，最后一层要压光，并且注意养护，以提高防水效果。

4. 装饰砂浆

装饰砂浆是指抹在建筑物内外墙表面，具有保护建筑物和美化装饰作用的砂浆。其胶凝材料可以使用白水泥、彩色水泥，或在常用水泥中掺入颜料，以达到彩色装饰效果。

5. 特种砂浆

(1) 隔热砂浆

是以水泥、石灰膏、石膏等胶凝材料与膨胀珍珠岩、膨胀蛭石、火山渣或浮石砂、膨胀矿渣、陶粒砂等轻质多孔骨料按一定比例配制成的砂浆。具有轻质的优点和良好的隔热性能，用于屋面隔热层、隔热墙壁以及供热管道隔热层等。

(2) 吸声砂浆

是由轻质多孔骨料制成的具有吸声功能的砂浆。吸声砂浆同时具有隔热功能，主要用于有吸声要求的室内墙壁和顶棚的抹灰。

(3) 耐酸砂浆

是用水玻璃与氟硅酸钠拌制而成具有耐酸功能的砂浆。有时可掺入一定量的石英岩、花岗岩等粉状细骨料。用作耐酸地面和耐酸容器的内壁保护层。

(4) 防辐射砂浆

是在水泥中掺入重晶石粉配制而成,具有防X射线等能力的砂浆。主要用于射线防护工程。

(5) 膨胀砂浆

是在水泥砂浆中掺入膨胀剂,或使用膨胀水泥配制而成的具有膨胀作用的砂浆。主要用于修补工程,或装配结构中的填充缝隙。

(6) 自流平砂浆

是在砂浆中掺入化学外加剂,使其在自身重力作用下能够自然流动成平面的砂浆。主要用于地面工程。

课题四　混凝土及钢筋混凝土

一、混凝土

混凝土的定义

混凝土是由胶凝材料、水、粗骨料和细骨料按适当比例配合,拌制成拌合物,经一定时间硬化而成的人造石材。按胶凝材料可分为水泥混凝土、沥青混凝土、聚合物混凝土等。

混凝土是一种最常用的建筑材料,具有许多优点:

(1) 组成材料中的砂、石等材料取材方便。

(2) 在凝结硬化前具有良好的可塑性,可浇制成各种形状和大小的结构物或构件。

(3) 硬化后具有较高的抗压强度与耐久性。

(4) 混凝土与钢筋之间有牢固的粘结力,能制作成钢筋混凝土结构或构件。

混凝土材料的缺点为抗拉强度低,受拉时变形能力小,容易开裂,自重大。

(一) 混凝土的类型

根据不同的分类标准,混凝土可分为以下种类:

1. 按胶凝材料分

(1) 无机胶凝材料混凝土,如水泥混凝土、石膏混凝土、水玻璃混凝土等;

(2) 有机胶凝材料混凝土,如沥青混凝土、聚合物混凝土等。

2. 按表观密度分

(1) 重混凝土:干表观密度大于2800 kg/m³,采用特别密实和特别重的骨料(如重晶石、铁矿石、钢屑等)配制而成的。常用于防辐射工程或耐磨结构,也可用于工程配重。

(2) 普通混凝土:干表观密度为2000～2800 kg/m³,是以天然的砂、石作骨料配制而成,在建筑工程中最常用,常用于房屋及桥梁的承重结构、道路路面、水工建筑物的堤坝等。

(3) 轻混凝土:干表观密度小于 2000 kg/m³,是用较轻和多孔的骨料(如浮石、煤渣等)制成。常用做绝热、隔声或承重材料。

3. 按使用功能分

防水混凝土、耐热混凝土、耐酸混凝土、耐碱混凝土、水工混凝土、港工混凝土等。

4. 按强度特征分

早强混凝土、超早强混凝土、高强混凝土、超高强混凝土、高性能混凝土(HPC)等。

5. 按坍落度大小分

低塑性混凝土、塑性混凝土、流动性混凝土、大流动性混凝土、流态混凝土。

6. 按维勃稠度值分

超干硬性混凝土、特干硬性混凝土、干硬性混凝土、半干硬性混凝土。

7. 按施工工艺分

普通浇筑混凝土、离心成型混凝土、喷射混凝土、泵送混凝土等。

8. 按配筋情况分

素混凝土、钢筋混凝土、纤维混凝土等。

本节主要讲解水泥混凝土,以下简称混凝土。

混凝土搅拌车

(二) 普通混凝土的组成材料

普通混凝土(简称混凝土)是由水泥、砂、石、水以及必要时掺入的化学外加剂、掺合料组成,经搅拌、成型、养护、硬化而成的一种人造石材。

1. 混凝土中各组成材料的作用

在混凝土中,砂、石起骨架作用,称为骨料;水泥与水形成水泥浆,水泥浆包裹在骨料表面并填充其空隙。在硬化前,水泥浆起润滑作用,赋予拌合物一定和易性,便于施工。在硬化后水泥浆起胶结作用,将骨料胶结成一个坚实的整体,并使混凝土具有一定的强度。混凝土的结构如图 2-8 所示。

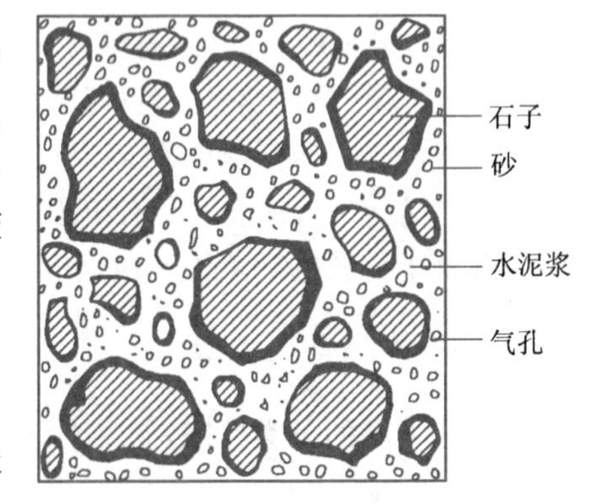

图2-8 混凝土结构

2. 混凝土组成材料的技术要求

混凝土组成材料的性质及其含量对混凝土的技术性质有很大的影响,同时混凝土的施工工艺(搅拌、运输、养护等)对混凝土的技术性质也有影响。

(1) 水泥品种的选择。配制混凝土时应根据工程性质、部位、施工条件、环境状况等,按各种水泥的特性做出合理的选择,可参考六种常用水泥的选用表进行选择。水泥强度等级的选择应与混凝土的设计强度等级相适应。基本原则是:配制高强度等级的混凝土,选用高强度等级的水泥;配制低强度的混凝土,选用低强度等级的水泥。

(2) 骨料。混凝土体积中骨料的体积占 60%~80%,骨料按粒径的大小分为粗骨料和细骨料。骨料的技术性能直接影响到混凝土的性能。

1) 细骨料。细骨料是指粒径在0.15～5 mm之间的砂。常用的砂有河砂、海砂及山砂。砂的要求有以下几方面：

① 有害杂质。砂中常含有云母、黏土、淤泥、粉砂等杂质，如果这些杂质的含量超过规定的标准，会影响混凝土的性能。工程中应严格控制砂的有害杂质的含量。

② 颗粒形状及表面特性。砂的颗粒形状及表面特征会影响砂与水泥的粘结及混凝土拌合物的流动性。表面粗糙带有棱角的山砂与水泥拌制的混凝土强度较高，但混凝土拌合物的流动性较差；表面圆滑的河砂、海砂与水泥的粘结较差，拌制的混凝土强度较低，但拌合物的流动性较好。

③ 颗粒级配及粗细程度。颗粒级配就是大小颗粒的搭配情况。从图2-9可看出：在混凝土中，如果同样粗细的砂，空隙最大[图(a)]；两种粒径的砂搭配起来，空隙减小了[图(b)]；三种粒径的砂搭配，空隙就更小[图(c)]。可见，要想减小砂粒间的空隙，就要选用大小不同的粒径的砂搭配，以提高混凝土的强度。砂按粗细程度，通常有粗砂、中砂与细砂之分。在一般情况下，用粗砂拌制混凝土比用细砂所需的水泥浆少。

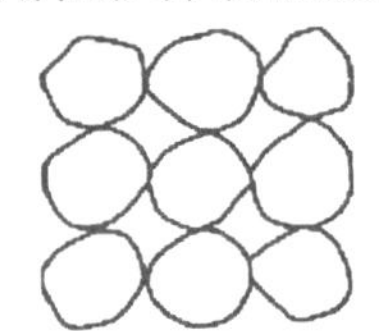
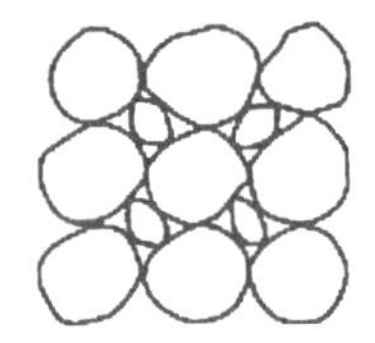
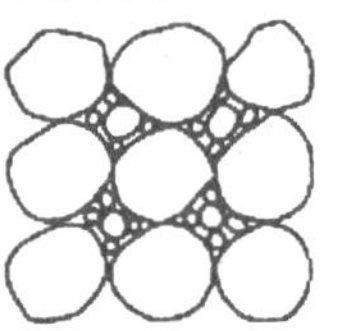

(a) 相同粒径砂　(b) 两种不同粒径砂　(c) 三种不同粒径砂

图2-9　骨料颗粒搭配

④ 坚固性。砂的坚固性是指砂在气候、环境变化或其他物理因素作用下抵抗破裂的能力。砂在长期受到各种自然因素的综合作用下，其物理力学性能会逐渐下降，这些自然因素包括温度变化、干湿度变化和冻融循环等。因此，混凝土对砂的坚固性有相应要求。

2) 粗骨料。粗骨料是指粒径大于5 mm的骨料，俗称石。常用的有碎石与卵石。碎石是天然岩石经机械破碎、筛分得到的。卵石是由自然风化、水流搬运，分选得到的。配制混凝土的粗骨料有以下几个方面的要求：

① 有害杂质

粗骨料中常含有一些有害杂质，如黏土、淤泥、细屑、硫酸盐、硫化物和有机杂质。这些有害杂质会对混凝土的性能产生影响。在工程中同样需严格按照标准控制混凝土用粗骨料中有害杂质的含量。

② 颗粒形状及表面特征

粗骨料的颗粒形状及表面特征会影响粗骨料与水泥的粘结及混凝土拌合物的流动性。表面粗糙带有棱角的碎石，与水泥粘结较好，其混凝土强度较高，但拌制的混凝土的流动性较差；表面光滑的卵石，与水泥胶结较差，其混凝土强度较低，但拌制的混凝土的流动性较好。粗骨料的颗粒形状还有属于叶状和片状的，叶、片状颗粒过多，会使混凝土的强度降低及流动性减小。因此，叶、片状颗粒的含量不宜大于10%。

③ 最大粒径及颗粒级配

粗骨料中公称粒级的上限称为该粒级的最大粒径。粗骨料的最大粒径应尽量选用得大些。但混凝土中粗骨料的选用还受到结构或构件截面最小尺寸、混凝土中布置钢筋的最小净距和混凝土施工工艺的控制。粗骨料的颗粒级配对混凝土的作用和细骨料大致相同。石子级配好坏，对节约水泥和保证混凝土具有良好的和易性有很大影响。

④ 强度

为了保证混凝土的强度要求，粗骨料也应质地致密，具有足够的强度。必要时应进行岩石抗压检验。

⑤ 坚固性

粗骨料的坚固性对混凝土的作用大致与细骨料相同。

3）混凝土拌合水和养护用水。拌制和养护混凝土用水应选用饮用水、清洁的地表水、地下水以及经适当处理后的工业废水——中水。总的要求是：不得影响混凝土的凝结；不得有损于混凝土强度发展；不得降低混凝土的耐久性；不得加快钢筋腐蚀及导致预应力钢筋脆断；不得污染混凝土表面。因此，海水和其他含有害化学物质较多的水不能用。

4）混凝土外加剂。它是指在拌制混凝土过程中掺入的用以改善混凝土某种性能的物质，其掺量一般不大于水泥用量的5%。混凝土外加剂对改善混凝土拌合物的和易性，调节凝结硬化时间，控制强度发展和提高耐久性等方面起着显著作用。近年来混凝土外加剂获得迅速发展和推广，已成为混凝土的第五组分。最常用的外加剂有减水剂、早强剂、引气剂（加气剂）、速凝剂、缓凝剂、防水剂、泵送剂等。

（三）普通混凝土的主要技术指标

GB/T 50080—2016

普通混凝土拌合物性能试验方法标准

混凝土在未凝结硬化以前，称为混凝土拌合物。混凝土拌合物要求具有良好的和易性，以方便施工，获得良好的浇灌质量。混凝土拌合物凝结硬化后，要求具有足够的强度，并具有必要的耐久性。

1. 混凝土拌合物的和易性

也可称工作性，是指混凝土在搅拌、运输、浇灌、捣实等过程中易于工作，能保持质量均匀而不发生离析的性能。

（1）和易性的概念。混凝土拌合物的和易性是一项综合性能，包括流动性、粘聚性和保水性三方面。流动性是指混凝土拌合物在本身自重或机械振捣作用下产生流动，能均匀密实地填满模板的性能；粘聚性是指混凝土拌合物在施工过程中各组成材料之间有一定的黏聚力，不产生分离和离析现象，保持整体均匀的性能；保水性是指混凝土拌合物在施工过程中，具有一定的保水能力，不致产生严重泌水现象（泌出的水会形成泌水通道，影响混凝土的密实，降低混凝土的强度、抗渗性和耐久性）。

（2）和易性的测定和选择。目前还没有能够比较全面反映混凝土拌合物和易性的测定方法。通常采用坍落度测定混凝土拌合物的流动性，同时辅以直观经验评定粘聚性和保水性。

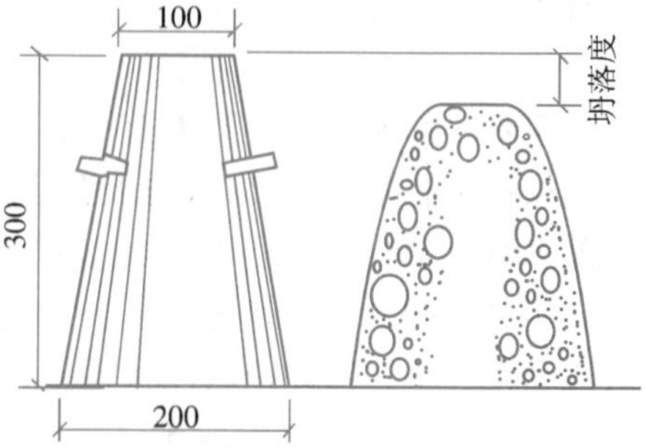

（3）坍落度试验。将混凝土拌合物按规定的方法装入标准的坍落筒（无底）内，装满刮平后，垂直向上将筒提起，混凝土拌合物将在自身重力作用下产生坍落，坍落后拌合物最高点与坍落筒之间的高差（mm），即为该混凝土拌合物的坍落度。坍落度数值愈大表示流动性愈大，如图2-10所示。

100
坍落度
300
200

图2-10　混凝土拌合物坍落度的测定

测定坍落度的同时应观测混凝土拌合物的粘聚性和保水性。粘聚性测定方法是：用捣棒在已坍落的混凝土锥体侧面轻轻敲打，若锥体均匀下沉则表示粘聚性较好，若锥体出现崩坍则表示粘聚性不好。保水性测定方法则是当坍落度筒提起后，通过看锥体周围析出水泥浆多少来判定，析出水泥浆较少者，保水性好。

(4) 影响和易性的因素。主要是水泥浆的数量、稠度、砂率和外加剂。

① 水泥浆使混凝土拌合物产生流动性。在水灰比不变的前提下，单位体积混凝土拌合物内，水泥浆愈多，拌合物的流动性愈大。但水泥浆不宜过多，否则将产生流浆现象。水泥浆数量也不宜过少，否则不能填满骨料之间的空隙。可见，混凝土拌合物中的水泥浆数量应以满足流动性为准。

② 水泥浆的稠度由水灰比决定，水灰比愈小，水泥浆愈稠，混凝土拌合物的流动性愈差，不利于混凝土浇筑。但水灰比太大，则会产生流浆等现象。可见水灰比不能过大或过小。

③ 砂率是指混凝土中砂的质量占砂、石质量的百分比，表示混凝土中砂与石子的组合关系。砂率愈大，混凝土中砂的比例愈高。所以砂率大的混凝土拌合物显得干稠、流动性差；而砂率过小，则砂的体积不足以填充石子之间的空隙，混凝土拌合物的流动性也不好，所以在配制混凝土时要合理选择砂率。

④ 外加剂可改变混凝土的性能，所以加入少量的引气剂、减水剂等外加剂，可使混凝土拌合物获得较好的和易性。

2. 混凝土的强度

混凝土强度检验评定标准

混凝土拌合物经过硬化，应达到规定的强度要求。混凝土的强度包括抗压、抗拉、抗弯、抗剪强度等，其中抗压强度最大，故混凝土主要用来承受压力。

把混凝土制作成边长 150 mm 的立方体标准块，在标准条件下[温度 (20±2)℃，相对湿度 95%以上]养护到 28 d 龄期，测得的具有 95%保证率的强度值为混凝土立方体试件抗压强度，简称立方体抗压强度。混凝土强度通常是指混凝土抗压强度。

混凝土强度等级是按混凝土立方体抗压标准强度标准值来划分的。混凝土强度等级采用符号 C 与立方体抗压强度标准值(单位为 MPa)来表示。混凝土强度分为 C15，C20，C25，C30，C35，C40，C45，C50，C55，C60，C65，C70，C75，C80 等十四个等级。混凝土强度等级是混凝土结构设计、施工质量控制和工程验收的重要依据。

影响混凝土抗压强度的因素很多，主要有组成材料的配合比、养护条件、龄期等。

混凝土的强度主要取决于水泥石的强度及其与骨料间的粘结力，两者均随水泥强度和水灰比而变。水灰比较小，混凝土中所加水分除去与水泥化合反应所需之外，剩余水分较少，混凝土内部结构密实，孔隙少，强度较高；水灰比较大，则剩余水分较多，在混凝土中形成较多的孔隙，强度明显下降。

骨料本身强度一般都比水泥石的强度高，不会直接影响混凝土的强度。若使用低强度的岩石，会使混凝土的强度降低，用碎石比用卵石配制的混凝土强度高。

养护条件主要是指环境的温度和湿度。当环境温度较高时，混凝土强度发展就较快。当温度低于 0 ℃以下，混凝土强度不发展。当环境湿度较小时，混凝土会因环境干燥而失水，强度不继续发展。所以，为保证混凝土强度，周围环境需保持尽量高一点的温度和必要的湿度。

混凝土在正常养护条件下，强度随着龄期的增加而增长。最初的7～14 d内，强度增长较快，28 d以后增长缓慢，增长过程可延续数十年。

3. 混凝土的耐久性

混凝土的耐久性是指抵抗环境介质作用并长期保持其良好的使用性能和外观完整性的能力。主要包括抗渗、抗冻、抗侵蚀、抗碳化、碱骨料反应等性能。

（1）抗渗性

是指混凝土抵抗水、油等液体的压力作用不渗透的性能。抗渗性直接影响混凝土的抗冻性和抗侵蚀性，是耐久性性质中重要的指标。

（2）抗冻性

在冰冻作用下，由于混凝土内部孔隙中的水结冰造成体积膨胀，导致混凝土产生裂缝，反复冻融使裂缝不断扩展从而使混凝土强度下降，直到局部或整体破碎。

（3）耐腐蚀性

混凝土发生侵蚀，主要是在外界侵蚀介质作用下受到破坏所引起的。与所选用的水泥品种及混凝土本身的密实有关。

（4）混凝土的碳化

是环境中的二氧化碳与水泥石中的氢氧化钙作用，减弱了混凝土对钢筋的防锈保护作用。碳化还将引起体积收缩，产生细微裂缝，引起强度下降。

（5）碱骨料反应

是指硬化混凝土中所含的碱与骨料中活性成分发生反应，生成具有吸水膨胀性的产物，在有水的条件下吸水膨胀，导致混凝土开裂，影响耐久性。

（6）干缩

混凝土因毛细孔和凝胶体中水分蒸发与散发而引起体积缩小，当干缩受到限制时，混凝土会出现干缩裂缝，从而影响耐久性。

（四）特种混凝土

高性能混凝土

1. 轻骨料混凝土

又称轻集料混凝土，是指粗骨料选用轻骨料，细骨料选用轻骨料或普通砂，表观密度不大于1950 kg/m^3 的混凝土。

轻骨料一般指多孔的人造陶粒、工业废渣、天然浮石等堆积密度不大于1000 kg/m^3 的粗骨料，以及粒径不大于5 mm，堆积密度不超过1100 kg/m^3 的轻砂。大部分轻骨料具有微小的气孔，表观密度小，所拌制的混凝土自重小。

与普通混凝土相比，轻骨料混凝土孔隙率高，表观密度小，吸水率大，强度低。可用于房屋维护结构或承重构件，同时具有轻质、保温、绝热等性能。

2. 多孔混凝土

是内部均匀分布着大量微小气泡的轻质混凝土。多孔混凝土按其气孔形成的方式不同，分为加气混凝土和泡沫混凝土。

（1）加气混凝土。由硅质材料和石灰、水泥，掺入发气剂，加水拌匀，经蒸压或蒸养而成。加气混凝土表观密度为 400～800 kg/m³，可制成配筋条板，用作楼板、墙体和屋面构件。

(2) 泡沫混凝土。由水泥浆和泡沫剂搅拌成，经浇筑、养护硬化而成。泡沫混凝土的性能和用途与加气混凝土基本相同，不过泡沫混凝土可现场浇筑。

(3) 大孔混凝土。是以粗骨料、水泥和水配制而成的一种轻混凝土，又称无砂大孔混凝土。在大孔混凝土中，水泥浆仅将粗骨料粘在一起，而不填满粗骨料之间的空隙，因而形成大孔结构。因大孔混凝土中孔隙较大，所以大孔混凝土强度较低，为提高其强度，也可掺入少量细骨料，这种混凝土可称少砂大孔混凝土。大孔混凝土的表观密度为 800～1500 kg/m³，多用做非承重墙体材料，由于孔隙率大，具有透水性，还可以用于排水工程或建筑工程中的排水暗管或井管。

3. 防水混凝土

是指具有良好抗渗性并达到防水要求的混凝土。通常可以用改善骨料颗粒级配，适当增加水泥用量，掺加适当外加剂等办法使混凝土均匀密实，减少甚至杜绝混凝土内部的毛细管通路，以达到较高的抗渗、防水性能。

富水泥浆防水混凝土一般采用较小的水灰比，较高的水泥用量(不低于 300 kg/m³)，合理的砂率配制而成。富水泥浆防水混凝土适用于环境潮湿的地下结构的防水工程。

骨料级配防水混凝土是指严格控制砂、石级配及其混合比例，使骨料之间的空隙充分填充，混凝土获得最大的密实度，以提高抗渗性能，达到防水效果的混凝土。

外加剂防水混凝土是在混凝土中掺入外加剂来改善其内部结构，提高抗渗性的混凝土。常用的外加剂有密实剂、复合外加剂等。

4. 耐热混凝土

通常指长期经受高温(200 ℃以上)作用，并能在高温下保持其物理力学性能不变的混凝土。根据所用胶凝材料不同可分为硅酸盐水泥耐热混凝土、铝酸盐水泥耐热混凝土等。

5. 纤维混凝土

是在普通混凝土中掺加各种纤维而成。如：钢纤维、碳纤维、尼龙、聚丙烯等。纤维的作用是提高混凝土的抗拉强度，降低脆性，提高抗裂性。在纤维混凝土中，纤维的含量以及纤维的特性对其性能有很大影响。主要应用于路面、桥面、机场跑道等工程中。

6. 泵送混凝土

是指坍落度在 100 mm 以上适用于用泵输送的混凝土。其拌合物具有较大的流动性、不离析的特性。要保证混凝土在泵送管道中顺利输送，就要求混凝土拌合物在输送中阻力小，不离析，不泌水，不阻塞。为此除对混凝土的组成材料有具体要求外，还应掺入泵送剂或减水剂，必要时还应掺入粉煤灰等拌合物。泵送混凝土已在高层建筑、大型的工业与民用建筑、桥梁工程、港口工程等领域广泛应用。

7. 装饰混凝土

是利用混凝土本身的水泥和骨料的颜色、质感而用作饰面工程的混凝土。常用的有彩色混凝土、图案混凝土、图案花饰混凝土、清水混凝土等。

二、钢筋混凝土

钢筋混凝土

钢筋混凝土是在混凝土中配置钢筋形成的复合建筑材料，它既可以充分利用混凝土的抗压强度，又可以发挥混凝土对钢筋的保护作用，充分利用钢筋的抗拉、抗弯强度，因此钢筋混凝土结构广泛应用于建筑工程、桥梁工程等土木工程中。

（一）钢筋混凝土的优点

（1）合理发挥材料的性能

混凝土具有很高的抗压强度，但抗拉强度却很低，而钢筋是一种抗拉强度很高的结构材料，在构件的受压部分用混凝土，在构件的受拉部分用钢筋，大大提高了构件的承载力，充分发挥了材料的性能。

（2）耐久性好

在钢筋混凝土结构中，混凝土的强度随着时间的增加而增长，钢筋受到混凝土的保护而不易锈蚀。

（3）耐火性好

混凝土包裹在钢筋之外，起着保护钢筋的作用，避免钢材因达到软化温度而造成结构整体破坏。

（4）整体性好

钢筋混凝土结构特别是现浇的钢筋混凝土结构整体性好。

（5）就地取材

钢筋和混凝土两种材料都比较容易得到，价格也比较便宜。

（6）灵活性大

可以根据构件的受力情况，合理配置钢筋和确定混凝土等级，经济合理。

（二）钢筋混凝土的缺点

（1）自重大。普通钢筋混凝土本身自重比钢结构大，不宜用于大跨度、高层建筑。

（2）抗裂性差。混凝土的抗拉强度及极限拉应变很小，所以在荷载的作用下，一般均带裂缝工作。

（3）保温效果差。普通钢筋混凝土的导热系数较大，热量容易传递。

另外混凝土还有施工受气候条件限制，修复困难等缺点。

（三）预应力钢筋混凝土

普通钢筋混凝土结构的裂缝过早出现，为克服这一缺点，充分利用高强度材料，可以设法在结构构件受外荷载作用前，预先对由外荷载引起的混凝土受拉区施加压力，用由此产生的预压应力来减小或抵消外荷载所引起的混凝土拉应力，从而使结构构件的拉应力减小，甚至处于受压状态。这种在构件受荷载以前预先对混凝土受拉区施加压应力的结构称为“预应力混凝土结构”。对于裂缝控制严格、密闭性或耐久性要求高、变形要求严格的结构物，宜采用预应力结构。

课题五　木　材

木材作为建筑材料，已有悠久的历史。在建筑工程中，木材可用做桁架、梁、柱、支撑、门窗、地板、桥梁、脚手架、混凝土模板及室内装修材料等。

作为建筑材料，木材的优点是轻质高强、弹性和韧性良好，能承受冲击和振动，导热性低，易于加工，纹理美观，装饰效果良好。木材的缺点有：构造不均匀、各向异性；含水率变化时胀缩显著，导致尺寸、形状的改变；易腐朽及虫蛀；易燃烧；有天然疵病等。但是经过一定加工和处理，这些缺点可以得到相当程度的减轻。

建筑用木材分为针叶树和阔叶树两大类。针叶树如松、杉、柏等，一般树干通直而高大，易得木材，纹理通顺，材质均匀，木质较软，易于加工，故又称软木材；胀缩变形较小，耐腐蚀性强，有较高的强度，为建筑工程的主要用材，广泛用于承重结构材料。阔叶树如榆木、水曲柳、柞木等，树干通直部分较短，材质较硬而重，难于加工，故又称硬木材；强度较大，胀缩、翘曲变形大，易于开裂，不宜做承重构件。经加工后，常有美观的纹理，故适用于内部装修、家具和胶合板。

木材宏观构造

一、构造

1. 宏观构造

木材的宏观构造是指用肉眼或放大镜所能观察到的木材组织。由于木材构造的不均匀性，研究木材宏观构造特征时，可从树干的 3 个切面来进行剖析，即横切面、径切面和弦切面，如图 2-11 所示。

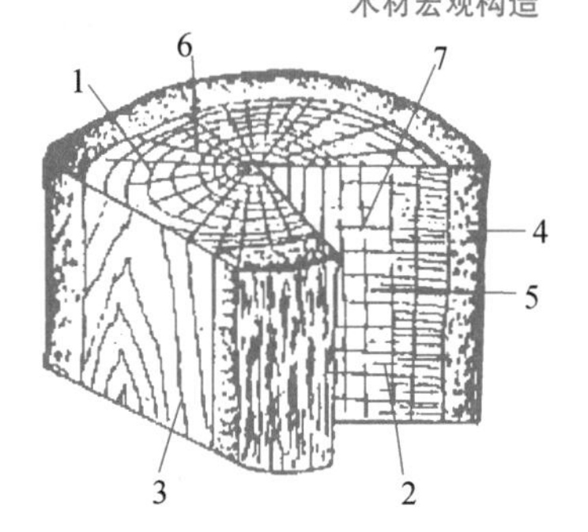

图 2-11　树干的三个切面

1—横切面；2—径切面；3—弦切面；4—树皮；5—木质部；6—年轮；7—髓线

横切面：与树干主轴重直的切面。

径切面：是顺着树干方向，通过髓心的切面。

弦切面：是顺着树干方向，与髓心有一定距离的切面。

从横切面上可以看到，树木由树皮、髓心和木质部组成。木质部是建筑材料使用的主要部分，木质部靠近髓心部分颜色较深，称为心材；靠近树皮的部分颜色较浅，称为边材。一般说，心材比边材的利用价值大些。

从横切面上还可以看到深浅相间的同心圆环，即所谓年轮，一般树木每年生长一轮。在同一年轮内，春天生长的木质色较浅、质松软，称为春材（早材）；夏秋两季生长的木质色较深，质坚硬，称为夏材（晚材）。相同树种，年轮越密，材质越好；夏材部分越多，木材强度越高。

2. 微观构造

木材的微观构造是指借助显微镜才能见到的组织。用光学显微镜观察木材切片，可以看到木材是由无数管状细胞紧密结合而成，除少数细胞横向排列外，绝大多数细胞纵向排列。每个细胞都是由细胞壁和细胞腔两部分组成，细胞壁由细纤维组成，其纵向连接较横向牢固，故细胞壁纵向强度高、横向强度低。细纤维间具有极小的空隙，能吸附和渗透水分。木材细胞壁越厚，腔越小，木材越密实，体积密度和强度也越大，但胀缩也大。春材细胞壁薄腔大，夏材则细胞壁厚腔小。

二、主要性质

木材干缩变形

当木材中仅细胞壁内充满吸附水，而细胞腔及细胞间隙中无自由水的含水率，称为纤维饱和点，纤维饱和点是木材物理力学性质发生变化的转折点。

1. 湿胀干缩

木材具有显著的湿胀干缩性，这是由细胞壁内吸附水含量变化所致。当木材由潮湿状态干燥到纤维饱和点时，其尺寸不变，继续干燥，即当细胞壁中吸附水蒸发时，则发生体积收缩。反之干燥木材吸湿时，将发生体积膨胀，直到含水量达到纤维饱和点时，其膨胀值达到最高，以后木材含水量继续增大，体积也不再膨胀。木材的收缩和膨胀对木材的使用有严重影响，它会使木材产生裂缝或翘曲变形，以致引起木结构的接合松弛或凸起、装修部件的破坏等。

2. 强度具有方向性

木材各向异性的特点，也影响了木材的力学性能，使木材的各种力学强度都具有明显的方向性。当顺纹受力（作用力方向与木纹方向一致）时，木材抗压、抗拉强度都高；当横纹受力（作用力方向与木纹方向垂直）时，木材的强度都低；而斜纹受力（作用力方向介于顺纹和横纹之间）时，木材强度随着力与木纹交角的增大而降低。表 2－3 列出木材各种强度间数值大小的关系。

表 2－3 木材各项强度值比较（以顺纹抗压强度为 1）

抗压		抗拉		抗弯	抗剪	
顺纹	横纹	顺纹	横纹		顺纹	横纹切断
1	1/10～1/3	2～3	1/20～1/3	3/2～2	1/7～1/3	1/7～1

影响木材强度的因素包括：

（1）含水率

木材的含水率对木材强度影响很大，当细胞壁中水分增多时，木纤维相互间的粘结力减弱，细胞壁软化。因此，当木材含水率在纤维饱和点以内变化时，木材强度随之变化，含水率增大，强度下降，含水率降低，强度上升；而含水率在纤维饱和点以上变化时，木材强度不变。含水率在纤维饱和点以内变化时，对各种强度影响最大的是顺纹抗压强度，其次是抗弯强度，对顺纹抗剪强度影响较小，而对顺纹抗拉强度几乎没有影响。

（2）温度

当环境温度升高时，木材纤维中的胶结物质逐渐软化，因而强度降低。温度超过 40 ℃时，木材开始分解颜色，变黑，强度明显下降；如果环境温度长期超过 50 ℃时，不宜采用木结构。当温度降至 0 ℃以下时，其水分结冰，木材强度增大，但木质变得较脆。一旦解冻，各项强度都低于未冻时的强度。

(3) 长期荷载

木材对长期荷载的抵抗能力低于对暂时荷载的抵抗能力。这是由于木材长期在外力作用下产生等速蠕滑，长时间以后，便急剧产生大量连续变形。木材在长期荷载下不致引起破坏的最大强度，称为持久强度。木材的持久强度比极限强度小得多，一般为极限强度的50%～60%。

(4) 疵病的影响

木材在生长、采伐、保管过程中，所产生的内部和外部的缺陷，统称为疵病。木材的疵病包括：木节、斜纹、裂纹、腐朽和虫害等。这些疵病都不同程度地降低了木材的物理力学性质，降低了木材的等级，甚至使木材失去使用价值。

课题六　其他材料

主要介绍土木工程中经常用到的其他两种原材料——钢材和沥青。

一、钢材

建筑钢材是指用于钢结构的各种型钢(如角钢、工字钢、槽钢、钢管等)和钢板，以及用于钢筋混凝土结构中的各种钢筋、钢丝和钢绞线等。

(一) 钢材的主要性能

钢材有两种完全不同的破坏形式：塑性破坏和脆性破坏。钢材在正常使用条件下，虽然有较高的塑性和韧性，但在某些条件下，仍然存在发生脆性破坏的可能性。

塑性破坏的主要特征是：破坏前具有较大的塑性变形，常在钢材表面出现明显的相互垂直交错的锈迹剥落线。只有当构件中的应力达到抗拉强度后钢材才会发生破坏，破坏后的断口呈纤维状，色泽发暗。由于塑性破坏前总有较大的塑性变形发生，且变形持续时间较长，容易被发现和抢修加固，因此不致产生严重后果。钢材塑性破坏前有较大的塑性变形能力。

脆性破坏的主要特征是：破坏前塑性变形很小，或根本没有塑性变形，可突然迅速断裂。破坏后的断口平直，呈有光泽的晶粒状或有人字纹。由于破坏前没有任何预兆，破坏速度又极快，无法察觉和补救，而且一旦发生常引发整个结构的破坏，后果非常严重，因此在结构的设计、施工和使用过程中，要特别注意防止这种破坏的发生。

钢材存在的两种破坏形式，和钢材的内在组织构造以及外部的工作条件有关。

1. 钢材在单向一次拉伸下的工作性能

拉伸曲线

钢材的多项性能指标可通过单向一次(也称单调)拉伸试验获得。试验一般都是在标准条件下进行的，即：试件的尺寸符合国家标准，表面光滑，没有孔洞、刻槽等缺陷；按规定的速度增加荷载，直到试件破坏。环境温度为20℃左右。钢材的单调拉伸应力-应变曲线如图2-12所示。由低碳钢的试验曲线看出，在比例极限以前钢材的工作是弹性的；比例极限以后，进入弹塑性阶段；达到了屈服点

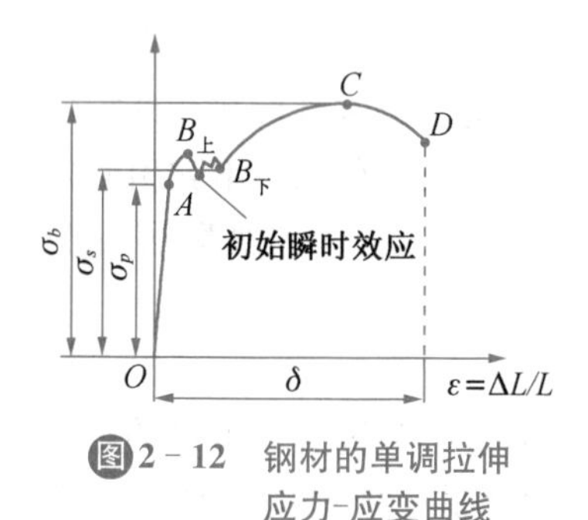

图2－12 钢材的单调拉伸应力-应变曲线

后，出现了一段纯塑性变形，也称为塑性平台；此后强度又有所提高，出现所谓强化阶段，直至产生颈缩而破坏。

钢材的一次拉伸应力-应变曲线提供了三个重要的力学性能指标：抗拉强度、伸长率和屈服点。抗拉强度是钢材一项重要的强度指标，它反映钢材受拉时所能承受的极限应力。伸长率是衡量钢材断裂前所具有的塑性变形能力的指标。屈服点是结构设计中应力允许达到的最大限值，因为构件中的应力达到屈服点后，结构会因过度的塑性变形而不适于继续承载。承重结构的钢材应满足相应国家标准对上述三项力学性能指标的要求。

2. 冷弯性能

钢材的冷弯性能由冷弯试验确定。试验时，根据钢材的牌号和不同的板厚，按国家相关标准规定的弯心直径，在试验机上把试件弯曲180°。以试件表面和侧面不出现裂纹和分层为合格。冷弯试验不仅能检验材料承受规定的弯曲变形能力的大小，还能显示其内部的冶金缺陷，因此是判断钢材塑性变形能力和冶金质量的综合指标。

3. 冲击韧度

由单调拉伸试验获得的塑性没有考虑应力集中和动荷载作用的影响，只能用来比较不同钢材在正常情况下的塑性好坏。冲击韧度也称缺口韧性，是评定带有缺口的钢材在冲击荷载作用下抵抗脆性破坏能力的性能，通常用带V形缺口的标准试件做冲击试验。以击断试件所消耗的冲击吸收功大小来衡量钢材抵抗在冲击荷载下发生脆性破坏的能力。

试验结果表明，钢材的冲击韧度值随温度降低而降低，但不同牌号和质量等级钢材的降低规律又有很大的不同。

4. 钢材的焊接性能

受碳含量与合金元素含量的影响。当碳含量在0.12%～0.20%范围内时，碳素钢的焊接性能最好；碳含量超过上述范围时，焊缝发热影响区容易变脆。钢材焊接性能的优劣除了与钢材的碳含量有直接关系之外，还与母材厚度、焊接方法、焊接工艺参数以及结构形式等条件有关。目前，国内外都采用实验的方法来检验钢材的焊接性能。

（二）建筑钢材的应用

建筑钢材可分为钢结构用型钢和钢筋混凝土结构用钢筋。各种型钢和钢筋的性能主要取决于所用钢种及其加工方式。

1. 钢结构用钢材

钢结构用钢主要包括碳素结构钢和低合金高强度结构钢。

（1）碳素结构钢

GB/T 700—2006

碳素结构钢

现行国家标准《碳素结构钢》(GB/T 700—2006)具体规定了它的牌号表示方法、代号和符号、技术要求、试验方法、检验规则等。

碳素结构钢的牌号由代表屈服点的字母Q、屈服点数值(单位为MPa)、质量等级符号、脱氧方法符号等四个部分组成。碳素结构钢按屈服强度的数值分为 195，215，235，275（MPa）4 种；按硫、磷杂质含量由多到少分为 A，B，C，D 四个质量等级；按照脱氧方法不同分别用“F”表示沸腾钢，“b”表示半镇静钢，“Z”表示镇静钢和“TZ”表示特种镇静钢。在具体标注时“Z”和“TZ”可以省略。例如 Q235B 代表屈服点为 235MPa 的 B 级镇静钢。

（2）低合金高强度结构钢

GB/T 1591—2018

低合金高强度结构钢

根据国家标准《低合金高强度结构钢》（GB/T 1591—2018）规定，共有 8 个牌号。其牌号表示方法由屈服强度字母 Q、屈服强度数值、质量等级（分为 A，B，C，D，E 五级）3 部分组成，屈服强度数值分 345，390，420，460，500，550，620，690（MPa）共 8 种，质量等级按照硫、磷等杂质含量由多到少分为 A，B，C，D，E 五级。

在钢结构中常采用低合金高强度结构钢轧制的型钢、钢板来建筑桥梁、高层及大跨度建筑。在重要的钢筋混凝土结构或预应力钢筋混凝土结构中，主要应用低合金钢加工成的热轧带肋钢筋。

（3）钢结构用型钢

钢结构构件一般应直接选用各种型钢。构件之间可直接连接或附接钢板进行连接。连接方式有铆接、螺栓连接和焊接。所用母材主要是碳素结构钢及低合金高强度结构钢。型钢有热轧和冷轧成型两种。钢板也有热轧和冷轧两种。

1）钢板

钢板有厚钢板、薄钢板、扁钢（或带钢）之分。厚钢板常用作大型梁、柱等实腹式构件的翼缘和腹板，以及节点板等；薄钢板主要用来制造冷弯薄壁型钢；扁钢可用来焊接组合梁、柱的翼缘板、各种连接板、加劲肋等。钢板截面的表示方法为在符号“—”后加“宽度×厚度”，如—200×20 等。钢板的供应规格如下：

厚钢板：厚度 4.5～6.0 mm，宽度 600～3 000 mm，长度 4～12 m。

薄钢板：厚度 0.35～4 mm，宽度 500～1 500 mm，长度 0.5～4 m。

扁钢：厚度 4～60 mm，宽度 12～200 mm，长度 3～9 m。

2）热轧型钢

常用的有角钢、工字钢、槽钢、T 型钢、H 型钢、L 型钢等，如图 2 - 13 所示。

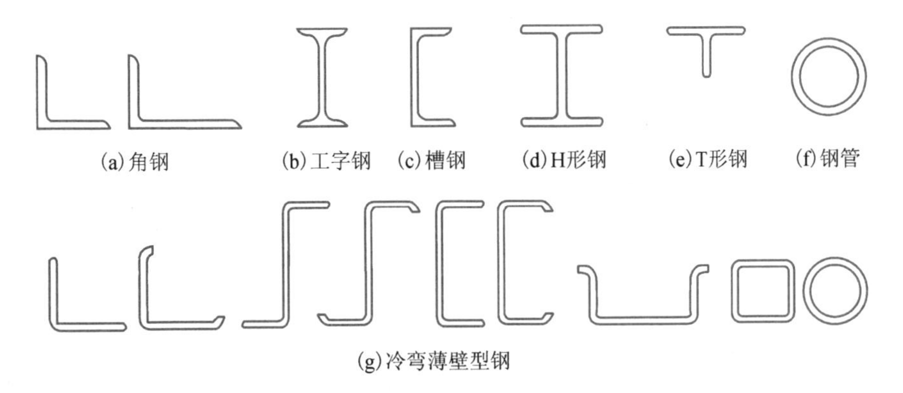

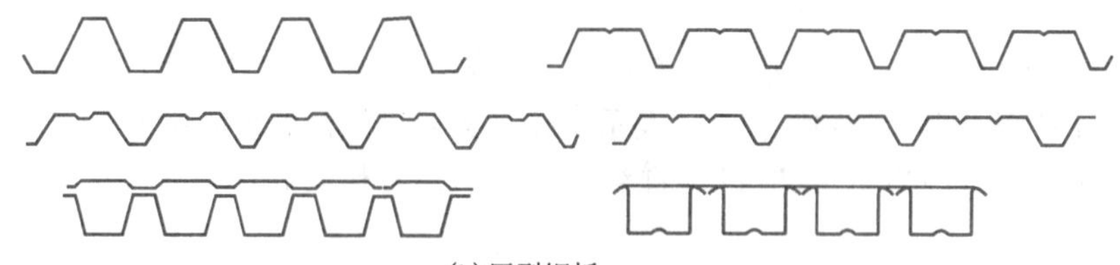

(h)压型钢板

图2-13 型钢和冷弯薄壁型钢

3) 冷弯薄壁型钢

通常用2~6 mm的厚薄钢板冷弯或模压而成，有角钢、槽钢等开口薄壁型钢及方形、矩形等空心薄壁型钢，主要用于轻型钢结构中，如图2-13所示。

我国建筑用热轧型钢主要采用碳素结构钢Q235-A钢，其强度适中，塑性及可焊性较好，成本低，适合建筑工程使用。在钢结构设计规范中，推荐使用的低合金钢主要有：Q345(16 Mn)及Q390(15 MnV)两种，用于大跨度、承受动荷载的钢结构中。

2. 钢筋混凝土结构用钢材

钢筋混凝土结构用的钢筋、钢丝和钢绞线，主要由碳素结构钢或低合金结构钢轧制而成。其主要品种有热轧钢筋、冷加工钢筋、热处理钢筋、预应力混凝土用钢丝和钢绞线。钢筋通常按直条交货，直径不大于12 mm的钢筋也可按盘卷(也称盘条)供货。直条钢筋长度一般为6 m或9 m。

3. 钢材选用原则和建议

钢材的选用既要确保结构物的安全可靠，又要经济合理，必须慎重对待。为了保证承重结构的承载能力，防止在一定条件下出现脆性破坏，应根据结构的重要性、荷载特征(动载或静载)、连接方法(焊接、螺栓连接、铆接)、工作环境(常温或负温)、应力状态(拉、压、剪)和钢材厚度等因素综合考虑，选用合适牌号和质量等级的钢材。

一般而言，对于直接承受动力荷载的构件或结构、重要的构件或结构、采用焊接连接的结构以及处于低温下工作的结构，应采用质量较高的钢材。

承重结构采用的钢材应具有抗拉强度、伸长率、屈服点和硫、磷含量的合格保证，对焊接结构尚应具有碳含量的合格保证。重要的承重结构采用的钢材，还应具有冷弯试验的合格保证。受动荷载作用时，应具有冲击韧度的合格保证。

二、沥青

沥青

沥青是一种褐色或黑褐色的有机胶凝材料，在建筑、公路、桥梁等工程中有着广泛的应用，其主要用途是生产防水材料和铺筑沥青路面等。

沥青按产源可分为地沥青(天然地沥青和石油地沥青)和焦油沥青(煤沥青、木沥青和页岩沥青)两大类。

1. 石油沥青

石油沥青

(1) 石油沥青的基本组成与结构

是由石油经蒸馏、吹氧、调和等工艺加工时得到的残留物，是石油中相对分子质量最大、组成及结构最为复杂的混合物。

石油沥青的组分：① 油分，起到赋予沥青流动性的作用；② 树脂（沥青脂胶），其中绝大部分属于中性树脂；③ 地沥青质（沥青质），是决定石油沥青温度敏感性、黏性的重要组成部分。

（2）石油沥青的胶体结构

是以地沥青质为核心，和油分、树脂共同形成胶体结构。胶体结构可分为溶胶型、凝胶型和溶凝胶型三种类型。大部分优质道路沥青均为溶凝胶型结构。

（3）石油沥青的主要性质

1）防水性：石油沥青是憎水性材料，本身构造致密，所以石油沥青有良好的防水性，广泛用作建筑工程的防潮、防水材料。

2）黏滞性：是指在外力作用下沥青粒子产生相互位移抵抗变形的能力。它是沥青材料的重要性质。

3）塑性：指沥青材料在外力作用下产生变形，去除外力后，仍保持变形后形状的性质。它是沥青性质的重要指标。

4）延性：是指当其受到外力作用时，所能承受的最大塑性变形，是沥青的内聚力大小的衡量标志。

5）温度敏感性：是指沥青的粘滞性和塑性随温度升降而变化的性能，是沥青性质的重要指标。

6）大气稳定性：是指沥青在热、阳光、氧气和潮湿等因素长期综合作用下抵抗老化的性能。

（4）石油沥青的技术要求

1）石油沥青的技术标准：在工程建设中常用的石油沥青可分为道路石油沥青、建筑石油沥青和普通石油沥青。

2）石油沥青的应用：道路石油沥青牌号较多，一般拌制成沥青混凝土、沥青拌合料或沥青砂浆等使用。建筑石油沥青黏性较大，耐热性较好，但塑性较小，主要用作制造油毡、油纸、防水涂料和沥青胶。用于屋面防水工程，应注意温度敏感性，防止过分软化，产生流淌。普通石油沥青含蜡较多，温度敏感性大，故在工程中不直接单独使用，只能与其他种类石油沥青掺配使用。

2. 改性石油沥青

是在沥青中掺加橡胶、树脂、高分子聚合物、磨细的橡胶粉或其他填料等外掺剂（改性剂），或采取对沥青轻度氧化加工等措施，使沥青的性能得以改善。工程上常用的有：

（1）矿物填料改性沥青

在沥青中加入一定数量的矿物填充料，可以提高沥青的粘性和耐热性，减小沥青的温度敏感性，主要用于生产沥青胶。

（2）树脂改性沥青

用树脂改性石油沥青，可以改善沥青的耐寒性、耐热性、粘结性和不透气性。如氯丁橡胶改性沥青、丁基橡胶改性沥青、热塑性丁苯橡胶（SBS）改性沥青、再生橡胶改性沥青等。

3. 沥青混合料

沥青混合料是将石子、砂和矿粉经人工合理选择级配组成的矿质混合料与适量的沥青材料经拌和所组成的混合物。沥青混合料的技术性质在工程上主要有以下几点要求：① 高温稳定性；② 低温抗裂性；③ 耐久性；④ 抗滑性；⑤ 施工和易性。

单元小结

土木工程材料是各类土木工程中所用的材料总称。石材、石灰、水泥、混凝土、钢材、木材等是重要的工程材料，广泛应用于水利、交通、房屋建筑、城市建设等基本建设中。本单元主要介绍了以下内容：

(1) 石材、砖、瓦三种材料的种类、性能及应用。

(2) 石灰、水泥、砂浆是重要建筑材料。石灰的品种很多，主要来源于氢氧化钙的结晶和碳化，石灰的强度很低。利用石灰的特性可将其用于拌制砂浆、灰土和三合土，制作石灰碳化板和硅酸盐制品等。水泥可用来生产各种混凝土、钢筋混凝土及其他水泥制品，学习后要掌握水泥的主要技术性质和应用，同时了解水泥的发展趋势。熟悉砂浆的分类、和易性、强度等级，能够根据工程特点选择砂浆品种。

(3) 混凝土的组成材料是水泥、水、砂和石子，另外外加剂也成为改善混凝土性质的极有效措施之一，被视为混凝土的第五种组成材料。混凝土的主要技术性质包括混凝土拌合物的和易性、硬化混凝土的强度、耐久性。混凝土要求有良好的和易性、较高的强度、良好的耐久性。

(4) 木材的构造和主要技术性质。

(5) 建筑工程用钢材包括钢结构用钢和钢筋混凝土用钢两类。最常用的钢结构用钢有碳素结构钢、低合金钢及各种型钢、钢板、钢管等。

(6) 沥青是一种有机胶凝材料，它不溶于水，可溶于多种有机溶剂，是建筑工程中常用的一种重要的防水、防潮和防腐材料。工程中常用的沥青主要为石油沥青和煤沥青。

复习思考题

1. 根据课程中对各种材料的介绍，找到生活中这些材料在哪些场所应用？
2. 水泥、砖、钢材的种类有哪些？
3. 混凝土的材料组成、主要技术要求有哪些？
4. 根据材料的特点，思考其适用于土木工程中不同场所的原因。
5. 新型的建筑材料有哪些？
6. 什么是胶凝材料？胶凝材料的类型和适用性如何？
7. 水泥的主要技术性能指标有哪些？
8. 叙述水泥的凝结硬化过程。

单元三 地基与基础工程

学习目标

了解岩土工程勘察的基本概念、勘察的等级划分、勘察方法与内容；掌握地基基础的基本概念及地基基础类型；了解地基处理的基本方法。

学习重点

地基基础的类型及特点。

课题一　岩土工程勘察

一、岩土工程勘察的基本知识

(一) 岩土工程勘察的相关概念

岩土工程也称为“地质技术工程”，是欧美国家于20世纪60年代在前人土木工程实践的基础上建立起来的一个新的技术体系，是主要研究岩体和土体工程问题的一门学科。岩土工程学科是以土力学、岩石力学、工程地质学和基础工程学的理论为基础，由地质、力学、土木工程、材料科学等多学科相结合形成的边缘学科，同时又是一门地质与工程紧密结合的学科。就其学科的内涵和属性来说，属于土木工程的范畴，在土木工程中占有重要的地位。

岩土工程的研究对象包括岩土体的稳定性，地基与基础，地下工程及岩土体的治理、改造和利用等。这些研究通过岩土工程勘察、设计、施工与监测，地质灾害治理及岩土工程监理等方面来实现。这是为工程建设全过程服务的技术体制，在房屋建筑与构筑物、道路桥梁、港口、航运、国防建设、地质工程等方面都占有重要的地位。

岩土体作为一种特殊的工程材料，不同于混凝土、钢材等人工材料。它是自然的产物，随着自然环境的不同而表现出不同的工程特性。这就造成了岩土工程的复杂性和多变性，而且土木工程的规模越大，岩土工程问题就越突出、越复杂。在实际工程中，岩土问题、地基问题往往是影响投资和制约工期的主要因素，如果处理不当，就可能带来灾难性的后果。

随着土木工程规模的不断扩大，岩土工程有了不同的分支学科，岩土工程勘察就是岩土工程学科的一项重要的分支学科。岩土工程勘察是根据建设工程的要求，查明、分析、评价建设场地的地质、环境特征和岩土工程条件，编制勘察文件的活动。

任何一项土木工程在建设之初，都要进行建筑场地及环境地质条件的评价。根据建设单位的要求，对建筑场地及环境进行地质调查，为建设工程服务，最终提交岩土工程勘察报告的过程就是岩土工程勘察的主要工作内容。

（二）岩土工程勘察的目的和任务

岩土工程勘察是岩土工程技术体制中的一个首要环节。各项工程建设在设计和施工之前，必须按基本建设程序进行岩土工程勘察。它的基本任务就是按照工程建设所处的不同勘察阶段的要求，正确反映工程地质条件，查明不良地质作用和地质灾害，精心勘察、分析，提出资料完整、评价正确的勘察报告，为工程的设计、施工以及岩土体治理加固、开挖支护和降水等提供工程地质资料和必要的技术参数，同时对工程存在的有关岩土工程问题做出论证和评价。

所谓工程地质条件，是指与工程建设有关的各种地质条件的综合。工程地质条件复杂程度直接影响到工程建筑物地基基础方面投资的多少以及未来建筑物的安全运行。所以，任何类型的工程建设在进行勘察时必须首先查明建筑场地的工程地质条件。

岩土工程问题指的是拟建建筑物与岩土体之间存在的影响拟建建筑物安全运行的地质问题。岩土工程问题因建筑物的类型、结构和规模不同以及地质环境不同而异。例如，房屋建筑与构筑物主要的岩土工程问题是地基承载力和沉降问题等。在进行岩土工程勘察时，对存在的岩土工程问题必须给予正确的评价。

地质灾害新闻

不良地质作用是指对工程建设可能造成危害的地球内、外动力地质作用；不良地质现象是指由地球内、外动力作用引起的各种地质现象，如岩溶、滑坡、崩塌、泥石流、上洞、河流冲刷以及渗透变形等。不良地质现象不仅影响建筑场地的稳定性，也会对地基基础、边坡工程、地下洞室等具体工程的安全、经济和正常使用产生不利影响。所以，在复杂地质条件下进行岩土工程勘察时必须查清它们的规模大小、分布规律、形成机制和形成条件、发展演化规律和特点，预测其对工程建设的影响或危害程度，并提出防治的对策与措施。

二、岩土工程勘察分级

进行任何一项岩土工程勘察工作，首先要进行的是对岩土工程勘察等级进行划分。岩土工程勘察等级划分的主要目的，是为了勘察工作的布置及勘察工作量的确定。显然，工程规模较大或较重要、场地地质条件以及岩土体分布和性状较复杂者，所投入的勘察工作量就较大，反之则较小。

GB 50021—2009

岩土工程勘察规范

按《岩土工程勘察规范》(GB 50021—2009)规定，岩土工程勘察的等级在工程重要性等级、场地的复杂程度等级和地基的复杂程度等级等三项分级的基础上综合确定的。

（一）工程重要性等级

工程重要性等级，是根据工程的规模和特征，以及由于岩土工程问题造成工程破坏或影响正常使用的后果来划分，可分为三个等级。见表 3-1。

表 3-1　工程重要性等级

工程重要性等级	工程的规模和特征	破坏后果
一级	重要工程	很严重
二级	一般工程	严重
三级	次要工程	不严重

(二) 场地复杂程度等级

场地复杂程度等级是由建筑抗震稳定性、不良地质现象发育情况、地质环境破坏程度、地形地貌条件和地下水五个条件衡量的。根据场地的复杂程度，分为三个场地等级。划分时从一级开始，向二级、三级推定，以最先满足的为准。参见表 3-2。

表 3-2　场地复杂程度等级

场地复杂程度等级	一级(复杂场地)	二级(中等复杂场地)	三级(简单场地)
建筑抗震稳定性	危险	不利	有利(或地震设防烈度≤6 度)
不良地质现象发育情况	强烈发育	一般发育	不发育
地质环境破坏程度	已经或可能强烈破坏	已经或可能受到一般破坏	基本未受破坏
地形地貌条件	复杂	较复杂	简单
地下水条件	多层水、水文地质条件复杂	基础位于地下水位以下	无影响

(三) 地基复杂程度等级

地基复杂程度依据岩土种类性质、特殊土的影响也划分为三级。划分时从一级开始，向二级、三级推定，以最先满足的为准。见表 3-3。

表 3-3　地基复杂程度等级

地基复杂程度等级	一级(复杂地基)	二级(中等复杂地基)	三级(简单地基)
岩土种类、性质	岩土种类多，性质变化大	岩土种类较多，性质变化较大	岩土种类单一，性质变化不大
特殊土	有特殊性岩土(5 类)	除一级以外的特殊土	无特殊性岩土

(四) 岩土工程勘察等级

综合上述三项因素的分级，可按下列条件划分岩土工程勘察等级：

(1) 甲级：在工程重要性、场地复杂程度和地基复杂程度等级中，有一项或多项为一级；

(2) 乙级：除勘察等级为甲级和丙级以外的勘察项目；

(3) 丙级：工程重要性、场地复杂程度和地基复杂程度等级均为三级。

三、岩土工程勘察的方法和内容

岩土工程勘察野外工作的方法或技术手段，主要有工程地质测绘与调查、岩土工程勘探与取样、原位测试与室内试验、现场检验与监测等。

(1) 工程地质测绘是岩土工程勘察的基础工作,一般在勘察的初期阶段进行。这一方法的本质是运用地质、工程地质理论,对地面的地质现象进行观察和描述,分析其性质和规律,并借以推断地下地质情况,为勘探、测试工作等其他勘察工作提供依据。在地形、地貌和地质条件较复杂的场地,必须进行工程地质测绘;但对地形平坦、地质条件简单且较狭小的场地,则可采用调查代替工程地质测绘。工程地质测绘是认识场地工程地质条件最经济、最有效的方法,高质量的测绘工作能相当准确地推断地下地质情况,起到有效地指导其他勘察方法的作用。

(2) 岩土工程勘探工作包括槽探、钻探、坑探和物探等方法。它是被用来调查地下地质情况的,并且可利用勘探工程取样或进行原位测试和监测。应根据勘察目的及岩土的特性选用上述勘探方法。物探是一种间接的勘探手段,它的优点是较之钻探和坑探轻便、经济而迅速,能够及时解决工程地质测绘中难于推断而又急待了解的地下地质情况,所以常常与测绘工作配合使用。它又可作为钻探和坑探的先行或辅助手段。

(3) 原位测试与室内试验的主要目的,是为岩土工程问题分析评价提供所需的技术参数,包括岩土的物性指标、强度参数、固结变形特性参数、渗透性参数和应力-应变时间关系的参数等。原位测试一般都借助于勘探工程进行,是详细勘察阶段主要的一种勘察方法。

(4) 现场检验与监测是构成岩土工程系统的一个重要环节,大量工作在施工和运营期间进行;但是这项工作一般需在后期勘察阶段开始实施,所以又被列为一种勘察方法。它的主要目的在于保证工程质量和安全,提高工程效益。现场检验是指施工阶段对先前岩土工程勘察成果的验证核查以及岩土工程施工监理和质量控制。现场监测则主要包含施工过程和各类荷载对岩土反应性状的监测,施工和运营中的结构物监测,以及对环境影响的监测等方面。利用检验与监测所获取的资料,可以反求出某些工程技术参数,并以此为依据及时修正设计,使之在技术和经济方面优化。此项工作主要是在施工期间内进行,但对有特殊要求的工程以及一些对工程有重要影响的不良地质现象,应在建筑物竣工运营期间继续进行。

随着科学技术的飞速发展,高新技术被不断引进到岩土工程勘察领域中。例如,工程地质综合分析、工程地质测绘制图和不良地质现象监测中遥感(RS)、地理信息系统(GIS)和全球卫星定位系统(GPS)即“3S”技术的引进;勘探工作中地质雷达和地球物理层成像技术(CT)的应用等,对岩土工程勘察的发展有着积极的促进作用。

四、岩土工程勘察成果整理

岩土工程勘察报告是岩土工程勘察的最终成果,是土木工程地基基础设计和施工的重要依据。报告是否能正确反映工程地质条件和岩土工程特点,关系到土木工程设计和施工能否安全可靠、措施得当、经济合理。不同的工程项目,不同的勘察阶段,报告反映的内容和侧重有所不同;有关规范、规程对报告的编写也有相应的要求。岩土工程勘察的成果包括报告书和各种图表。

(1) 岩土工程勘察报告书应包括:

① 场地地形、地貌、地层、地质构造、岩土性质及其均匀性;

② 各项岩土性质指标,岩土的强度参数、变形参数、地基承载力的建议值;

③ 地下水埋藏情况、类型、水位及其变化；

④ 土和水对建筑材料的腐蚀性；

⑤ 可能影响工程稳定的不良地质作用的描述和对工程危害程度的评价；

⑥ 场地稳定性和适宜性的评价，并对岩土利用、整治和改造的方案进行分析论证，提出建议；

岩土工程勘察报告案例

⑦ 对工程施工和使用期间可能发生的岩土工程问题进行预测，提出监控和预防措施。

(2) 勘察的各种图表主要有：勘探点平面布置图；工程地质柱状图；工程地质剖面图；原位测试成果图表；室内试验成果图表等。

课题二　地基与基础

一、地基土及工程分类

(一) 地基土

万丈高楼平地起，任何土木工程都建筑在地壳之上。它们的重量都传给了地球表面岩土层。为了使所修建的工程能够正常地发挥作用并达到预期的效益，不对周围的环境造成不良后果，土木工程人员必须根据实际需要深入研究地球表面岩土层的各类物理力学性质，并能解决土木工程中出现的工程地质问题。

承担上部各类土木工程荷载的这部分地球表面岩土层就叫地基。将上部结构荷载传递给地基、连接上部结构与地基的下部结构称为基础(如图 3－1)。远古先民在史前建筑活动中，就已创造了自己的地基基础工艺。我国西安半坡村新石器时代遗址和殷墟遗址的考古发掘，都发现有土台和基础。著名的隋朝石工李春所建、现位于河北省赵县的赵州桥将桥台基础置于密实砂土层上，据考证，1400 多年来沉降仅几厘米。

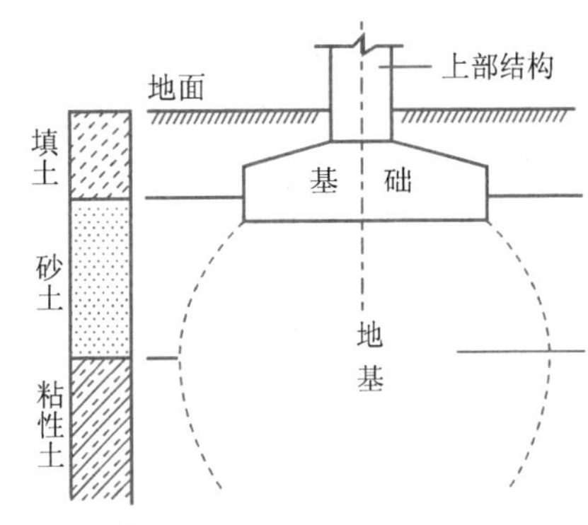

图3－1　地基及基础示意图

承担上部各类土木工程的地基可为坚硬岩石和松软土两类，由于松软土属于第四纪松散堆积物，分布于坚硬岩石之上，常成为绝大部分土木工程的地基。

GB 50007—2011

建筑地基基础设计规范

(二) 地基土的工程分类

(1) 岩石指颗粒间牢固黏结的整体的或具有节理、裂隙的岩体。依据岩石的地质名称和风化程度，将岩石分为：

① 坚硬岩、较坚硬岩、较软岩、软岩、极软岩。

② 未风化、微风化、弱风化、强风化、全风化岩石。

③ 完整、较完整、较破碎、破碎、极破碎等岩石。

（2）土指颗粒间黏结很弱或者松散集合体。根据粒径分为：

① 碎石土：粒径大于 2 mm 的颗粒质量超过总质量 50%的土。按粗细程度又分为块(漂)石、碎(卵)石、角(圆)砾。

② 砂土：粒径大于 2 mm 的颗粒质量不超过总质量的 50%，粒径大于 0.075 mm 的颗粒质量超过总质量 50%的土。按粗细程度又分为砾砂、粗砂、中砂、细砂、粉砂。

③ 粉土：粒径大于 0.075 mm 的颗粒质量不超过总质量的 50%，且塑性指数等于或小于 10 的土。其工程性质介于下述黏性土和上述无黏性土之间。

④ 黏性土：塑性指数大于 10 的土。具有明显的黏性、可塑性、压缩性。

⑤ 人工填土：包括素填土、杂填土、冲填土。其组成成分、工程性质复杂。

（三）土的基本工程特性

1. 岩石

视风化程度的不同，工程地质性质不同。一般其承载能力在 200～4000 kPa。

2. 碎石土

颗粒粗大，主要由岩石碎屑组成，呈单粒结构，孔隙大，透水性极强，压缩性很低，内摩擦角大，抗剪强度也大。其承载力约在 200～1000 kPa，是一般土木工程的良好地基。只是在含水时，由于透水性强，开挖基坑过程中往往涌水量很大。作为坝基、渠道帮壁和底板时，也往往产生严重渗漏或潜蚀，常伴随发生帮壁坍塌、边坡失稳等现象。

3. 砂类土

砂粒的矿物成分以石英、长石及云母等原生残余矿物为主。砂类土一般都没有黏结，呈单粒结构，透水性强，压缩性低，且压缩过程甚快，内摩擦角较大，承载力较高。地基承载力在 140～500 kPa。大颗粒砂土是一般建筑物的良好地基，也是良好的混凝土骨料；主要问题是开挖时可能严重涌水。细颗粒砂土的工程地质性质较差，特别是受震动时易产生液化现象，开挖时也极易随地下水涌入基坑，形成流砂。

4. 黏性土

黏粒含量较多，含较多亲水性的黏土矿物，具有结合水黏结和团聚结构，有时有胶结黏结，孔隙较细而多。

随着含水率的不同，土表现出固态、塑态、流态等不同稠度状态。随着黏粒含量的增多，黏性土的塑性、收缩性和膨胀性、透水性、压缩性、抗剪性等有明显变化。具有较高的压缩系数和较低的抗剪强度，会引起地基的过量变形，边坡不稳定。

黏性土是常用的修筑堤坝的土料。一般地基承载力在 60～300 kPa。

5. 粉土

作为砂土和黏性土的过渡类型，其性质介于两者之间。

二、基础类型

（一）基础形式分类

基础是连接上部结构与地基、并将上部结构荷载传递给地基的下部结构。基础的分类有多种。

(1) 按形式分，有条形基础、独立基础、筏板基础、桩基础、箱形基础；

(2) 按埋置深度分，有深基础(埋深大于等于 5 m)和浅基础(埋深小于 5 m)；

(3) 按受力性能分，有刚性基础和柔性基础；

(4) 按使用的材料不同分，有砖基础、毛石基础、灰土基础、灰浆碎砖三合土基础、素混凝土基础及钢筋混凝土基础等。

(二) 浅基础

通常把位于天然地基上、埋置深度小于 5 m 的一般基础(柱基或墙基)以及埋置深度虽超过 5 m，但小于基础宽度的大尺寸基础(如箱形基础)，称为天然地基上的浅基础。

在桥梁结构中，对于无冲刷河流，埋置深度是指河底或地面至基础底面的距离；有冲刷河流是指局部冲刷线至基础底面的距离。

如果地基属于软弱土层(通常指承载力低于 100 kPa 的土层)，或者上部有较厚的软弱土层，不适于做天然地基上的浅基础时，也可将浅基础做在人工地基上。

天然地基上的浅基础埋置深度较浅，用料较省，无须复杂的施工设备，在开挖基坑、必要时支护坑壁和排水疏干后对地基不加处理即可修建，工期短、造价低，因而设计时宜优先选用天然地基。当这类基础及上部结构难以适应较差的地基条件时才考虑采用大型或复杂基础形式，如连续基础、桩基础或人工处理地基。

浅基础按基础刚度分为刚性基础和扩展基础。按构造类型可分为单独基础、条形基础、筏板基础和箱形基础、壳体基础。

1. 刚性基础

刚性基础通常由砖、毛石、素混凝土和灰土等材料做成，是一种无筋扩展基础(图 3-2)。

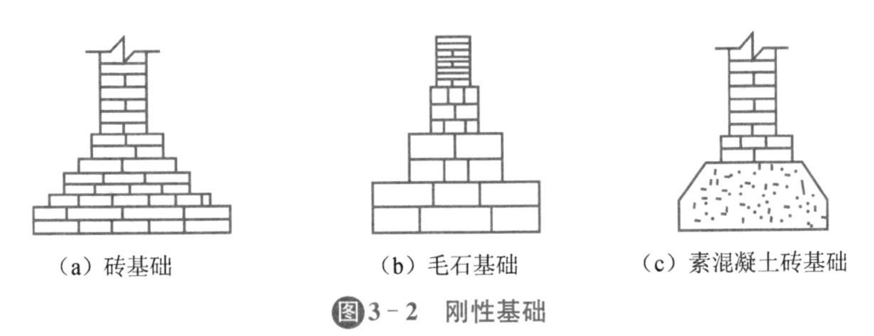

(a) 砖基础　(b) 毛石基础　(c) 素混凝土砖基础

图 3-2　刚性基础

基础埋在土中，经常受潮，容易受侵蚀，而且破坏了也不容易发现和修复，所以必须保证基础的材料有足够的强度和耐久性，因此对基础的材料有一定的要求。

在我国的华北和西北地区，气候比较干燥，广泛采用灰土做基础。灰土一般是用石灰和土按三分石灰和七分黏性土(体积比)配制而成，也称为三七灰土。石灰以块状生石灰为宜，经消化 1～2 d 后磨成粉末，并过 5～10 mm 筛子。土料宜用粉制黏土，不要太湿或太干。简易的判别方法是拌和后的灰土要“捏紧成团，落地开花”。灰土的强度与夯实的程度关系很大。

由于灰土在水中硬化慢、早期强度低、抗水性差以及早期的抗冻性差，所以灰土作为基础材料，一般适用于地下水位以上。在我国南方则用三合土基础，即在灰土中加入适量的水泥，可使强度和抗水性提高。

在桥梁结构中，刚性基础常用的材料有：混凝土、粗石料和片石、砖。砖的特点是可砌成任何形式的砌体，但其抗水腐蚀性（特别是盐碱地区）和抗冻性都比较差，若将基础四周最外层用浸透沥青的砖砌筑，可增加它的抗腐蚀能力。

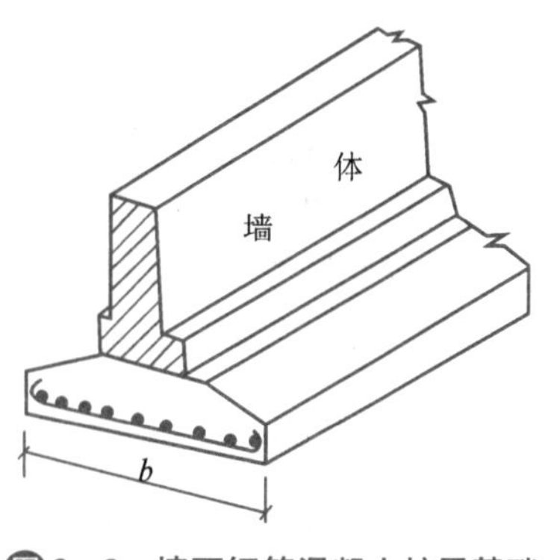

图3-3　墙下钢筋混凝土扩展基础

2. 扩展基础

当刚性基础不能满足力学要求时，可以做成钢筋混凝土基础，称为扩展基础（如图 3-3）。

柱下扩展基础和墙下扩展基础一般做成锥形［图 3-4(a)］和台阶形［图 3-4(b)］。对于墙下扩展基础，当地基不均匀时，还要考虑墙体纵向弯曲的影响。这种情况下，为了增加基础的整体性和加强基础纵向抗弯能力，墙下扩展基础可采用有肋的基础形式［图 3-4(c)］。

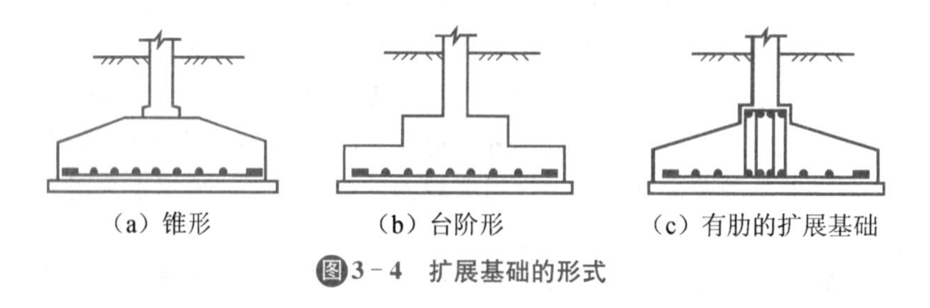

图3-4　扩展基础的形式

3. 单独基础

在房屋建筑中，柱的基础一般为单独基础，如图 3-5 所示。这种基础形式常见于装配式单层工业厂房的基础。

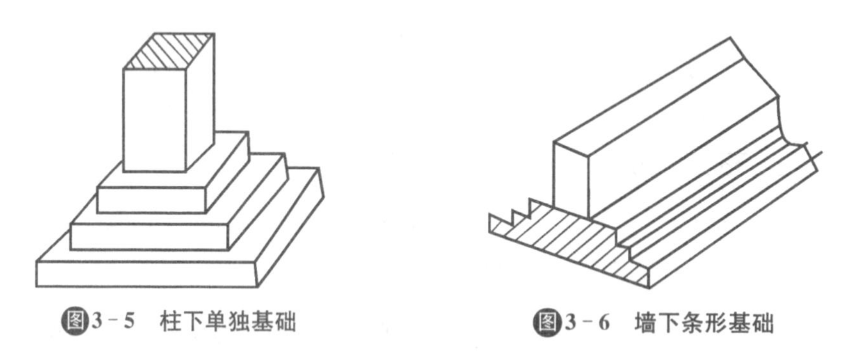
图3-5　柱下单独基础　　图3-6　墙下条形基础

4. 条形基础

墙的基础通常连续设置成长条形，称为条形基础，如图 3-6 所示。条形基础在普通的砌体结构中应用相当广泛。

5. 筏板基础和箱形基础

当柱子或墙传来的荷载很大，地基土较软弱，用单独基础或条形基础都不能满足地基承载力要求时，往往需要把整个房屋底面（或地下室部分）做成一片连续的钢筋混凝土板，作为房屋的基础，称为筏板基础，如图 3-7 所示。

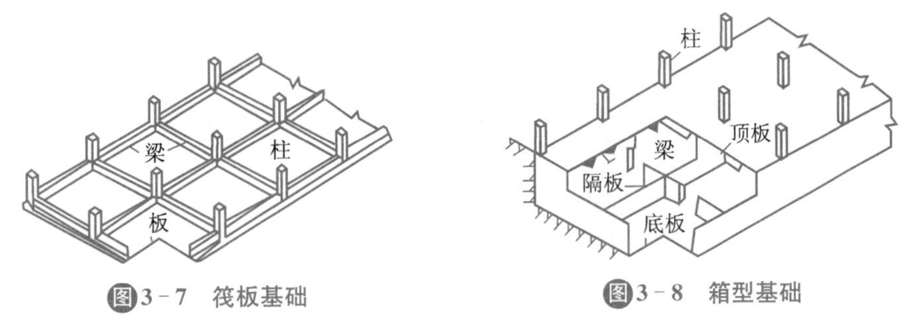

图3-7　筏板基础　　图3-8　箱型基础

为了增加基础板的刚度，以减小不均匀沉降，高层建筑往往把地下室的底板、顶板、侧墙及一定数量的内隔墙一起构成一个整体刚度很强的钢筋混凝土箱形结构，称为箱形基础，如图 3-8 所示。

6. 壳体基础

为改善基础的受力性能，基础的形式可不做成台阶状，而做成各种形式的壳体，称作壳体基础(图 3-9)。这种基础形式对机械设备有良好的减振性能，因此在动力设备的基础中有着光明的发展前景。

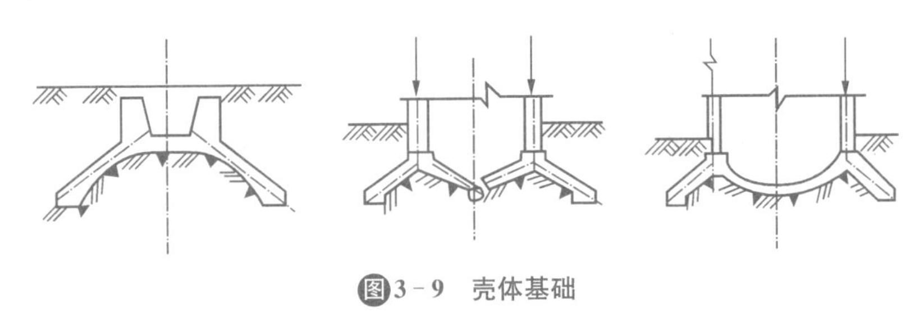

图3-9　壳体基础

(三) 深基础

位于地基深处承载力较高的土层上，埋置深度大于 5 m 或大于基础宽度的基础，称为深基础，如桩基、地下连续墙、墩基和沉井等，如图 3-10、图 3-11 所示。

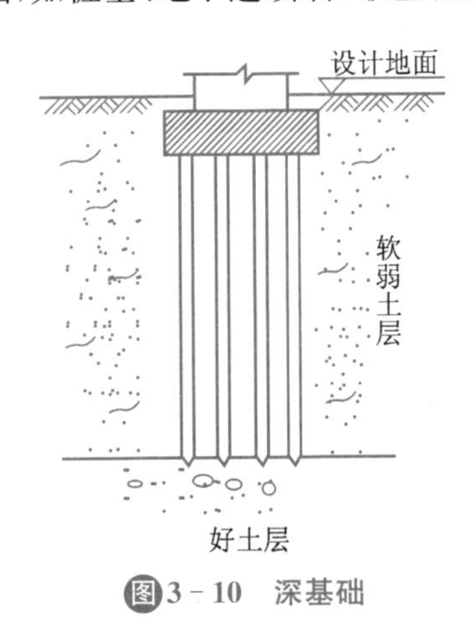

图3-10　深基础

图3-11　钢管桩基础

1. 桩基础

桩基是一种既古老又常见的基础形式。美国考古学家在 1981 年 1 月对在太平洋东南沿岸智利的蒙特维尔德附近的森林里发现的一间支承于木桩上的木屋，进行放射性碳 60 测定，认为其距今至少已有 12000 年至 14000 年历史。七、八千年前的新石器时代，人们就在湖上和沼泽地里打下木桩，在上面筑平台建所谓"湖上住所"以防止敌人和猛兽侵袭。

桩的作用是将上部结构荷载传递到深部较坚硬、压缩性小的土层或岩层上。由于桩基具有承载力高、稳定性好、沉降及差异变形小、沉降稳定快、抗震能力强，以及能适应各种复杂地质条件等优点而得到广泛使用。桩基除了在一般工民建筑中主要用于承受竖向抗压荷载外，还在港口、船坞、桥梁、近海钻采平台、高耸及高重建筑物、支挡结构以及抗震工程中，用于承受侧向风力、波浪力、土压力、地震力等水平荷载及竖向抗拔荷载。

动画演示

桩基础施工全过程

根据桩的抗力性能和工作机理分为：竖向抗压桩、竖向抗拔桩、水平受荷桩和复合受荷桩。竖向抗压桩又可根据其荷载传递特征分为摩擦桩、端承摩擦桩、摩擦端承桩及端承桩四类。按桩身材料不同分为木桩、混凝土桩、钢筋混凝土桩、钢桩、其他组合材料桩等。按施工方法可分为预制桩（打入桩和静压桩）、灌注桩两大类。按成桩过程中挤土效应可分为挤土桩、小量挤土桩和非挤土桩。按成桩直径分为大直径桩、中等直径桩和小径桩。

2. 沉井基础

为了满足结构物的要求，适应地基的特点，在土木工程结构的实践中形成了各种类型的深基础，其中沉井基础（图 3－12），尤其是重型沉井、深水浮运钢筋混凝土沉井和钢沉井，在国内外已有广泛的应用和发展。

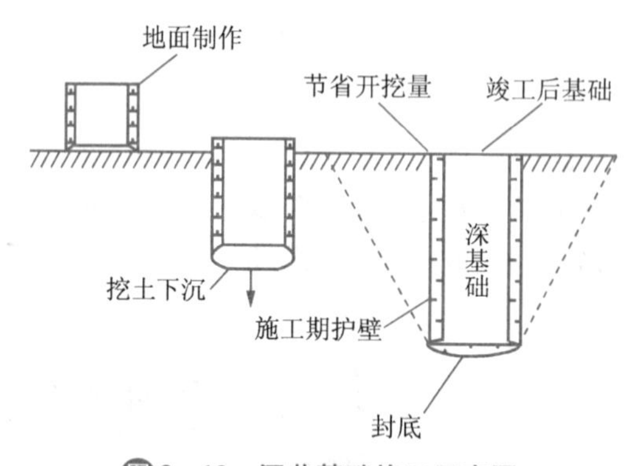

图 3－12 沉井基础施工示意图

沉井在施工期间，是一个无底无盖的井状结构物。施工过程中沉井为围护结构，竣工后沉井本身成为基础的组成部分，即沉井基础。如我国的南京长江大桥、天津永和斜拉桥、美国的圣路易斯雷大桥等均采用了沉井基础。目前，在其构造、施工和技术方面我国均已达到世界先进水平，并具有自己独特的特点。

沉井基础的施工：先在地面制作一个"井状"结构物，然后在井孔内挖土，使沉井靠自重作用克服井壁与四周之间的摩阻力而不断下沉直至设计高程为止（故称为"沉井"），最后封底，如图 3－12 所示。

沉井施工

在深基础工程施工中，由于场地条件和技术条件的限制，为了减少放坡大开挖和保证陡坡开挖的边坡稳定性，人们创造了沉井基础。初期，沉井多用于铁路和桥梁工程基础。此后在水工结构，特别是市政工程中的给、排水泵站中多有应用。而沉井应用到建筑工程则较晚。

沉井的主要用途可分为：

(1) 江河上的结构物

沉井的井筒不仅可以挡土，也可以挡水，因此适用于江河上的结构物。桥墩和桥台多采用沉井。例如，南京长江大桥的桥墩基础即为筑岛沉井。

(2) 重型结构物基础

沉井常用于平面尺寸紧凑的重型结构物，如烟囱、重型设备的基础等。

(3) 取水结构物

沉井可作为地下含水层和江河湖海取水的水泵站。如上海宝钢发电厂的水泵房即为大型沉井。

(4) 地下工程

地下工程包括地下仓库、地下厂房、地下油库、地下车道和车站以及矿用竖井等。如采用沉井法施工的矿用竖井，深度已超过 100 m。

(5) 邻近建筑物的深基础

在原有建筑物邻近新建深基础工程时，采用沉井开挖可防止原有浅基础的滑动。

(6) 房屋纠倾工作井

近年来，在房屋纠倾方法中，效果较好的冲土法和掏土法，即在房屋沉降小的一侧做一排用砖砌的小型沉井，工人在井中冲土或掏土。沉井既可挡土护壁，又可保护工人的安全。

3. 沉箱基础

沉箱基础又称气压沉箱基础，它是以气压沉箱来修筑的桥梁墩台或其他构筑物的基础。沉箱形似有顶盖的沉井。在水下修筑大桥时，若用沉井基础施工有困难，则改用气压沉箱施工，并用沉箱做基础。它是一种较好的施工方法和基础形式。它的工作原理是：当沉箱在水下就位后，将压缩空气压入沉箱室内部，排出其中的水，这样施工人员就能在箱内进行挖土施工，并通过升降筒和气闸，把弃土外运，从而使沉箱在自重和顶面压重作用下逐步下沉至设计标高，最后用混凝土填实工作室，即成为沉箱基础，如图 3－13 所示。由于施工过程中通入压缩空气，使其气压保持或接近刃脚处的静水压力，故称为气压沉箱。

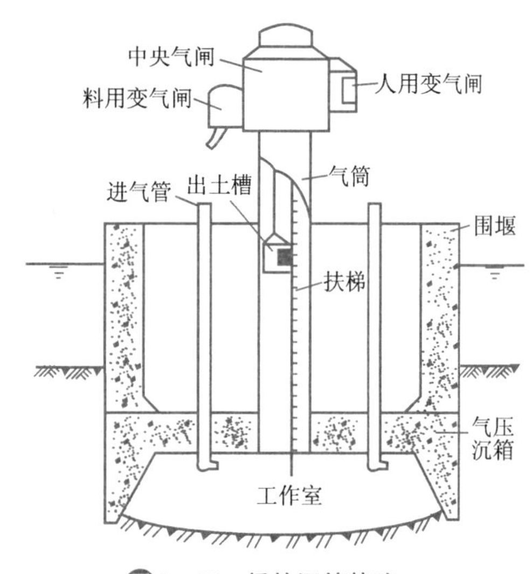

图 3－13　桥的沉箱基础

沉箱和沉井一样，可以就地建造下沉，也可以在岸边建造，然后浮运至桥基位置穿过深水定位。当下沉处是很深的软弱层或者受冲刷的河底时，应采用浮运式。

我国在深水急流中修建了不少桥梁，已积累了丰富的深水基础工程设计和施工技术。如采用大型管柱基础来取代气压沉箱的施工方法，管柱直径从 1.5 m 发展到 5.8 m，水下深度达 64 m。位于江苏省的江阴长江大桥，其支承悬索的北岸锚锭的沉井的平面尺寸达 69 m×51 m，埋深 58 m，是世界上平面最大的沉井基础。

4. 其他深基础

深基础还有：地下连续墙和墩基础，它们也是土木工程中常用的基础工程形式。

用专门的挖槽机械开挖狭而深的基槽，在槽内分段浇筑而成的连续封闭的钢筋混凝土墙即为地下连续墙。此墙可作为挡土结构、防渗墙及高层建筑物地下室的外墙。如开挖期作为挡土防渗结构，使用期作为主体承重结构，则可节省大量护壁材料。

地下连续墙采用分单元槽段施工，即开挖导沟、修筑导墙、采用泥浆护壁、槽内挖土、放钢筋笼、浇筑混凝土后成墙。依次进行下一槽段的施工。待墙身完成后再进行墙内基坑挖土，继续完成基础结构及上部结构的施工（图 3-14）。

墩基础是在人工或机械成孔的大直径孔中浇筑混凝土（钢筋混凝土）而成，我国多用人工开挖，亦称大直径人工挖孔桩。

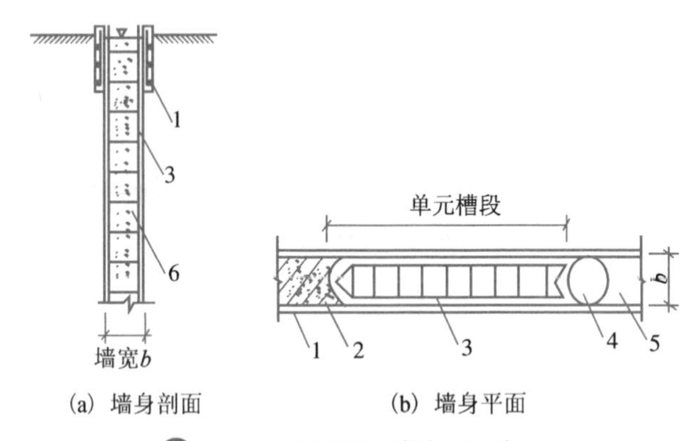

图3-14 地下连续墙施工示意图

1—导墙；2—已完成墙段；3—钢筋笼；4—接头管；5—未开挖墙段；6—护壁泥浆

墩身施工：在护圈保护下开挖土方，支模板浇筑混凝土护圈，浇筑墩身混凝土。

课题三 地基处理

一、地基处理的对象与目的

地基处理就是为提高地基承载力、改善其变形性质或渗透性质而采取的人工处理地基的方法。

我国幅员辽阔、自然地理环境差异性强、土质各异、地基条件地域性较强。随着现代土木工程技术的发展，当我们需要在地质条件不好的地方进行工程建设时，对天然的软弱地基进行处理，使其成为可能。

地基处理的对象是软弱地基和特殊土地基。软弱地基系指主要由淤泥、淤泥质土、冲填土、杂填土或其他高压缩性土层构成的地基。特殊土地基带有地区性的特点，它包括软土、湿陷性黄土、膨胀土、红黏土和冻土等。

地基处理的主要目的是提高软弱地基的强度，保证地基的稳定性；降低软弱地基的压缩性，减少基础的沉降；防止地震时地基土的振动液化；消除特殊土的湿陷性、胀缩性和冻胀性。

二、地基处理方法与方案选择

1. 地基处理方法

目前国内外地基处理方法众多，如按时间可分为临时处理和永久处理；按处理深度可分为浅层处理和深层处理；按处理土性对象可分为砂性土处理和黏性土处理；按土的饱和度可分为饱和土处理和非饱和土处理；按作用机理主要有换填法（图 3－15）、预压法、强夯法、振冲法、土或灰土挤密桩法、砂石桩法、深层搅拌法、高压喷射注浆法等。

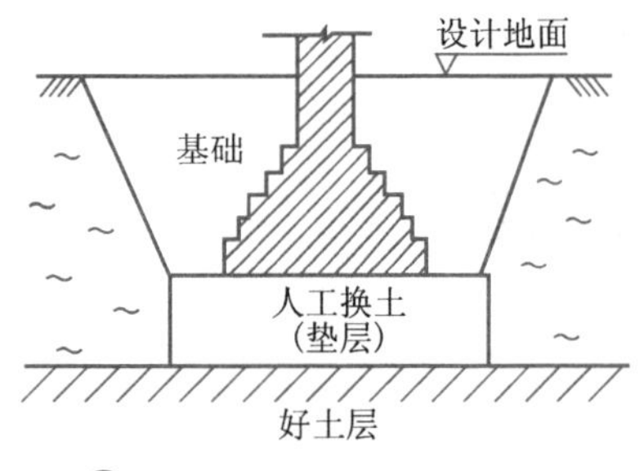

图3－15　地基用换填法处理

强夯法

2. 地基处理方案选择

地基处理的方法虽然很多，但许多方法还在不断发展和完善中。任何一种地基处理方法都不可能是万能的，都有它的适用范围和局限性，因而选用某一种地基处理方法时，一定要根据地基土质条件、工程要求、工期、造价、料源、施工机械条件等因素综合分析和对比，从中选择最佳的地基处理方案，也可采用两种或多种地基处理的综合处理方案。

地基处理技术发展十分迅速，老方法得到改进，新方法不断涌现。从如何提高土的抗拉强度这一思路中，发展了土的“加筋法”；从如何有利于土的排水和排水固结这一基本观点出发，发展了土工合成材料、砂井预压和塑料排水带；从如何进行深层密实处理的方法考虑，采用加大击实功的措施，发展了“强夯法”和“振动水冲法”等。

郑万高铁隧道软弱围岩富水段高压注浆施工工艺动画演示

另外，现代工业的发展为地基工程提供了强大的生产手段，如能制造重达几十吨的强夯起重机械；潜水电机的出现，带来了振动水冲法中振冲器的施工机械；真空泵的问世，才能建立真空预压法；生产了大于 200 个大气压的压缩空气机，从而产生了“高压喷射注浆法”。

单元小结

本单元主要介绍了：

(1) 岩土工程勘察的基本概念、勘察的等级划分。按《岩土工程勘察规范》规定：岩土工程勘察的等级是在工程重要性等级、场地的复杂程度等级和地基的复杂程度等级等三项分级的基础上综合确定的。

(2) 地基基础的基本概念及地基基础类型。基础连接上部结构与地基，并将上部结构荷载传递给地基的下部结构。基础按埋置深度分为深基础(埋深大于等于 5 m)和浅基础(埋深小于 5 m)。

(3) 地基处理的基本方法。选用某一种地基处理方法时，一定要根据地基土质条件、工程要求、工期、造价、料源、施工机械条件等因素综合分析和对比，从中选择最佳的地基处理方案，也可采用两种或多种地基处理的综合处理方案。

复习思考题

1. 何谓岩土工程、岩土工程勘察？岩土工程包含哪些工作内容？
2. 岩土工程勘察的目的和任务有哪些？
3. 如何理解工程地质条件、岩土工程问题、不良地质作用等基本概念？
4. 看看身边的建筑、桥梁等，思考其基础的形式。
5. 由课程中的不同基础类型，想象其在土中放置后的具体位置和作用。
6. 地基、基础的作用是什么？
7. 刚性基础、柔性基础的区别有哪些？
8. 独立基础、条形基础、桩基础的形式有哪些？

单元四 建筑工程

学习目标

掌握土木工程构件的基本类型和各种结构的特点，能够识读建筑物的组成构件；掌握单层、多层以及高层建筑的结构特点；了解一些特种结构。

学习重点

土木工程构件的基本类型；各种结构体系的概念及特点。

课题一 基础知识

一、建筑工程及其发展简介

人们通常所说的建筑工程，一般指的是房屋建筑工程。它可以解释为兴建建（构）筑物的规划、勘察、设计、施工及管理的各种活动总称。另外，建筑指的是各种房屋和构筑物，包括办公楼、住宅、厂房、仓库、电视塔、水池和烟囱等。同时从某个时期来看，建筑物最能体现当时的先进技术、建筑风格与艺术。

建筑物最初是人类为了满足遮蔽风雨和防备野兽侵袭的需要而产生的，《周易·系辞下》就有“上古穴居而野处，后世圣人易之以官室，上栋下宇，以待风雨……”的记载。距今约1.8万年前的北京周口店龙骨山山顶洞人还是住在天然岩洞里；六、七千年前的原始社会居住遗址——西安半坡村遗址，已经有用木骨(架)泥墙构成的居室，在居住建筑的一侧，留有明显的人工壕沟，考古工作者称其为防御野兽侵袭用的。

随着社会生产力的发展，奴隶制社会取代了原始公有制社会。在这个时期，我国已经出现了城邑、宗庙和宫殿建筑，例如河南安阳殷墟中发现的宫室、宗庙等。

塔

统治阶级出现后，他们需要的其他“精神”建筑也应运而生，例如建于公元前2723年—公元前2563年的埃及最大的金字塔，就是古埃及第四王朝统治者——法老的陵墓，巨大的方锥体象征法老的权威是不可动摇的。随着佛教的传入，古印度埋藏佛舍利的半圆形土、石堆建筑也传了进来，并且和中国的传统重楼建筑相结合，形成了独特的建筑类型——塔，始建于7世纪的西安大雁塔和8世纪的西安小雁塔都是其中的杰作。至于神庙建筑，除了埃及、希腊、印度、罗马和中国等文明古国外，很多国家先后都兴建过。

封建社会的进一步发展和资本主义社会的出现，为建筑提供了更新的技术和更雄厚的物质基础。北京故宫建成于1420年，单紫禁城内宫室就有9000多间，占地72万m^2，是世界上规模最大的宫殿组群建筑，它保存了中国传统建筑形式，综合了形体上的壮丽、工程上的完美、布局上的庄严秩序。这一气魄宏大的宫殿建筑，充分体现了我国劳动人民的勤劳和智慧，不愧为世界五大宫殿之冠(其次是始建于16世纪、后屡经扩建至18世纪形成的法国凡尔赛宫、英国18世纪建于伦敦的白金汉宫、俄罗斯的莫斯科克里姆林宫和建于1792年的美国华盛顿白宫)。

钢材、水泥、混凝土等材料的应用，使大跨、高层建筑迅猛发展。1975年建成的美国芝加哥水塔广场旅馆大楼，共76层，高262 m，采用钢筋混凝土筒中筒体系，楼板现浇无梁楼盖；1970～1974年建成的芝加哥西尔斯大厦，110层另加3层地下室，高443 m，采用9个框筒组成的钢结构，构成束筒体系，每个筒断面为22.9 m×22.9 m，筒沿高度变化。新中国建立不久，就开始了大规模的经济文化建设工作，许多工厂、学校、住宅以及商厦、旅馆、影剧院、文化宫、医院、办公楼等相继建成，北京的人民大会堂、民族文化宫、工人体育场、北京西客站、中国革命博物馆、鸟巢、水立方等大型公共建筑，更是新中国繁荣昌盛的具体表现。改革开放后我国建设了很多高层建筑。上海环球金融中心地上101层，地下3层，高429 m，2008年建成。1996年建成的广州中天广场大厦，为混凝土结构，到铁塔顶高度近400 m。468 m高的"东方明珠"电视塔，为预应力混凝土结构，于1995年建成。上海中心大厦面积433954平方米，建筑主体为118层，总高为632米，结构高度为580米，是我国最高的摩天大楼。现在我国在高层建筑造型的多样化上，在建筑多功能使用上，在结构的改革上，在新材料和新技术的采用上，在合理组织施工上，以及在抗震分析和计算机程序应用上都达到了国际先进水平。

伟大工程巡礼

鸟巢

随着经济发展和国力增强，我国将会建造更多更高更新的大型公共建筑和高层建筑。据专家预测，不久的将来，可以用混凝土建造600～900 m超高层建筑，但这只是意味着技术上的可能，对于有无必要性还有待探讨。

二、建筑物构成的基本要素

建筑物构成的基本要素有建筑功能、建筑物质技术条件、建筑形象三个方面。

1. 建筑功能

即房屋的功能是为使用者提供生活需求的场所，它体现了建筑物的目的性。例如，建设某厂房是为了提供各种产品的生产场所，兴建办公楼是为了提供工作和公共交流场所，修建住宅是为了提供居住、生活和休息的场所，建造剧院和体育馆是为了满足人们的文化生活需要。因此，满足生产、居住和演出的要求，就分别是工业建筑、住宅建筑、剧院建筑的功能要求。

各类房屋的建筑功能不一定是一成不变的，随着社会生产的发展，经济的繁荣，物质和文化水平的提高，人们对建筑功能的要求也将日益提高。以我国住宅建筑为例，现在的面积指标和生活设施的安排等，其水平就大大高于20世纪末期。所以建筑功能的完善程度会受到一定历史条件的限制，同时，新型建筑物的不断出现也是一种必然趋势。

2. 建筑物质技术条件

它是实现建筑物的根本保证，包括建筑材料、结构与构造、设备、施工技术、管理水平等有关方面的内容。建筑水平的提高，离不开物质技术条件的发展，而它的发展又与社会生产力的水平、科学技术的进步息息相关。如高强度钢材做成的钢结构在大跨结构的厂房中应用比较广泛、高强钢筋混凝土在高层建筑的剪力墙、筒体结构和大型起重设备基础中运用较多，同时钢筋混凝土的应用有利于推动高层建筑的发展，沉井等施工技术为软土地区建造高层建筑提供了技术保证。因此，建筑技术的进步、建筑设备的完善、新型材料的不断出现、新结构体系的产生，为促进高层建筑的广泛发展奠定了物质基础和技术保证。如西方高层建筑的发展是在19世纪中叶以后，当时是因为出现了金属框架结构和蒸汽动力升降机。

3. 建筑形象

它是建筑群体与单体的体型、立面的处理、内部和外部的空间组合以细部处理的综合反映。建筑形象处理得恰到好处，能给人以美的享受，这就是建筑艺术形象的魅力。室内外空间的组合、细部的装饰处理、建筑材料的色彩与质感，能产生一定的艺术效果，给人以一定的感染力，同时也能表现建筑物的性格和时代特征。

建筑构成三要素之间是辩证统一的关系，相互制约又相互促进，不能分割。若按主次来分顺序，第一是功能，是起主导作用的因素；第二是物质技术条件，是达到目的的手段，但是技术对功能又有约束和促进的作用；第三是建筑形象，是功能和技术的反映，如能充分发挥设计者的主观作用，在满足功能和技术的条件下，可以将建筑设计得更加美观。

三、建筑的分类

建筑工程是兴建建(构)筑物的规划、勘察、设计、施工及其管理的总称。建筑指各种房屋和构筑物，如厂房、仓库、办公楼、电视塔、水池和烟囱等。

建筑按使用性质分：民用建筑和工业建筑。按结构承重材料分：砖木结构(有木结构和砖石结构)、砌体结构、钢筋混凝土结构、钢结构和钢-钢筋混凝土组合结构等。按建筑物高度与层数分：低层建筑、多层建筑、高层建筑和超高层建筑等。

四、建筑工程的平面布置

一个地区或一项工程的总体布置情况通过总平面布置图(也称总平面定位图)表示。平面布置图一般按比例绘制在实测的地形图上。无论是民用建筑的总平面布置图，还是工厂厂区的总平面布置图，其所要表达的内容一般都有：

(1) 场地范围内的地形。

(2) 新建建筑区域的总体布置(包括工程用地范围，新建建筑与原有建筑等的位置关系，新、改建道路与各种管网的布置情况等)。

(3) 建筑物室内、外地坪及道路路面的绝对标高等。

(4) 用指北针表示地区的方位及建筑物朝向，用风玫瑰图表示常年风向频率，总图主要技术指标等。

以上内容要按规定的图例来表示。其中新建建筑与原有建筑等的位置关系采用坐标表示，一般有测量与施工两种坐标系统，分别用“X，Y”和“A，B”表示。风玫瑰图是表示常年风向频率的。风玫瑰图是根据某一地区多年统计的平均各个方向吹风次数的百分均值按一定比例绘制的。根据风玫瑰图可以形象地了解一个地区常年的风向情况,借以选择各类建筑物的最优朝向。

下面简单介绍民用建筑中的住宅区总平面布置和工厂厂区的总平面布置的有关知识。

(一) 住宅区总平面布置

住宅区总平面布置的目的是为居民合理地、经济地创造一个满足日常物质和文化生活需要的方便、卫生、安全及优美的居住环境。平面布置主要是居住建筑(住宅楼),其次是日常生活所需的公共建筑、生产性建筑、市政公用设施(如泵房、调压站、锅炉房等)。

住宅区总平面布置的主要内容包括:

(1) 选择确定用地位置及红线范围。

(2) 确定规模,即人口数量和用地的大小。

(3) 拟定居住建筑的类型及层数比例、数量和布置方式等。

(4) 拟定其他公共建筑、生产性建筑、公用设施等的规模和数量等。

(5) 布置绿化、各种管线及道路等。

(6) 进行技术经济指标分析。

住宅区总平面布置的技术经济指标有:建筑面积(m^2)、使用面积(m^2)、总建筑面积(m^2)、住宅建筑面积(m^2)、公共建筑面积(m^2)、建筑密度(%)、住宅建筑毛密度(%)、住宅建筑净密度(%)、容积率、居住户数、平均套建筑面积(m^2)、居住人数、户均人数、人口毛密度(%)、住宅平均层数、绿地率(%)等。

(二) 工厂厂区总平面布置

工厂厂区总平面布置的目的是:综合考虑工厂生产性质特点、规模及地形、地貌与周边环境,满足工厂厂区生产使用功能要求,满足运输和动力供应等要求,合理布置工厂内的建筑物、构筑物、堆场、交通运输与动力设施、管线和绿化等。

工厂厂区总平面布置的主要内容包括:

(1) 厂区的功能分区。厂区功能分区就是合理进行区域划分,确定各类建筑物、构筑物及其他工程设施的平面布置。

功能分区是根据建设项目的性质、使用功能、交通运输联系、防火和卫生要求等,将性质相同或相近,功能相似或有联系的,对环境要求一致的建筑物、构筑物及设施分成若干组,再结合用地内外的具体条件,组成各区段,并在各区中布置相应的建筑物、构筑物和设施。尤其对工厂来说,总平面的功能分区布置合理与否将直接影响工厂的生产效率、产品质量和工人身体健康。较典型的厂区一般由行政办公和生活福利区、生产区、动力区、仓库区及构筑物组成。

(2) 厂内外运输系统的合理安排,厂内运输方式的选择,人流与货流的合理组织等。

(3) 结合地形合理进行厂区竖向布置,确定各生产车间及其他建筑物的室内外标高。

(4) 合理布置各种生产、生活所需的管线。

(5) 绿化布置。

(6) 进行技术经济指标分析。

工厂厂区总平面布置的技术经济指标有：厂区占地面积(公顷)，单位产量占地面积(公顷)，建、构筑物占地面积(m^2)，建筑系数(%)，露天堆场面积(m^2)，堆场系数(%)，道路与广场面积(m^2)，道路及广场系数(%)，铁路(轨距)长度(m)，绿化面积(m^2)和绿化系数(%)等。

课题二　基本构件

一幢房屋都有它的承重结构体系，承重结构体系破坏，房屋就要倒塌。承重结构体系是由若干个结构构件连接而成的，这些结构构件的形式虽然多种多样，但可以从中概括出以下几种典型的基本构件。

一、梁

梁是工程结构中的受弯构件，通常水平放置，但有时也斜向设置以满足使用要求，如楼梯梁。梁的截面高度与跨度之比一般为1/8～1/16，高跨比大于1/4的梁称为深梁；梁的截面高度通常大于截面的宽度，但因工程需要，梁宽大于梁高时，称为扁梁；梁的高度沿轴线变化时，称为变截面梁。梁承受板传来的压力以及梁的自重。梁受荷载作用的方向与梁轴线相垂直，其作用效应主要为受弯和受剪。梁可以现浇也可以预制。

梁常见的分类如下：

(一) 按支承情况分类

(1) 简支梁：梁的两端支承在墙或柱上。简支梁在荷载作用下，内力较大，宜用于小跨。如单个门窗洞口上的过梁，单根搁置在墙上的大梁等通常都作为简支梁计算。简支梁的优点是当两支座有不均匀沉降时，不产生附加应力。简支梁的高度一般为跨度的1/10～1/15，宽度约为其高度的1/2～1/3。

(2) 连续梁：它是支承在墙、柱上整体连续的多跨梁。这在楼盖和框架结构中最为常见。连续梁刚度大，而跨中内力比同样跨度的简支梁小，但中间支座处及边跨中部的内力相对较大。为此，常在支座处加大截面，做成加腋的形式；而边跨跨度可稍小一些，或在边跨外加悬挑部分，以减小边跨中部的内力。连续梁当支座有不均匀下沉时将有附加应力。

(3) 多跨静定梁：和简支梁一样，支座有不均匀下沉时不产生附加应力。它是由外伸梁和短梁铰接连接构成。这种梁连接构造简单，而内力比单跨的简支梁小。木檩条常做成这种梁的形式，以节约木材。

梁通常为直线形，如需要也可做成折线形或曲线形。曲梁的特点是内力除弯矩、剪力外，还有扭矩。梁在墙上的支承长度一般不小于240 mm，见图4-1(a)。

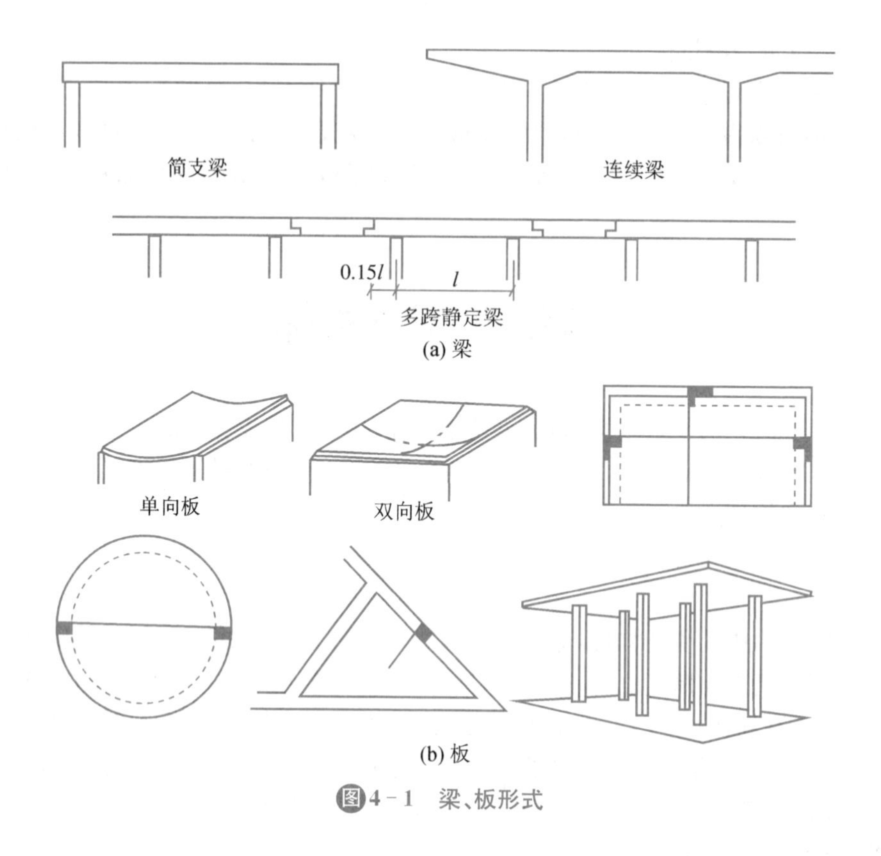

图4-1 梁、板形式

(二) 按截面形式分类

梁的截面形式常为矩形、T形、⊥形、十字形及花篮形等。矩形梁制作简便、T形梁可减小梁的宽度,节约混凝土用量,⊥形、十字形及花篮形截面可增加房屋的净空,见图4-2。

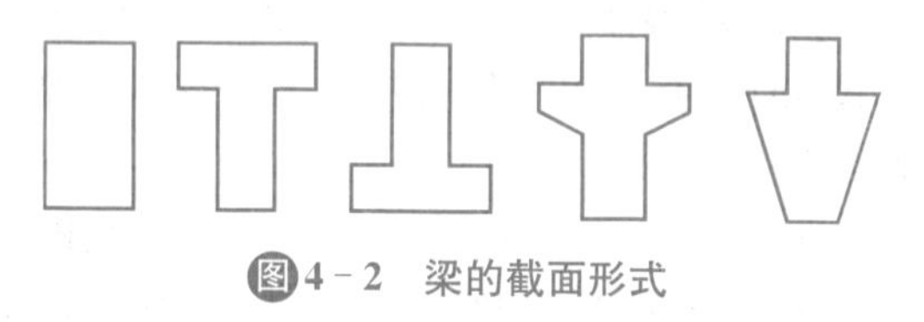

图4-2 梁的截面形式

(三) 按梁所用材料分类

梁按所用材料可分为钢梁、钢筋混凝土梁、预应力混凝土梁、木梁以及钢与混凝土组成的组合梁等。

(四) 按梁在结构中的位置分类

梁按其在结构中的位置可分为主梁、次梁、连梁、圈梁、过梁等(图4-3)。次梁一般直接承受板传来的荷载,再将板传来的荷载传递给主梁。主梁除承受板直接传来的荷载外,还承受次梁传来的荷载。连梁主要用于连接两榀框架,使其成为一个整体。圈梁一般用于砖混结构,将整个建筑围成一体,增强结构的抗震性能。过梁一般用于门窗洞口的上部,用以承受洞口上部结构的荷载。

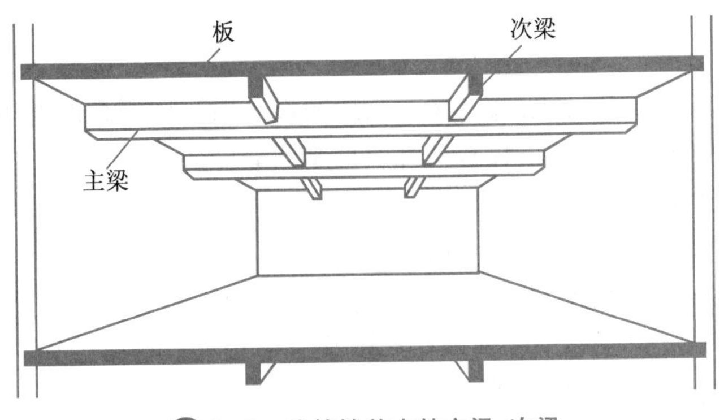

图4-3 建筑楼盖中的主梁、次梁

二、板

板是指平面尺寸较大而厚度较小的受弯构件，通常水平放置，但有时也斜向放置(楼梯板)或竖向设置(如墙板)。板在建筑工程中一般用于楼板、屋面板、基础板、墙板等。板的长、宽两方向的尺寸远大于其高度(也称厚度)。板承受施加在楼板的板面上并与板面垂直的重力荷载(含楼板、地面层、顶棚层的恒载和楼面上人群、家具、设备等活载)。板的作用效应主要为受弯。常用材料为钢筋混凝土。

板按施工方法不同分为现浇板和预制板。

(一) 现浇板

现浇板具有整体性好，适应性强，防水性好等优点。它的缺点是模板耗用量多，施工现场作业量大，施工进度受到限制。适用于楼面荷载较大，平面形状复杂或布置上有特殊要求的建筑物；防渗、防漏或抗震要求较高的建筑物及高层建筑。

(1) 现浇单向板：两对边支承的板为单向板。四边支承的板，当板的长边与短边长度之比大于 2 时，在荷载作用下板短跨方向弯矩远远大于板长跨方向的弯矩，可以认为板仅在短跨方向有弯矩存在并产生挠度，这种板称为单向板。单向板的经济跨度为 1.7～2.5 m，不宜超过3 m。为保证板的刚度，当为简支时，板的厚度与跨度的比值应不小于 1/35；当为两端连续时，板的厚度与跨度的比值应不小于 1/40。一般板厚为 80 mm 左右，不宜小于 60 mm。

(2) 现浇双向板：在荷载作用下双向弯曲的板称为双向板。四边支承的板，当板的长边与短边之比小于或等于 2 时，在荷载作用下板的长、短跨方向弯矩均较大，均不可忽略，这种板称为双向板。为保证板的刚度，当为四边简支时，板的厚度与短向跨度的比值应不小于 1/45；当为四边嵌固时，板的厚度与短向跨度的比值不小于 1/50。四边支承的双向板厚度一般在 80～160 mm 之间。除四边支承的双向板外，还有三边支承、圆形周边支承、多点支承等形式。板在墙上的支承长度一般不小于 120 mm。

单向板双向板

在工程中还有三边支承、一边自由的双向板；两相邻边支承、另两相邻边为自由的双向板。所以广义的双向板是荷载两向分布，受力钢筋两向设置的板，见图 4-1(b)。

（二）预制板

工程中常采用预制板，以加快施工速度。预制板一般采用当地的通用定型构件，由当地预制构件厂供应。它可以是预应力的，也可以是非预应力的。由于其整体性较差，目前在民用建筑中已较少采用，主要用于工业建筑。

预制板按截面形式不同分为实心板、空心板、槽形板及双 T 板等。

（1）实心板：普通钢筋混凝土实心平板一般跨度在 2.4 m 以内。这种板上下表面平整，制作方便。但用料多、自重大，且刚度小，多用做走道板、地沟盖板、楼梯平台板等，见图 4－4(a)。实心板通常在现场就地预制。

（2）空心板：空心板上下平整，当中有圆形、矩形或椭圆形孔，其中圆形孔制作简单，应用最多，见图 4－4(c)。这种板构造合理，刚度较大，隔声、隔热效果较好，且自重比实心板轻，缺点是板面不能任意开洞，自重也较槽形板大。所以一般用于民用建筑中的楼(屋)盖板（目前已较少采用）。非预应力空心板常用跨度为 2.4～4.8 m，预应力空心板常用跨度为 2.4～ 7.5 m；民用建筑中的空心板厚度常用 120 mm、180 mm 两种，在工业建筑中由于其荷载大，厚度有 240 mm，宽度常为 600～1200 mm。

（3）槽形板：它相当于小梁和板的组合，见图 4－4(b)。槽形板有正槽板和反槽板两种。正槽板受力合理，但顶棚不平整；反槽板顶棚平整，而楼面需填平，可加其他构件做成平面。槽形板较空心板自重轻且便于开洞，但隔音隔热效果较差。在工业建筑中采用较多。

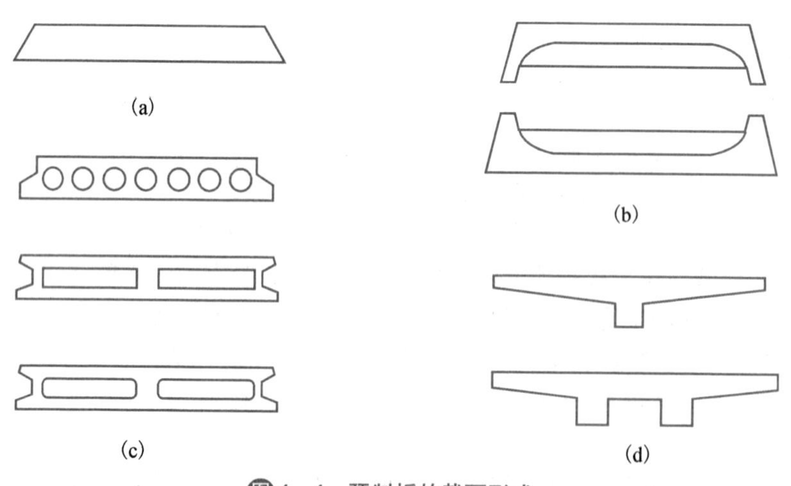

图 4－4 预制板的截面形式

（4）T 形板：T 形板是大梁和板合一的构件，有单 T 板和双 T 板两种，见图 4－4(d)。这类板受力性能良好，布置灵活，能跨越较大的空间，但板间的连接较薄弱。T 形板适用于跨度在 12 m 以内的楼(屋)盖结构，也可用做外墙板。

三、柱

柱是工程结构中主要承受压力，有时也同时承受弯矩的竖向构件。柱按截面形式可分为方柱、圆柱、管柱、矩形柱、工字形柱、H 形柱、L 形柱、十字形柱、双肢柱、格构柱；按所用材料可分为石柱、砖柱、砌块柱、木柱、钢柱、钢筋混凝土柱、劲性钢筋混凝土柱、钢管混凝土柱和各种组合柱；按柱的破坏特征或长细比可分为短柱、长柱及中长柱；按受力可分为轴心受压柱和偏心受压柱。钢柱常用于大中型工业厂房、大跨度公共建筑、高层房屋、轻型活动房屋、工作平台、栈桥和支架等。钢柱按截面形式可分为实腹柱和格构柱。实腹柱截面为一个整体，常用截面为工字型截面；格构柱指柱由两肢或多肢组成，各肢间用缀条或缀板连接。

轴心受压柱
偏心受压柱

柱的截面尺寸远小于其高度。柱承受梁传来的压力以及柱自重。荷载作用方向与柱轴线平行。当荷载作用线与柱截面形心线重合时为轴心受压；当偏离截面形心线时为偏心受压（既受压又受弯）。在工业与民用建筑中应用较多的是钢筋混凝土偏心受压构件。如一般框架柱、单层工业厂房排架柱等。

图4－5　钢筋混凝土柱

钢筋混凝土柱（图 4－5）是常见的柱，广泛用于各种建筑。钢筋混凝土轴心受压柱一般常采用正方形或矩形截面，当有特殊要求时，也可采用圆形或多边形。偏心受压柱一般采用矩形截面。当采用矩形截面尺寸较大时（如截面的长边尺寸大于 700 mm 时），为减轻自重、节约混凝土，常采用工字形截面。具有吊车的单层工业厂房中的柱带有牛腿，当厂房的跨度、高度和吊车起重量较大，柱的截面尺寸较大时（截面的长边尺寸大于 1300 mm），宜采用平腹杆或斜腹杆双肢柱及管柱。见图 4－6。

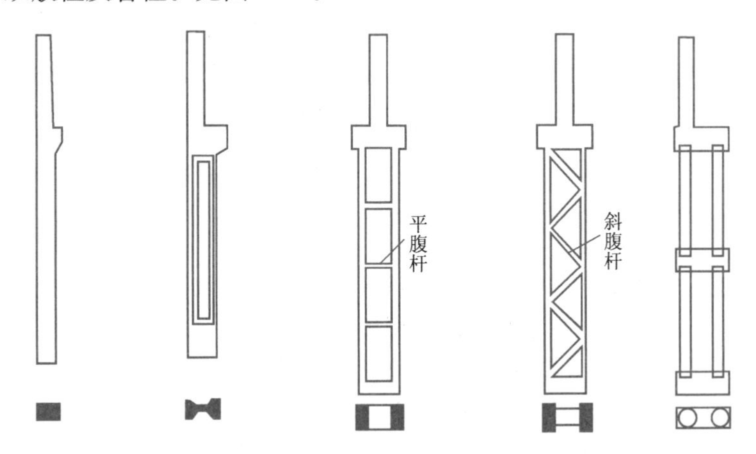

(a) 矩形截面柱 (b) 工字形截面柱 (c) 平腹杆双肢柱 (d) 斜腹杆双肢柱 (e) 管柱

图4－6　柱的形式

四、墙

墙是与柱相似的受压和受剪构件，其竖向尺寸的高和宽均较大，而厚度相对较小，采用的材料可以是砌体，也可以是钢筋混凝土。墙是建筑物竖直方向起围护、分隔和承重等作用，并具有保温隔热、隔声及防火等功能的主要构件。

墙体按不同的方法可以分成不同的类型。

(一) 按其在建筑物中的位置区分

(1) 外墙：外墙是位于建筑物外围的墙。位于房屋两端的外墙称山墙；纵向檐口下的外墙称檐。

(2) 内墙：内墙是指位于建筑物内部的墙体。

另外，沿房屋纵向（或者说，位于纵向定位轴线上）的墙，通称纵墙；沿房屋横向（或者说，位于横向定位轴线上）的墙，通称横墙。在一片墙上，窗与窗或门与窗之间的墙称窗间墙，窗洞下边的墙称窗下墙。

墙体的名称

(二) 按其受力状态分

按墙在建筑物中受力情况可分为承重墙、自承重墙和非承重墙。

承重墙是承受屋顶、楼板等上部结构传递下来的荷载及自重的墙体。自承重墙是只承担自重的墙体。非承重墙是不承重的墙体，例如幕墙、填充墙等。

(三) 按墙在建筑物中的作用分

按墙在建筑物中的作用区分可分为围护墙和内隔墙。

围护墙是起遮挡风雨和阻止外界气温及噪声等对室内的影响作用的墙。内隔墙起分隔室内空间，减少相互干扰作用的墙。在骨架结构建筑中，墙仅起围护和分隔作用，填充在框架内的又称填充墙；预制装配在框架上的称悬挂墙，又称幕墙。

(四) 根据墙体用料分

根据墙体用料的不同，有土墙、石墙、砖墙、砌块墙、混凝土墙以及复合材料墙等。其中普通黏土砖墙目前已禁止采用。复合材料墙有工厂化生产的复合板材墙，如由彩色钢板与各种轻质保温材料复合成的板材，也有在黏土砖或钢筋混凝土墙体的表面现场复合轻质保温材料而成的复合墙。

(五) 按墙体施工方法分

按墙体施工方法不同，有在现场砌筑的砖、石或砌块墙；有在现场浇筑的混凝土或钢筋混凝土墙；有在工厂预制、现场装配的各种板材墙等。

墙体采用手工砌筑，效率非常低，但仍被广泛采用。改进型的空心熟土砖，性能有所提高，但普及率还相当低。结构实验表明，电厂粉煤灰制作的砌块（大砖），许多指标优于红砖，用作墙体材料，既避免了烧砖（破坏农田），又解决了电厂粉煤灰的污染问题，很有发展前途。普通砖的规格为 240 mm×115 mm×53 mm，水泥砂浆砌筑时，砖与砖之间应留有10 mm

厚的砂浆缝，普通砖墙的厚度及其名称如图 4－7 所示。

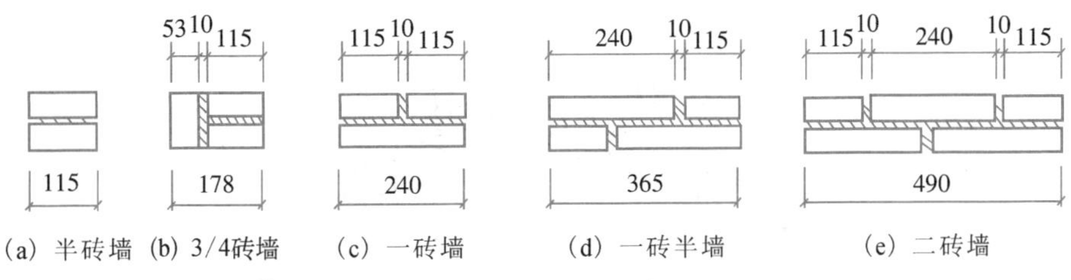

图4－7　普通砖墙的厚度及其名称(单位:mm)

五、拱

拱由曲线形构件(称拱圈)或折线形构件及其支座组成，在荷载作用下，拱的支座要产生水平反力，所以拱主要承受轴向压力。因此，跨度可以很大，变形较小。它比同跨度的梁要节约材料。用砖石砌体、钢筋混凝土、木材、金属材料建造的拱结构在房屋结构中有广泛应用。拱结构可以比梁有更大的跨度。图 4－8 为拱的几种形式。拱有带拉杆和不带拉杆之分。按拱的构造可分为无铰拱、三铰拱和两铰拱等。

1. 无铰拱

拱与基础刚性连接。无铰拱刚度较大，但对地基变形较敏感，适用于地质条件好的地基。

2. 三铰拱

拱与基础铰接，拱顶由铰连接两边的拱构件。三铰拱本身刚度较差，但基础有不均匀下沉时，对结构不产生附加内力，可用于地基条件较差的地方。

3. 两铰拱

两铰拱特点介于无铰拱和三铰拱之间。

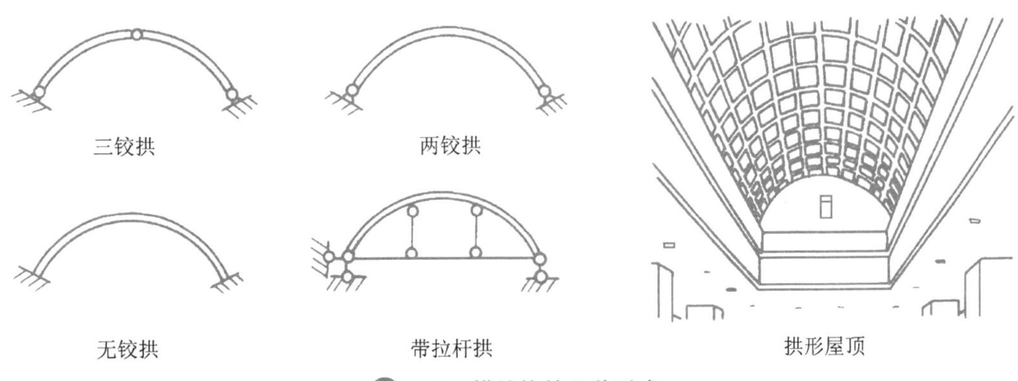

图4－8　拱结构的几种形式

六、桁架

桁架是由若干杆件构成的一种平面或空间的格架式结构或构件，是建筑工程中广泛采用的结构形式之一。如民用房屋和工业厂房的屋架、托架，跨度

较大的桥梁，以及起重机塔架、建筑施工用的支架等。图 4-9 为钢屋架和钢筋混凝土屋架图。

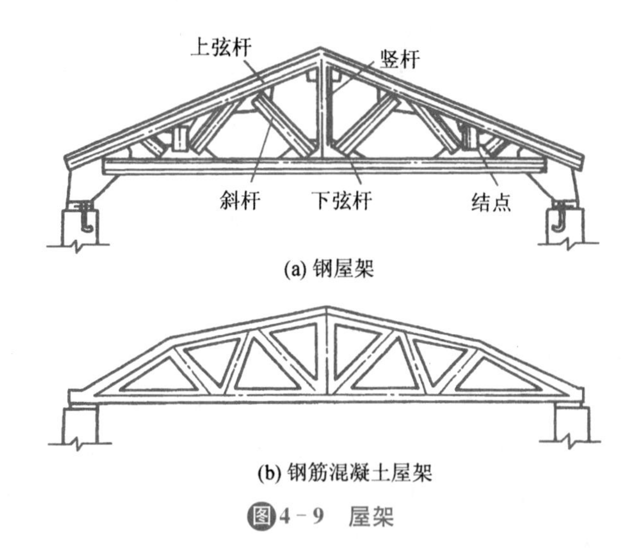

(a) 钢屋架

(b) 钢筋混凝土屋架

图4-9 屋架

桁架有铰接和刚接两种。房屋建筑中常用铰接桁架。铰接桁架是由许多三角形组成的杆件体系，它在荷载作用下是稳定的。桁架上、下部杆件分别称上、下弦杆，两弦杆间的杆件则称腹杆(斜杆和竖杆)。

桁架的分类如下：

(1) 根据受力特性不同分：平面桁架和空间桁架。

(2) 按材料不同分：钢桁架、钢筋混凝土桁架、木桁架、钢与钢筋混凝土或钢与木的组合桁架(在中国，木桁架目前已很少采用)。

(3) 按外形分：三角形桁架、梯形桁架、平行弦桁架及多边形桁架等，如图 4-10 所示。

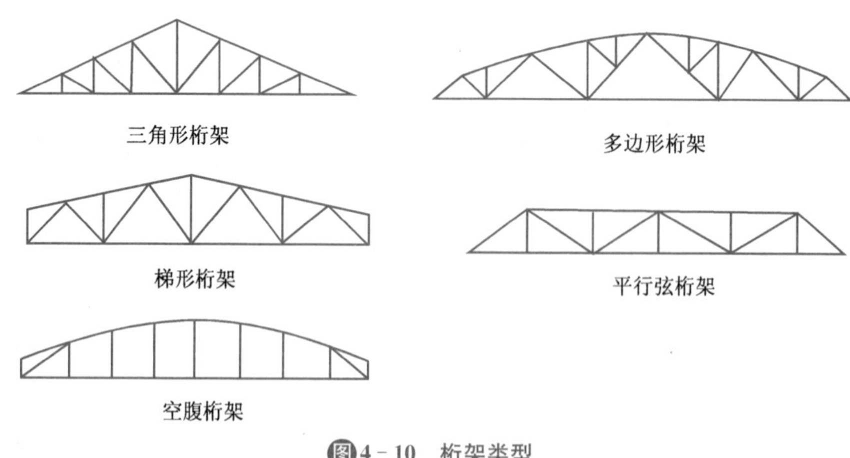

图4-10 桁架类型

课题三 单层建筑结构

单层建筑可分为一般单层建筑和大跨度建筑。

一、一般单层建筑

一般单层建筑按使用目的可分为民用单层建筑和单层工业厂房。

民用单层建筑一般采用砖混结构，即墙体采用砖墙，屋面板采用钢筋混凝土板，多用于单层住宅、公共建筑、别墅等。

单层工业厂房一般采用钢筋混凝土柱或钢结构柱，屋盖采用钢屋架结构。按结构形式可分为排架结构和刚架结构。排架结构指柱与基础为刚接，屋架与柱顶的连接为铰接。刚架结构也称框架结构，即梁或屋架与柱的连接均为刚性连接的结构。

单层工业厂房通常由下列构件组成(图 4 - 11)：屋盖结构、吊车梁、柱子支撑、基础和围护结构。屋盖结构用于承受屋面的荷载，包括屋面板、天窗架、屋架或屋面梁、托架。屋面板以前多采用大型预制混凝土板，但因其自重较大，现已逐渐被重量很轻的压型钢板所取代。天窗架主要为车间通风和采光的需要而设置，架设在屋架上。屋架(屋面梁)为屋面的主要承重构件，多采用角钢组成桁架结构，亦可采用变截面的 H 形钢作为屋面梁。托架仅用于柱距比屋架的间距大时支承屋架，再将其所受的荷载传给柱子。吊车梁用于承受吊车的荷载，将吊车荷载传递到柱子上。

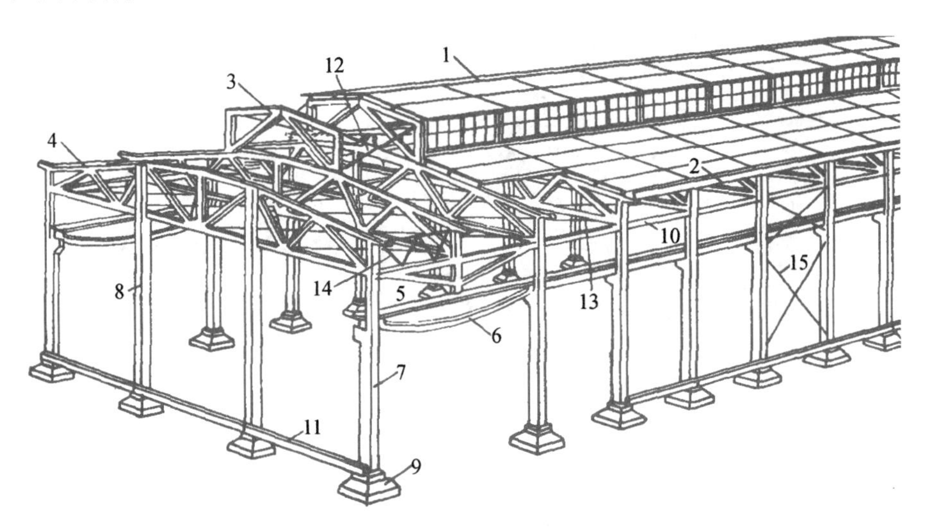

图 4 - 11 单层装配式钢筋混凝土厂房

1—屋面板；2—天沟板；3—天窗架；4—屋架；5—托架；6—吊车梁；7—排架柱；8—抗风柱；9—基础；10—连系梁；11—基础梁；12—天窗架垂直支撑；13—屋架下弦横向水平支撑；14—屋架端部垂直支撑；15—柱间支撑

柱子为厂房中的主要承重构件，上部结构的荷载均由柱子传给基础。基础将柱子和基础梁传来的荷载传给地基。围护结构多由砖砌筑而成，现亦有采用压型钢板作为墙板的。

当前，新出现的轻型钢结构建筑(图 4－12)，柱子和梁均采用变截面 H 型钢，梁柱的连接节点做成刚接，因施工方便、施工周期短、跨度大、用钢量经济，在单层厂房、仓库、冷库、候机厅、体育馆中已有越来越广泛的应用。

图4－12 轻型钢结构厂房

新出现的拱形彩板屋顶建筑(图 4－13)，用拱形彩色热镀锌钢板作为屋面，自重轻，工期短，造价低，彩板之间用专用机具咬合缝，不漏水，已在很多工程中采用。

图4－13 拱形彩板屋顶建筑

二、大跨度建筑

大跨度结构常用于展览馆、体育馆、飞机机库等，其结构体系有很多种，如网架结构、索结构、薄壳结构、膜结构、应力蒙皮结构、混凝土拱形桁架等。

(一) 网架结构

奥体中心体育馆网架结构

网架结构是由许多根杆件按照一定规律布置，通过节点连接而形成的网络状杆件结构。它的外形可以是平板形或曲面形。网架结构具有重量轻、用料省、刚度大、抗震性能好等优点。常用于大跨度屋盖结构。其杆件多采用钢管或型钢，现场安装。我国第一座网架结构是 1964 年建造的上海师范学院球类房。

1. 曲面网架

曲面网架又称壳形网架，其形式与钢筋混凝土薄壳结构一样，把混凝土的实心截面改换成比较轻巧的杆件式结构，即形成曲面网架。曲面网架有单层、双层、单曲、双曲等各种结构形式。双曲面网架有较好的空间刚度，但这类网架制造和安装都比较复杂，因此较少采用，见图 4－14。

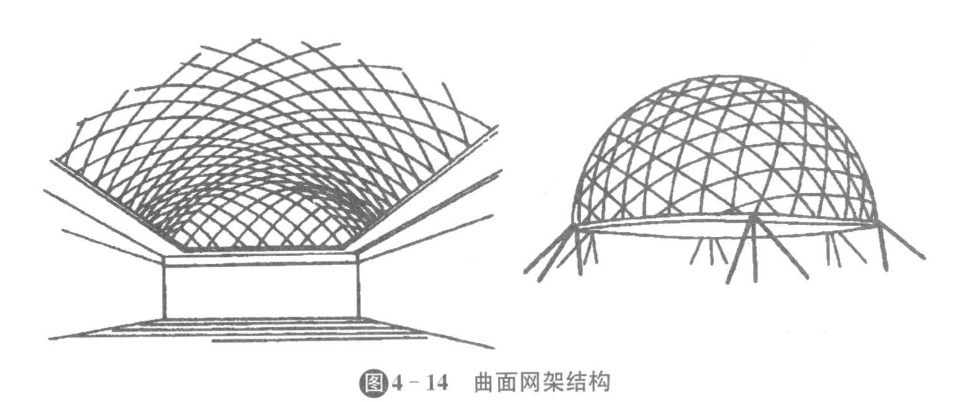

图 4－14　曲面网架结构

2. 平板网架

平板网架(简称网架)外形上为有某一厚度的空间格构体，平面外形一般多呈正方形、长方形或正多边形、圆形等。其顶面和底面一般呈水平状，上、下两网片之间用杆件连接(称为腹杆)。腹杆的排列呈规则的空间体(如锥形体等)。

平板网架的平面布置形式灵活、跨度大、自重轻、空间整体性好，既可用于公共建筑，又可用于工业厂房。近年来在体育馆、大会堂、剧院、商店、火车站等公共建筑中得到了广泛的应用。

平板网架按网架的组成分为以下两类：

(1) 由平面交叉桁架组成的网架：这种网架由若干片平面桁架相互交叉而成，每片桁架的上、下弦及腹杆位于同一垂直平面内。可以两向或三向交叉组成，可以正放或斜放，见图 4－15(a)。

(2) 由角锥体组成的网架(空间桁架)：它是由三角锥、四角锥或任意角锥体单元组成的空间网架结构。锥体位置可以正放或斜放，只要把许多锥体单元按一定顺序排列，把上弦及下弦节点相互连接(连接时可以采用直接或加杆连接)，形成整体，最后形成网架结构，见图 4－15(b)和图 4－15(c)。

角锥体网架比交叉桁架体系网架刚度大，受力性能好，并可预先做成标准锥体单元，存放、运输、安装都很方便。

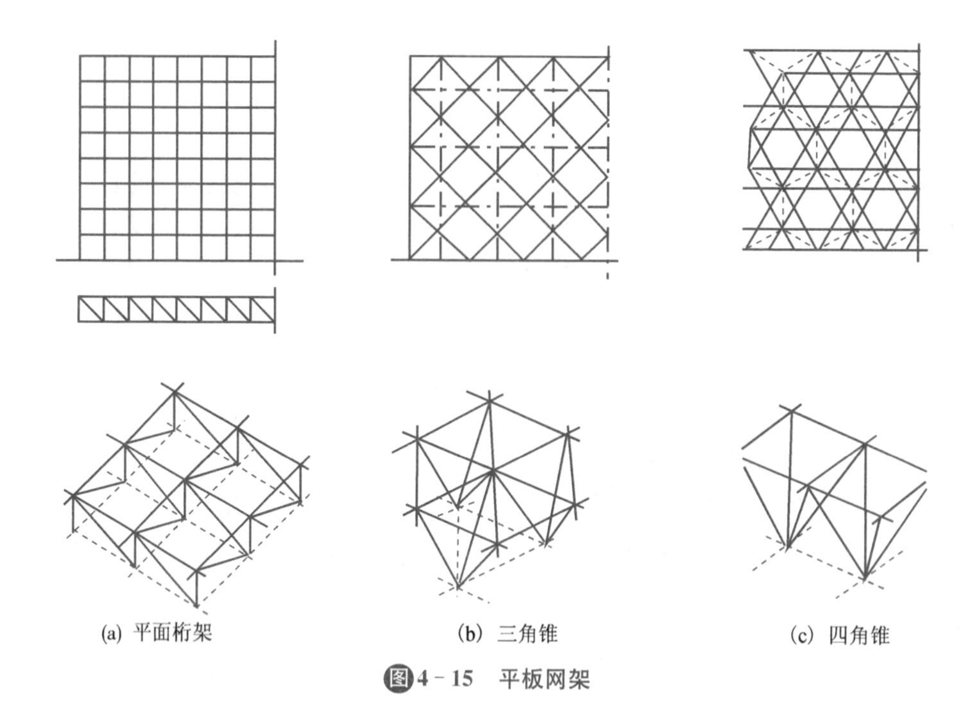

(a) 平面桁架　　(b) 三角锥　　(c) 四角锥

图 4－15　平板网架

（二）悬索结构

悬索结构是以受拉钢索作为主要承重构件的结构体系，这些钢索按一定规律组成各种不同形式的结构。它是充分发挥高效能钢材的受拉作用的一种大跨度结构。这种结构自重轻、材料省、施工方便，但结构刚度及稳定性较差，必须采取措施以防止结构在风力、地震力及其他动荷载作用下因产生很大变形、波动及共振等现象而遭到破坏。悬索结构一般用于60 m 以上的大跨度建筑。

虎门大桥

悬索结构按其曲面形式可分为两类：

1. 单曲面悬索结构

（1）单曲面单层拉索体系：它由平行的单根拉索构成，其表面呈圆筒形凹面。两端支点可等高或不等高，结构可为单跨或多跨。这种结构的每根索孤立地变形，上面需要加横向的刚性构件，才能协同工作。为此，这种体系一般用钢筋混凝土屋面板，并在上面加临时荷载，使板缝增大后再用水泥砂浆灌缝。这样钢索具有预应力，可使屋面构成一个有很大刚性的整体薄壳，见图 4－16(a)。

（2）单曲面双层拉索体系：这种体系由许多平行的索网组成。每片索网由曲率相反的承重索和稳定索构成。上、下索之间用圆钢或拉索联系，如同屋架的斜腹杆。通过系杆对上、下索施加预应力，可大大提高整个屋盖的刚度，从而可以采用轻屋面，以减轻重量，见图 4－16(c)。

2. 双曲面悬索结构

（1）双曲面单层拉索体系：这种体系适用于圆形建筑平面。拉索按辐射状布置，一端锚固在受压的外环梁上，另一端锚固在中心的受拉环上或立柱上，后者一般称伞形悬索结构。拉索垂度与平行的单层拉索体系相同。为保证结构的刚度，屋面也必须采用钢筋混凝土屋面板，并施加预应力，见图 4－16(b)。

（2）双曲面双层拉索体系：它由承重索和稳定索构成，也主要适用于圆形建筑平面。拉索按辐射状布置，中心设置受拉环。承重索和稳定索可构成上凸、下凹或半凸半凹的屋面形式。边缘构件为一道或两道受压环梁。因为有稳定索，屋面刚度较大，可采用轻屋面，见图 4－16(d)。

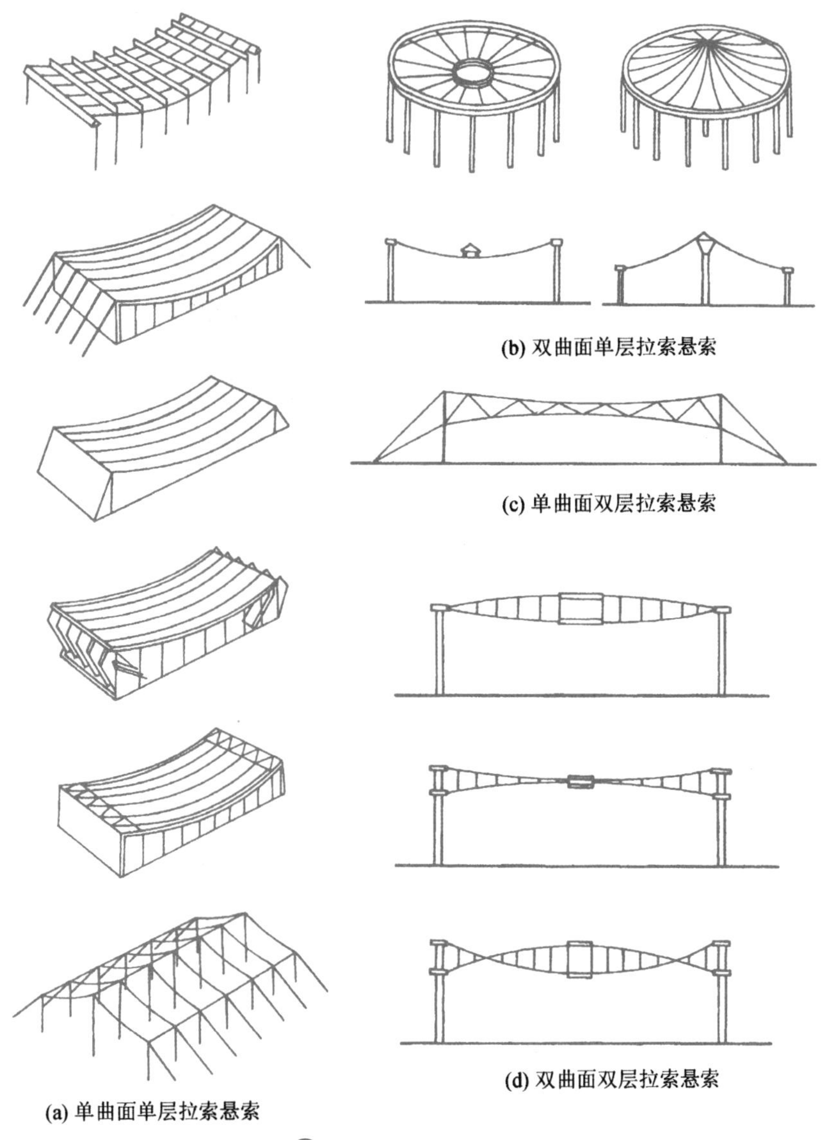

图 4－16　悬索结构(一)

（3）鞍形悬索：它是由两组曲率相反、相互交叉的拉索组成的双曲面索网体系。下凹的一组拉索为承重索，上凸的为稳定索，它们都受拉。通常对稳定索施加预应力，以增强屋面刚度。

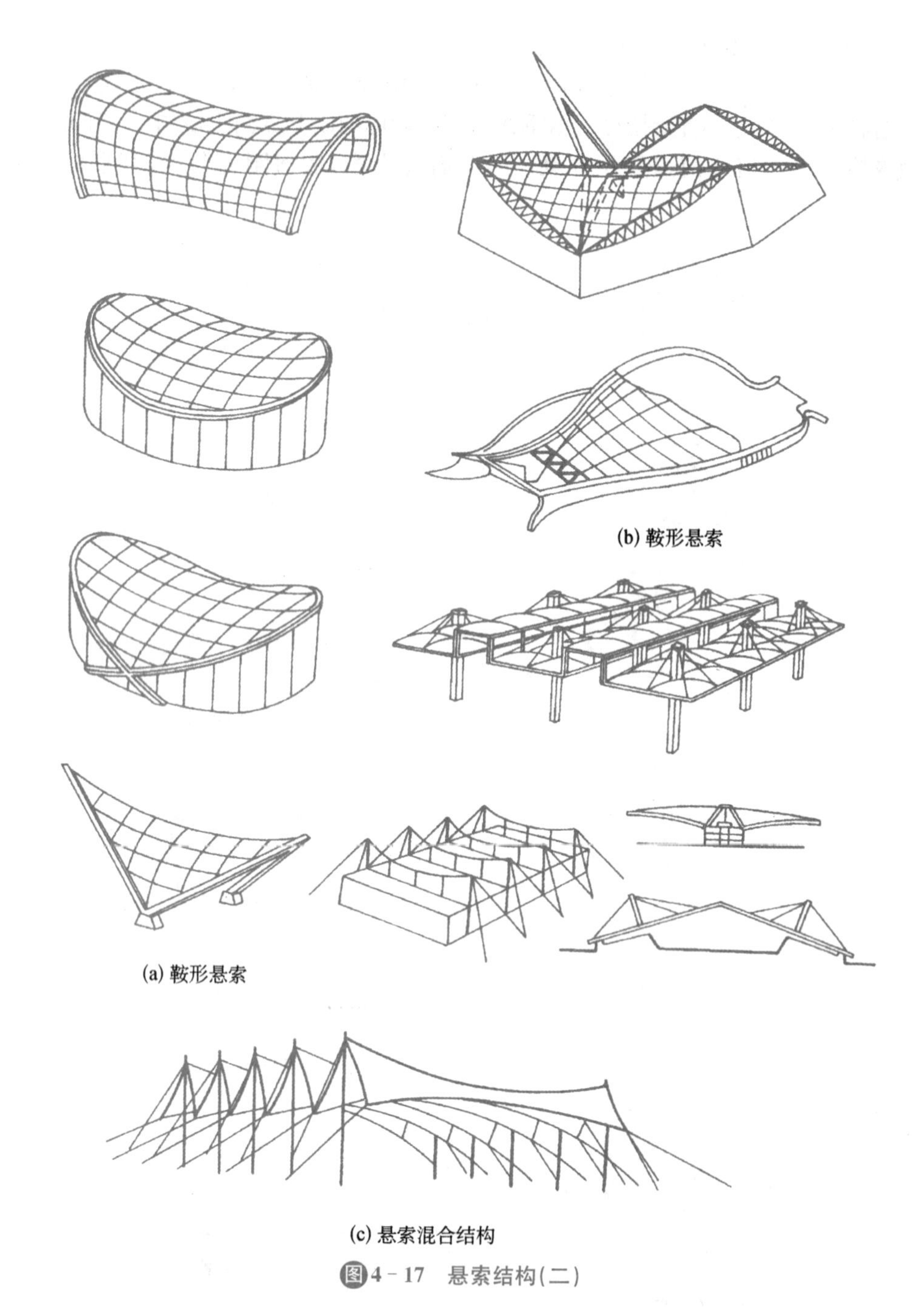

(a) 鞍形悬索

(b) 鞍形悬索

(c) 悬索混合结构

图4-17 悬索结构(二)

由于鞍形悬索刚度大,可以采用轻屋面;同时由于排水容易处理,形式多样,应用比较广泛。

悬索结构在工业与民用建筑中不仅适用于大跨度房屋,也可用于小跨度住宅。悬索和其他构件组成混合结构可发挥各自的优点,可以适应各种不同的需要。

鞍形悬索、悬索混合结构见图 4-17。在众多悬索结构中,美国明尼亚波利斯联邦储备银行大厦的结构设计很有特色,如图 4-18 所示。它是一座 11 层大楼,横跨在高速公路上,跨度 83.2 m,采用悬索作为主要承重结构,悬索锚固在位于公路两侧的两个立柱(实际为筒体结构)上,立柱承受大楼的全部竖向荷载,柱顶设有大梁,以平衡悬索在柱顶产生的水平力,整个大楼就挂在悬索和顶部大梁上。该设计还预留了将来发展的空间。

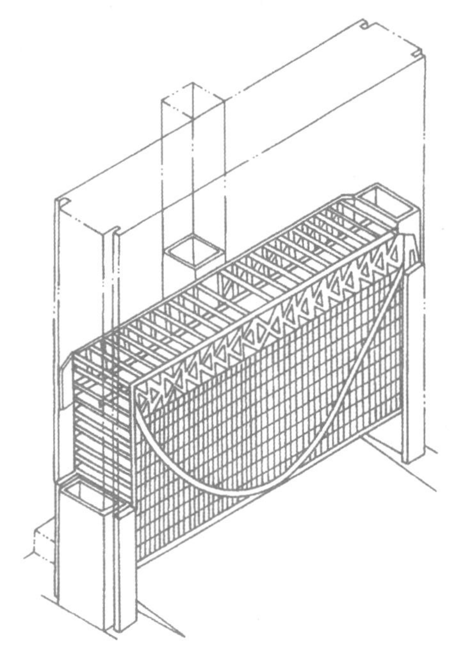

图4-18　美国明尼亚波利斯联邦储备银行大厦

(三) 膜结构

景观膜结构赏析—膜结构设计

膜结构是20世纪70年代初发展起来的一种新型结构,是用一种玻璃纤维作为基本材料,再用聚四乙烯(特氟隆)涂料混合在一起而结合为一体的织物材料。它的最后成品为半透明体。这种膜材类似于卷材,同时具有一定的抗拉强度,结构自重很轻,仅为传统大跨度屋盖所耗费材料的1/20～1/30。膜结构可以像钢筋混凝土薄壳一样既能承重又能起围护作用。

膜结构一般分为两种形式:一种为空气式支撑,但必须采用封闭式的空间,以维持一定气压差;另一种是张力骨架或支撑膜结构,骨架一般用受拉钢索预加应力方法,形成拱形结构体系,拱形骨架上面覆盖膜式织物材料。

膜材建筑起源于远古时代游牧民族用兽皮做的帐篷。第二次世界大战后美苏冷战开始,在北极海峡相峙。为避免钢或钢骨构筑物对雷达波的干扰,美国首次提出使用非金属膜材建造雷达基地用的屋顶建筑,成为现代开发膜材篷顶建筑的缘起。1970年,日本大阪万国博览会的美国馆采用了气承式空气膜结构,它标志着膜结构时代的开始。

日本东京室内棒球馆、亚特兰大奥运会主馆的屋盖和英国泰晤士河畔的千年穹顶,为当代世界瞩目的采用索膜结构体系建成的标志性建筑。

膜材料除用于建筑物屋盖外,也可以替代建筑物的墙体。膜材料具有良好的可塑性与连续性,用它做建筑的覆盖材料,建筑传统的屋顶与墙壁之分的传统概念已不那么重要了。此外,膜建筑具有易建、易搬迁、易更新,充分利用阳光、空气与自然环境融合等特点,是21世纪“绿色建筑体系”的宠儿。

课题四 多层与高层建筑结构

多层和高层结构主要应用于居民住宅、商场、办公楼、旅馆等建筑。近几年来，国家为提高居民的人均居住面积，解决居民的居住困难问题，大力推动我国的住宅建设。同时，随着经济的发展和房地产业的兴起，大量的多层和高层建筑在中国大地涌现。

多层与高层建筑的界限，各国不一。我国以8层为界限，低于8层者称为多层建筑，8层及以上者称为高层建筑。

一、多层建筑结构

多层建筑常用的结构形式为混合结构、框架结构。

河南禁用实心粘土砖

推进节能降耗

混合结构指用不同的材料建造的房屋，通常墙体采用砖砌体，屋面和楼板采用钢筋混凝土结构，故亦称砖混结构，如图4-19所示。目前，我国的混合结构最高已达11层，局部已达12层。以前混合结构的墙体主要采用普通黏土砖，但因普通黏土砖的制作需使用大量的黏土，对宝贵的土地资源是很大的消耗。因此，国家已逐渐在各地区禁止大面积使用普通黏土砖，相应推广空心砌块的应用。

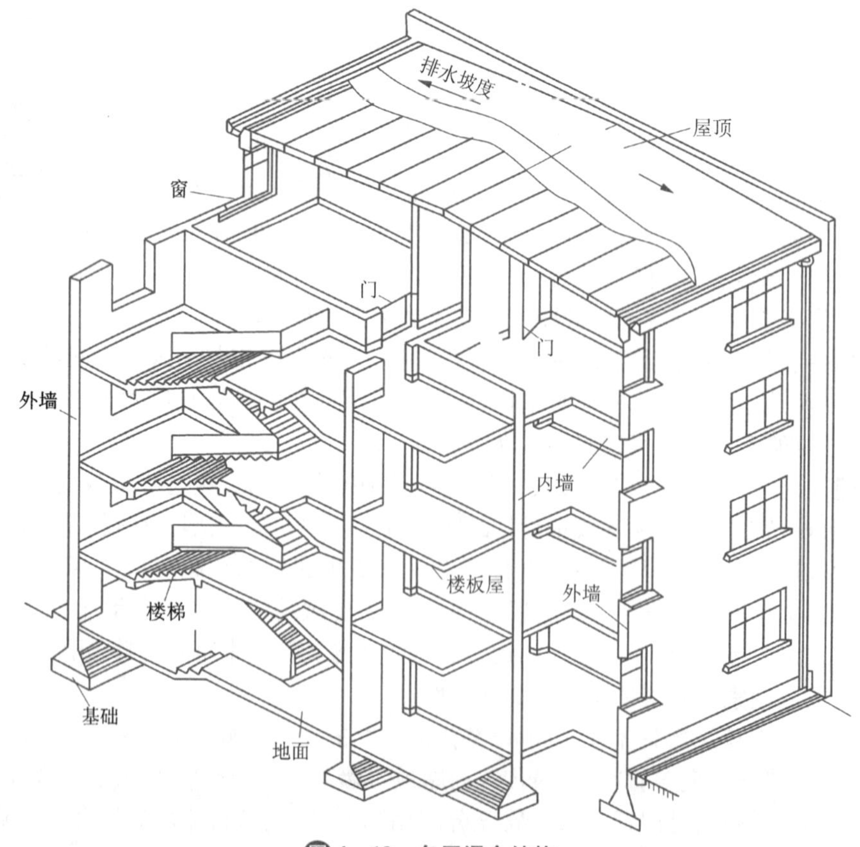

图4-19 多层混合结构

框架结构指由梁和柱刚性连接成骨架的结构，如图 4-20 所示。框架结构的优点是强度高、自重轻、整体性和抗震性能好。因其采用梁柱承重，因此建筑平面布置灵活，可获得较大的使用空间。框架结构使用广泛，主要用于多层工业厂房、仓库、商场、办公楼等建筑。

图4-20　框架结构

多层建筑可采用现浇，也可采用装配式或装配整体式结构。其中，现浇钢筋混凝土结构整体性好，适应各种有特殊布局的建筑；装配式和装配整体式结构采用预制构件，现场组装，其整体性较差，但便于工业化生产和机械化施工。装配式结构在早期比较盛行，但随着泵送混凝土的出现，混凝土的浇筑变得方便快捷，机械化施工程度已较高，因此近年来，多层建筑已逐渐趋向于采用现浇混凝土结构。

二、高层建筑结构

高层建筑结构除承受竖向荷载外，还主要承受水平荷载，且水平荷载对结构起控制作用。其核心因素是房屋总高度决定着高层结构的结构体系、平面与立面布局、强度、刚度与整体性等要求。

改革开放后，高层建筑在我国发展迅猛，特别是进入 20 世纪 90 年代后，发展尤其迅速，高层和超高层建筑如雨后春笋般在各大城市涌现。目前国内最高的建筑为上海的上海中心大厦，高 632 m，2013 年主体结构封顶，2016 年完成整栋大厦的施工工程。目前世界上最高的建筑为迪拜的哈利法塔，高 828 m，建成于 2010 年。

上海中心大厦

高层建筑结构的主要结构形式有：框架结构、剪力墙结构、框架-剪力墙结构、筒体结构等。

(一) 框架结构

框架结构是由梁、柱构件组成的刚架结构，又称纯框架。它的优点是：平面布置灵活，能提供较大的室内空间，使用比较方便；缺点是：构件截面尺寸都不能太大，否则影响使用面积。因此，框架结构的侧向刚度较小，水平荷载作用下侧移大，抗震性能不强。主要用于不考虑抗震设防且层数较少的高层建筑。混凝土框架一般不超过 20 层。钢框架高层建筑可做到 25～30 层，再高就不经济了。一般强地震区，不宜超过 10 层。

框架结构有下面几种类型：

1. 全框架结构

竖向荷载全部由框架承担，内外墙仅起围护和分隔作用的框架结构称为全框架结构。按梁、柱的连接程度不同，全框架结构可分为：现浇整体式框架、装配式框架和装配整体式框架三种类型。

(1) 现浇整体式框架：这种框架的全部承重的梁、板、柱构件在现场浇筑成整体。它的优点是：整体性好、抗震性好、平面布置灵活；缺点是：现场工程量大、模板用量多、工期较长、受现场工作条件影响大。近年来，施工工艺及技术水平的发展和提高，如定型钢模板、商品混凝土、泵送混凝土、早强混凝土等工艺和措施，逐步克服了现浇框架的不足之处。

(2) 装配式框架：这种框架的主要构件，如梁、板、柱等构件由预制构件厂预制，在现场进行焊接装配。它的优点是：模板用量少、工期短、便于机械化施工、改善劳动条件等；缺点是：预埋件多、用钢量大、房屋整体性差、不利抗震。在抗震设防地区不宜采用。

(3) 装配整体式框架：装配整体式框架的做法，是将预制构件装配好之后，在梁、柱节点及板上浇筑叠合层，在适当的部位配置一些钢筋，使之结合成整体，故兼有现浇式与装配式框架的一些优点，应用较为广泛。

2. 内框架结构

如图 4－21 所示，房屋内部由梁、柱组成的框架承重，外部由砖墙承重，楼屋面荷载由框架与砖墙共同承担，这种框架称内框架或半框架，也称多层内框架砖房。这种房屋的整体性和总体刚度都较差，抗震性能较差，内框架部分应对称布置，在抗震设防地区不宜采用。

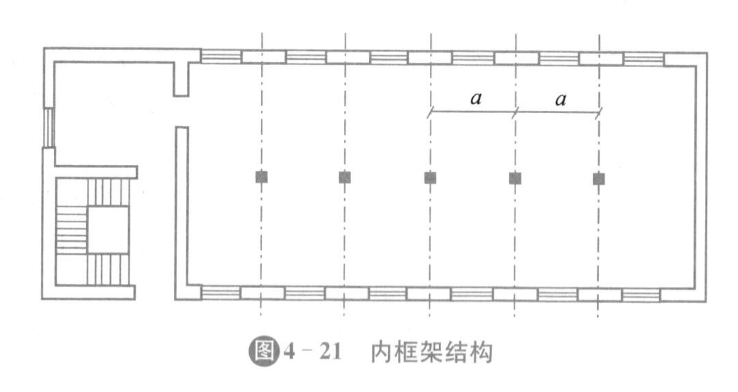

图 4－21 内框架结构

3. 底层框架结构

底层框架结构是指底层为框架结构、上部各层为承重砖墙和钢筋混凝土楼板的混合结构房屋。这种结构是因为底层建筑需要较大平面空间而采用框架结构，上层为节省造价，仍用混合结构。这类房屋下刚上柔，抗震性能差，在抗震设防地区不宜采用。

(二) 剪力墙结构

剪力墙体系利用在纵、横方向设置的钢筋混凝土墙体组成抗侧力体系。现浇剪力墙结构整体性好，刚度大，在水平荷载作用下侧移小，一般震害轻，非结构构件损坏轻[见图 4 - 22(a)]。例如，1977 年罗马尼亚地震时，布加勒斯特的几百幢高层剪力墙结构仅有一幢的一个单元倒塌，而高层框架结构却有 32 幢倒塌。因此，在 10～30 层的住宅、旅馆中广泛采用剪力墙结构。剪力墙体系自重较大，基础处理要求较高，不容易布置大房间。当底层要布置门厅、会议室等大面积房间时，可将底部做成框架，上部为剪力墙，这种结构称为框支剪力墙结构，如图 4 - 22(b)。框支剪力墙结构由于刚度沿竖向分布很不均匀，底部水平侧移特别大，易造成严重震害，所以抗震设防地区不允许采用。

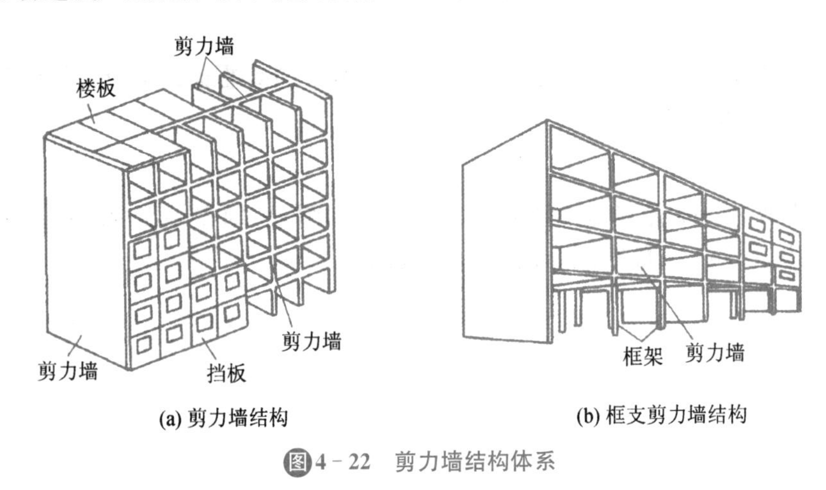

(a) 剪力墙结构　　(b) 框支剪力墙结构

图 4 - 22　剪力墙结构体系

(三) 框架-剪力墙结构

框架结构侧向刚度差，抵抗水平力能力较低，但具有空间大、平面布置灵活、使用方便等优点，而剪力墙的侧向刚度和承载力均高，但平面布置不灵活。因此，把二者结合起来组成框架-剪力墙体系，可以取长补短，既有较大侧向刚度和承载力，又有较大空间，多用于 10～20 层的办公楼、旅馆、住宅等房屋，其中，剪力墙可以是单片的，也可以布置在设备井道周围做成筒体，因此又可分为框架-剪力墙和框架-核心筒两种形式，如图4 - 23 所示。

(四) 筒体结构

随着房屋层数的进一步增加，结构需要具有更大的侧向刚度，以抵抗风荷载和地震作用，因而出现了筒体结构。

筒体结构的受力，犹如一个固定于基础上的封闭箱形截面悬臂构件，由于材料分布在周边，在整个截面受弯时能最有效地发挥材料的作用，因而具有很好的抗弯和抗扭刚度，适用于 30 层以上的高层建筑。根据筒体的不同组成方式，可分为内筒体系、框筒体系、筒中筒体系和多束筒体系。

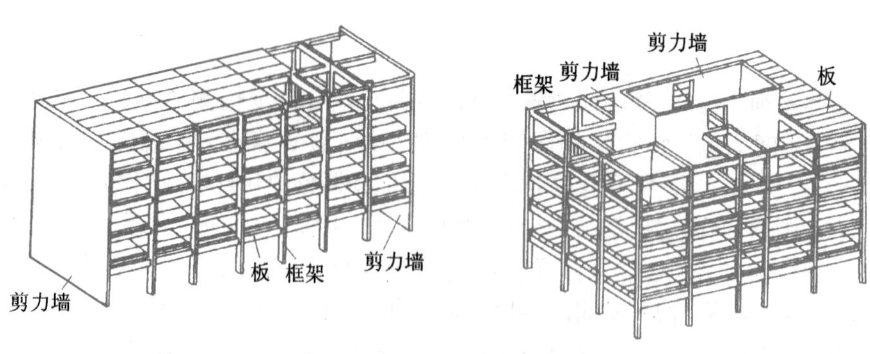

图4-23 框架-剪力墙结构

1. 内筒结构体系

这种体系是由建筑内部的电梯间或设备管井筒体与外部框架组成，也可由筒体与桁架组成承重体系，见图 4-24。

2. 框筒结构体系

指内芯由剪力墙构成，周边为框架结构的筒体，如图 4-24 所示为深圳的华联大厦(建于 1989 年)，地上 25 层，地下 1 层，高 88.8 m，见图 4-25。

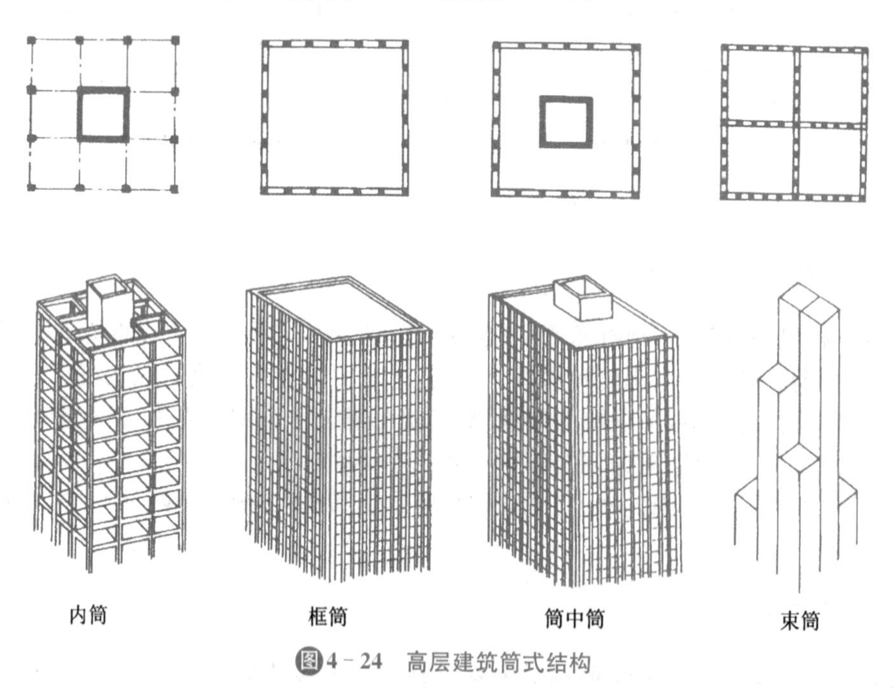

图4-24 高层建筑筒式结构

3. 筒中筒结构体系

这种体系由内、外筒组成，见图 4-24。内筒可利用电梯间和设备竖井，外筒可为框筒。内外筒体之间由平面内刚度很大的楼盖连接，协同承载，因此它比仅有外筒的框筒体系有更大的侧向刚度和承载力。1990 年建于广州的广东国际大厦有 63 层，高199 m，是钢筋混凝土筒中筒体系，见图 4-26。

图4-25　深圳华联大厦

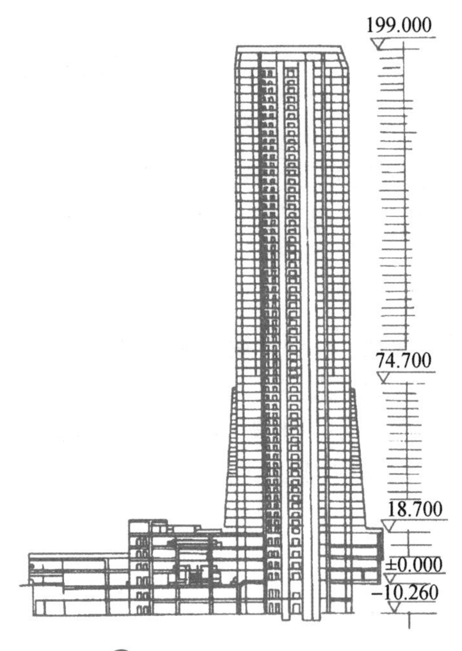

图4-26　广东国际大厦

4. 多束筒结构体系

西尔斯大厦

这种体系是由几个筒体组合在一起的结构体系，见图 4-24。美国芝加哥西尔斯大厦有 110 层，高 443 m，加上天线达 500 m。它的底部是正方形，边长 68.8 m，由 9 个边长为 22.5 m 的方形框筒组成，在 50、66、90 层各改变一次断面，最后只有两个筒井至顶层，如图4-27 所示。

多束筒具有良好的抗扭性能，各柱的内力分布比较均匀，能很好地用于地震区。

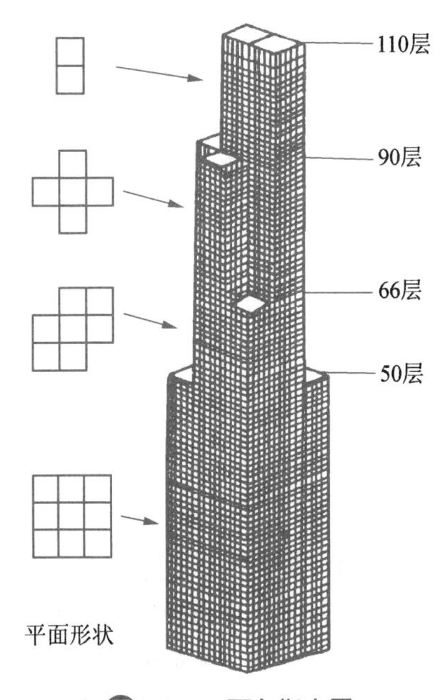

图4-27　西尔斯大厦

课题五 特种结构

特种结构是指具有特种用途的工程结构，包括高耸结构、海洋工程结构、管道结构和容器结构等。本课题仅介绍工业中常用的几种特种结构。

一、烟囱

烟囱是工业中常用的构筑物，是把烟气排入高空的高耸结构，能改善燃烧条件，减轻烟气对环境的污染。

烟囱是由基础、筒身、内衬、隔热层及附属设施（爬梯、避雷设备、信号灯平台、休息平台、检修平台等）组成，见图 4－28。

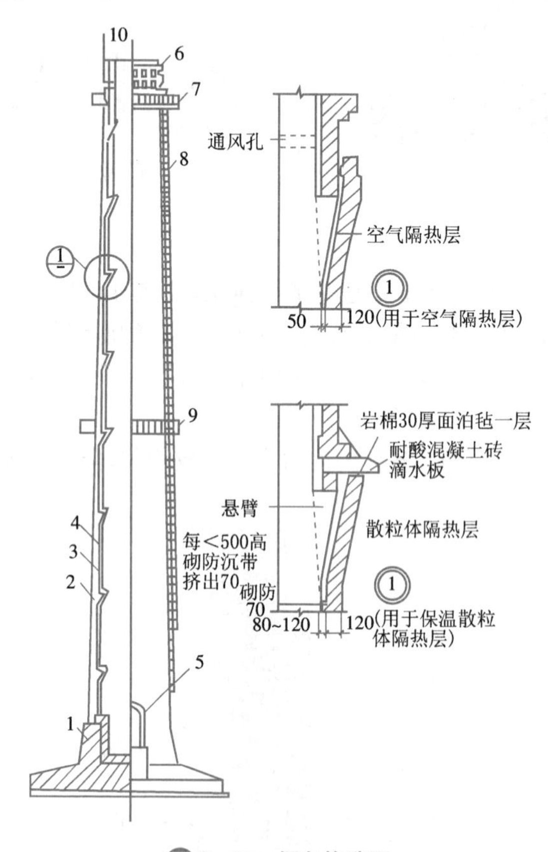

图4－28 烟囱构造图

1—基础；2—筒身；3—隔热层；4—内衬；5—烟道口；6—筒首；7—信号灯平台；8—外爬梯；9—休息平台；10—避雷针

烟囱分为砖烟囱、钢筋混凝土烟囱和钢烟囱三类。

砖烟囱的高度一般不超过 50 m，多数呈圆截锥形，外表面坡度约为 2.5%，筒壁厚度约为 240～740 mm，用普通黏土砖和水泥石灰砂浆砌筑。为防止外表而产生温度裂缝，筒身每隔 1.5 m 左右设一道预应力扁钢环箍或在水平砖缝中配置环向钢筋。位于地震区的砖烟囱，筒壁内尚须加配纵向钢筋。为减少现场砌筑工程量，可采用尺寸较大的组合砌块、石块、耐热混凝土砌块等砌筑。

砖烟囱的优点是：可以就地取材，可以节省钢材、水泥和模板；砖的耐热性能比普通钢筋混凝土好；由于砖烟囱体积较大，重心较其他材料建造的烟囱低，故稳定性较好。其缺点是：自重大，材料数量多；整体性和抗震性能较差；在温度应力作用下易开裂；施工较复杂，手工操作多，需要技术较熟练的工人。

混凝土烟囱多用于高度超过 50 m 的烟囱，外形多为圆锥形，一般采用滑模施工。其优点是自重较小，造型美观，整体性、抗风、抗震性好，施工简便，维修量小。按内衬布置方式的不同，可分为单筒式、双筒式和多筒式。

钢烟囱自重小，有韧性，抗震性能好，适用于地基差的场地，但耐腐蚀性差，需经常维护。钢烟囱按其结构可分为拉线式（高度不超过 50 m）、自立式（高度不超过 120 m）和塔架式（高度超过 120 m）。

二、水塔

水塔的工作原理

水塔是储水和配水的高耸结构，是给水工程中常用的构筑物，用来保持和调节给水管网中的水量和水压。主要由水柜、基础和连接两者的支筒或支架组成。

按建筑材料分为钢筋混凝土水塔、钢水塔、砖石支筒与钢筋混凝土水柜组合的水塔。水柜也可用钢丝网水泥、玻璃钢和木材建造。过去欧洲曾建造过一些具有城堡式外形的水塔。法国有一座多功能的水塔，在最高处设置水柜，中部为办公用房，底层是商场。中国也有烟囱和水塔合建在一起的双功能构筑物，可对排出的油烟进行降温，使油水大量凝结，尽量少排放到大气中，是响应环保部门要求的一项措施。按水柜形式分为圆柱壳式和倒锥壳式。在中国这两种形式应用最多，此外还有球形、箱形、碗形和水珠形等多种。支筒一般用钢筋混凝土或砖石做成圆筒形。支架多数用钢筋混凝土刚架或钢构架。水塔基础有钢筋混凝土圆板基础、环板基础、单个锥壳与组合锥壳基础和桩基础。当水塔容量较小、高度不大时，也可用砖石材料砌筑的刚性基础。

1. 圆柱壳式水塔

由顶盖、柜壁和柜底组成。顶盖采用平板、正圆锥壳或球形壳，周边设置上环梁，柜壁为圆柱形壳，柜底的外伸段是倒锥形壳，中间段采用球形壳，外伸段尺寸按两种壳的水平分力接近平衡来确定，见图 4－29。

2. 倒锥壳式水塔

采用倒置的截头圆锥壳柜壁，但不设柜底，由下环梁与支筒壁封住，顶盖做法与圆柱壳式水柜相似，倒锥壳柜壁由于水深近似地与圆周直径成反比，因此，柜壁环向拉力比较均匀，受力状态较好，见图 4－30。

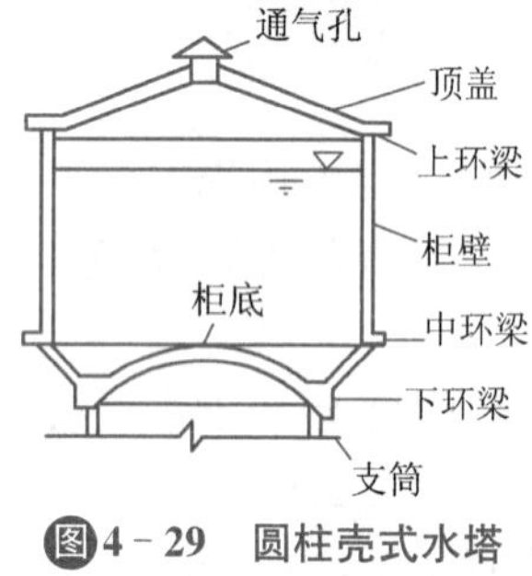

图4-29 圆柱壳式水塔

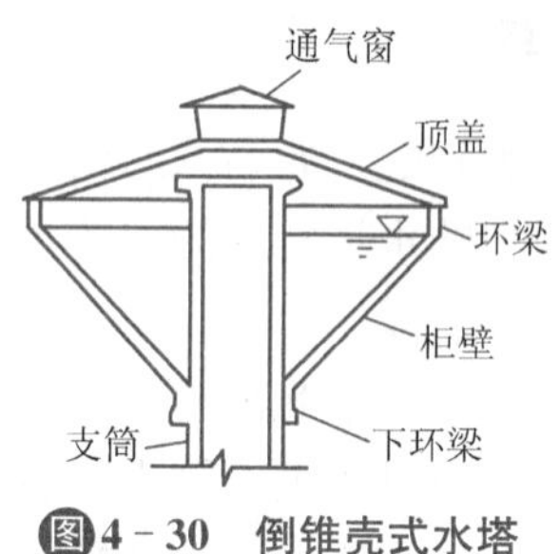

图4-30 倒锥壳式水塔

三、水池

水池给水排水工程中重要的构筑物之一，水池与水塔一样用于储水。不同的是：水塔用支架或支筒支承，而水池多建造在地面或地下。

水池通常可按下列几个方面分类：

1. 按水池的材料分

可分为钢水池、钢筋混凝土水池、钢丝网水泥水池、砖石水池等。其中，钢筋混凝土水池具有耐久性好、节约钢材、构造简单等优点，应用最广。

2. 按水池的平面形状分

可分为矩形水池和圆形水池。矩形水池施工方便，占地面积少，平而布置紧凑；圆形水池受力合理，可采用预应力混凝土。经验表明，小型水池宜采用矩形，深度较浅的大型水池也可采用矩形，200 m^3 以上的中型水池宜采用圆形。考虑到地形条件也可采用其他形式的水池，如扇形水池。为节约用地，还可采用多层水池。

3. 按水池的施工方法分

可分为预制装配式水池和现浇整体式水池。目前推荐用预制圆弧形壁板与工字形柱组成池壁的预制装配式圆形水池，预制装配式矩形水池则用 V 形折板做池壁。

4. 按水池的配筋形式分

可分为预应力钢筋混凝土水池和非预应力钢筋混凝土水池。

四、核电站

超能之核

核电站又称核电厂，它指用铀、钚等作核燃料，将它在裂变反应中产生的能量转变为电能的发电厂。

其发电原理可分为以下四个步骤：

(1) 反应堆将原子核裂变释放的核能转变为热能——高温高压水；

(2) 蒸汽发生器将高温高压水变为饱和蒸汽；

(3) 饱和蒸汽推动汽轮机高速旋转转变为机械能；

(4) 发电机再将汽轮机传来的机械能转变为电能。

为了保护核电站工作人员和核电站周围居民的健康，核电站必须始终坚持“质量第一，安全第一”的原则。核电站的设计、建造和运行均采用纵深防御的原则，从设备、措施上提供多等级的重叠保护，以确保核电站对功率能有效控制，对燃料组件能充分冷却，对放射性物质不发生泄漏。

单元小结

本单元主要介绍了：

(1) 土木工程构件的基本类型和各种结构的特点。结构构件的形式多种多样，主要有：梁、板、柱、墙、拱、桁架等。

(2) 单层、多层以及高层建筑的结构形式及其特点。单层建筑可分为一般单层建筑和大跨度建筑。一般单层建筑按使用目的可分为民用单层建筑和单层工业厂房。大跨度结构常用于展览馆、体育馆、飞机机库等，其结构体系有很多种，如网架结构、索结构、薄壳结构、膜结构、应力蒙皮结构、混凝土拱形桁架等。多层与高层建筑的界限，各国不一。我国以8层为界限，低于8层者称为多层建筑，8层及以上者称为高层建筑。多层建筑常用的结构形式为混合结构、框架结构。高层建筑结构的主要结构形式有：框架结构、剪力墙结构、框架-剪力墙结构、筒体结构等。

(3) 一些特种结构，包括烟囱、水塔、水池、核电站等。

复习思考题

1. 什么叫建筑工程？建筑是怎样进行分类的？
2. 建筑物的基本构成要素有哪些？
3. 为什么要进行总平面布置？总平面布置包括哪些主要内容？
4. 什么是柱？什么是长柱？什么是短柱？
5. 单层工业厂房通常由哪些结构构件组成？它们各起什么作用？
6. 剪力墙结构体系有哪几类，其各自的特点是什么？
7. 列举大跨度建筑的几种结构形式。
8. 列举高层建筑常用的几种结构形式。

单元五 交通工程

学习目标

学习道路、铁路、隧道、桥梁及水上通航过坝建筑物等交通工程的基本知识，重点掌握各类交通工程的基本概念、常见形式、等级划分、技术标准及主要结构的构造组成与工作特点等，了解路基稳定的含义及影响因素，了解路、桥、隧道等工程设计、选线的要求等。

学习重点

公路、铁路、隧道、桥梁等交通工程的组成及分类；路基、路面的构造和特点；隧道结构的特点及施工方法。

交通运输是国民经济的动脉，是国家经济发展的基础产业之一，随着交通运输的发展和人民生活水平的提高，它在联系工业与农业、城市与乡村、生产与消费等各个领域中起着十分重要的作用。

现代交通运输由铁路、公路、水运、航空及管道运输五种运输方式组成。这些运输方式在技术、经济上各有特点，它们根据运输的需要合理分工、相互衔接、互为补充，形成完整的国家综合运输体系。公路运输机动灵活，集散货物比较迅速，但运输量不大，成本相对较高；铁路运输对于中、远程的大宗货物及人流运输具有运输量大、成本低的特点；水运在通航地区具有运量大、运价低廉的特点；航空运输具有速达作用，但成本高，能耗大；管道运输则多用于运输液体和气态或散装物品。

无论是公路还是铁路，当遇到高山阻碍多以隧道方式穿越，当遇有深谷河流多以桥梁方式跨过。本章以道路、铁路、隧道、桥梁及水上通航过坝建筑物等主要交通工程为介绍对象，对其他类交通工程内容，或因应用不够普及，或因结构特点雷同，或因专业知识量不多而不再于本书讲解。

课题一　道路工程

道路，是供各种车辆和行人通行的工程设施。

我国道路建设有悠久的历史，早在公元2000年前，就有了可以行驶牛车和马车的道路。到了清代，全国已形成了层次分明、功能比较完善的“官马大路”“大路”“小路”等分别为京城到各省城、省城到重要城市及重要城市到一般市镇的三级道路系统，其中“官马大道”就达4000余里。

新中国成立以后，为了恢复和发展国民经济、改善人民生活、巩固国防、促进民族团结，国家对公路建设做出了很大的努力，取得了显著成就。但与世界上发达国家相比，仍存在着较大的差距，公路网标准低、数量少、布局不尽合理，是目前存在的突出问题。

加快公路网新线建设，对原有公路进行技术改造，逐步提高技术标准和通行能力，是我国当前公路建设的主要任务。

一、道路的特点、分类与技术标准

（一）道路的特点

长期以来，汽车运输业的迅速发展，是和道路及其运输所具有的特点分不开的。与其他交通运输相比，道路运输具有以下特点：

（1）机动灵活性高，能迅速集中和分散货物。在规定的时间和地点可做到直达运输而不需要中转，节约时间和费用，减少货损，经济效益高。

（2）适应性强，服务面广。适应于小批量运输和大宗运输，可以深入到城市、乡村及工矿企业，可独立实现"门到门"的直达运输。

（3）建设投资相对较省，见效快，经济效益和社会效益显著。

（4）由于公路运输服务人员多，单位运量小，故汽车运输费用比铁路和水运高。

（二）道路的分类

道路按其使用特点分为：公路、城市道路、专用道路及乡村道路等。

1. 公路

公路是指连接城市与乡村的、主要供汽车行驶的、具备一定技术条件和设施的道路。按其重要程度和使用性质可划分为：国家干线公路（简称国道）、省级干线公路（简称省道）、县级公路（简称县道）和乡级公路（简称乡道）。

国道，是在国家干线网中，具有全国性的政治、经济和国防意义，并经确定为国家级干线的公路。

省道，是在省公路网中，具有全省性的政治、经济和国防意义，并经确定为省级干线的公路。

县道，具有全县性的政治、经济意义，并经确定为县级的公路。

乡道，是指修建在乡村、农场，主要供行人及各种农业运输工具通行的道路。

2. 城市道路

城市道路是指在城市范围内，供车辆及行人通行的，具备一定技术条件和设施的道路。城市道路是城市组织生产、安排生活、搞活经济、物质流通所必需的交通设施。

3. 专用道路

由工矿、农林等部门投资修建，主要供该部门使用的道路。

（1）厂矿道路

指主要为工厂、矿山运输车辆通行的道路，通常分为厂内道路、厂外道路和露天矿山道路。厂外道路为厂矿企业与国家公路、城市道路、车站、港口相衔接的道路或是连接厂矿企业分散的车间、居住区之间的道路。

（2）林区道路

修建在林区的主要供各种林业运输工具通行的道路。由于林区地形及运输木材的特征，林区道路的技术要求应按专门制定的林区道路工程技术标准执行。

JTG B01—2014

公路工程技术标准

（三）公路与城市道路的分级

公路是为汽车运输或其他交通服务的工程结构物。交通运输部2014年颁布的中华人民共和国行业标准《公路工程技术标准》(JTG B01—2014)(以下简称《标准》)，根据公路的使用任务、功能和适应的交通量分为五个等级：高速公路、一级公路、二级公路、三级公路和四级公路。

(1) 高速公路为专供汽车分方向、分车道行驶，全部控制出入的多车道公路。高速公路的年平均日设计交通量宜在15000辆小客车以上。

(2) 一级公路为供汽车分方向、分车道行驶，可根据需要控制出入的多车道公路。一级公路的年平均日设计交通量宜在15000辆小客车以上。

(3) 二级公路为供汽车行驶的双车道公路。二级公路的年平均日设计交通量宜为5000～15000辆小客车。

(4) 三级公路为供汽车、非汽车交通混合行驶的双车道公路。三级公路的年平均日设计交通量宜为2000～6000辆小客车。

(5) 四级公路为供汽车、非汽车交通混合行驶的双车道或单车道公路。双车道四级公路年平均日设计交通量宜在2000辆小客车以下；单车道四级公路年平均日设计交通量宜在400辆小客车以下。

以上五个等级的公路构成了我国的公路网。其中高速公路、一级公路为公路网骨干线，二、三级公路为公路网内基本线，四级公路为公路网的支线。

城市道路分为快速路、主干路、次干路、支路。

二、道路的组成

道路

道路工程是一种线形构造物，它包括线形组成和结构组成两大部分。其基本组成包括路基、路面、桥梁、涵洞、隧道、排水工程、防护工程、路线交叉工程及路线沿线设施。高等级公路还设有较完善的公路安全设施、管理服务设施、通信系统、监控系统、收费系统、供电照明系统、环境绿化工程等。

1. 路基

路基是道路行车部分的基础，是由土、石按照一定尺寸、结构要求所构成的带状土工结构物。路基必须稳定坚实。

2. 路面

是设于路基顶部的行车道部分，是用各种材料分层铺筑的结构物，以供车辆在其上以一定速度，安全、舒适地行驶。路面应当坚固，并应有足够的强度、平整度和粗糙度。

3. 桥涵

道路在跨越河流、沟谷和其他障碍物时所使用的结构物叫桥涵。桥涵是道路的横向排水系统之一。

4. 排水系统

为确保路基稳定，免受自然水的侵蚀，道路还应修建排水设施。这一排水系统按其排水方向的不同,可分为纵向排水系统和横向排水系统。按其排水位置的不同又分为地面排水和地下排水两部分。地面排水是排除危害路基的雨水、积水及外来水等地面水的设施;地下排水主要用于降低地下水位及排除地下水,常见的有盲沟等。

5. 隧道

隧道是为了道路从地层内部或水下通过而修筑的建筑物,由洞身和洞门两部分组成。其作用是缩短里程、避免翻山越岭,保证道路行车的平顺性。

6. 防护工程

陡峻的山坡或沿河一侧的路基边坡受水流冲刷,会威胁路段的稳定。为保证路基的稳定,加固路基边坡所修建的人工构造物称为防护工程。

7. 特殊结构物

除上述常见的构造物外,为了保证道路连续、路基稳定,确保路基安全,还在山区地形、地质条件特别复杂路段修建一些特殊结构物,如:悬出路台、半山桥、防石廊等。

8. 沿线设施

沿线设施是道路沿线交通安全、管理、服务以及环保设施的总称,主要有:

(1) 交通安全设施:包括跨线桥、地下横道、色灯信号、护栏、防护网、反光标志、照明设施等。

(2) 交通管理设施:包括道路标志、路面标志、立面标志、紧急电话、道路情报板、道路监视设施、交通控制设施、交通监视设施以及安全岛、交通岛、中心岛等。

(3) 防护设施:包括抗滑坡构造物、防雪走廊、防砂棚、挑坝等。

(4) 停车设施:指在道路沿线及起终点设置的停车场、汽车停靠站、回车道等设施。

(5) 路用房屋及其他沿线设施:包括养护房屋、营运房屋、收费所、加油站、休息站等设施。

(6) 绿化设施:包括道路分隔带、路旁、立交枢纽、休息设施、人行道等处的绿化,以及道路防护林带和集中的绿化区等。

三、道路线形

道路线形是指道路中心线的空间线形。为研究方便和直观起见,对该空间线形进行三视图投影。路线在水平面上的投影称作路线的平面;沿中线竖直剖切并展开构成纵断面线形;中线上任一点的法向切面构成横断面线形。道路线形的设计实际上是确定平面、纵断面及横断面线形的尺寸和形状,也就是通常所指的平面设计、纵断面设计和横断面设计。三者之间既相互联系又相互制约,因此在路线设计时,必须综合考虑。

(一) 道路的平面

1. 平面线形的类型

道路的平面线形,由于其位置受社会经济、自然地理和技术条件等因素的制约,道路从起点到终点在平面上不可能是一条直线,而是由许多直线段和曲线段组合而成。对平面线形而言,一般可分解为直线、圆曲线及缓和曲线。

(1) 直线

直线是两点间距离最短的线形,一般情况下,它测设、施工简单,视线良好,运行距离短从而降低了汽车的运营成本,因而在公路设计中被广泛运用。但由于直线线形的灵活性差,受地形、环境等条件限制大,并且直线线形很容易导致驾驶员的思想麻痹,经常性超车,从而易发生交通事故。所以,在设计中不能片面强调直线线形,而且直线的长度不宜过长。

(2) 圆曲线

各级公路和城市道路不论转角大小均应设置平曲线,而圆曲线是平面线形中的主要组成部分。圆曲线由于与地形适应性强、可循性好、线形美观和易于测设等优点,使用十分普遍。

圆曲线半径越大,横向力就越小,汽车就越稳定。所以从汽车行驶稳定性出发,圆曲线半径越大越好。但有时因受地形、地质、地物等因素的限制,圆曲线半径不可能设置得很大,往往会采用小半径的圆曲线,而如果半径选用的值小,又会使汽车行驶不安全,甚至翻车。所以必须综合考虑汽车安全、迅速、舒适和经济因素,并兼顾美观,使确定的最小半径能满足某种程度的行车要求。

(3) 缓和曲线(回旋线)

缓和曲线是设置在直线与圆曲线之间或大圆曲线与小圆曲线之间的过渡线形,是道路平面线形要素之一。它的主要特征是曲率均匀变化。缓和曲线的作用是:① 便于驾驶员操纵方向盘;② 满足乘客乘车的舒适与稳定,减小离心力变化;③ 满足超高、加宽缓和段的过渡,利于平稳行车;④ 与圆曲线配合得当,增加线形美观。

2. 路线平面线形的组合

(1) 基本型:直线—回旋线—圆曲线—回旋线—直线的顺序组合,如图 5-1 所示;

(2) S 型:两个反向圆曲线用回旋线连接的组合,如图 5-2 所示;

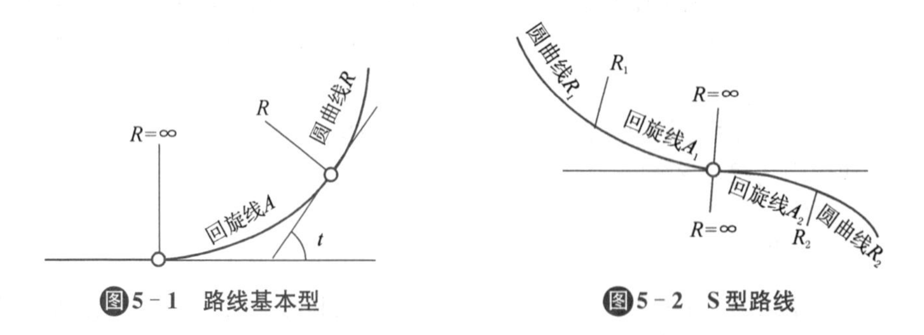

图5-1　路线基本型　　图5-2　S型路线

(3) 卵型:用一个回旋线连接两个同向圆曲线的组合,如图 5-3 所示;

(4) 凸型:在两个同向回旋线间不插入圆曲线而径相衔接的组合,如图 5-4 所示;

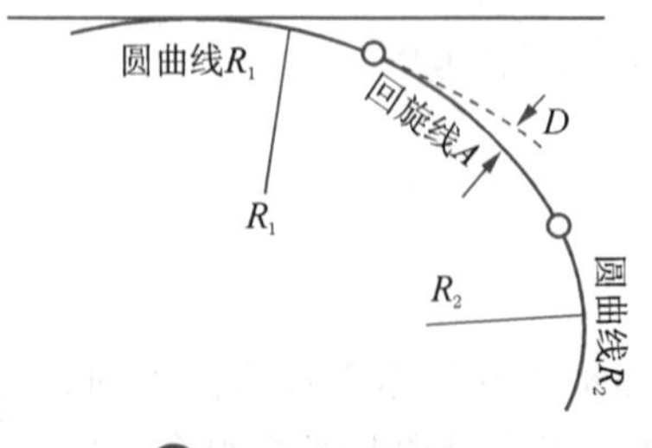

图5-3　卵型路线

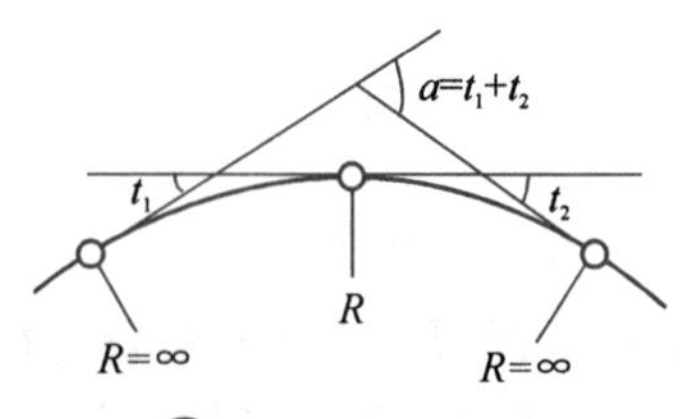

图5-4　凸型路线

(5) 复合型：两个以上同向回旋线间在曲率相等处相互连接的形式，如图 5-5 所示；

(6) C 型：同向曲线的两回旋线在曲率为零处径相衔接的形式，如图 5-6 所示。

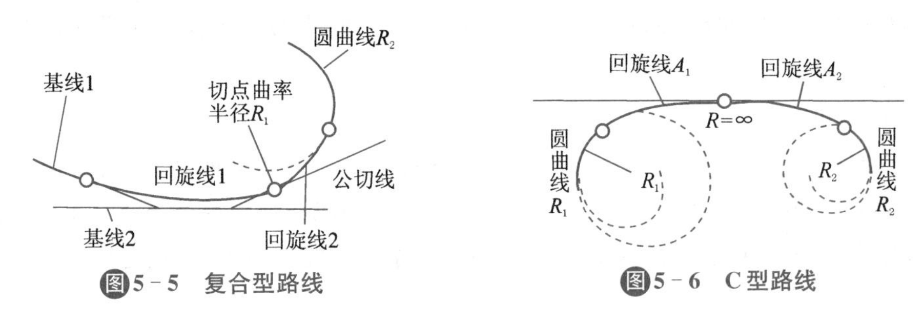

图5-5　复合型路线

图5-6　C型路线

3. 公路加宽

(1) 规定及要求

汽车在弯道上行驶时，各车轮的行驶轨迹是不同的，其中，前轴外轮的行驶轨迹半径最大，后轴内轮的行驶轨迹半径最小。驾驶员在圆曲线部分操纵汽车使前轮轮轴中心沿着车道中线行进，后轮轮轴中心就会向内侧偏移，后轴内轮常超出车道内侧边缘，平曲线半径愈小，或汽车轴距愈长，后轮的偏移值越大。由此可知，在弯道上行驶的汽车所占的路面宽度要比在直线上所占的值大些，才能满足安全行驶的要求。这种为满足车轮行驶轨迹需要而增大的路面宽度，称为路面加宽值。

圆曲线上路面加宽值的大小，在《公路工程技术标准》(JTG B01—2014)中，分多种情况都有相应规定。

(2) 加宽过渡方式

从平面线形看，在圆曲线部分进行加宽会使路基、路面宽度产生突变，影响路容的美观，而且这部分加宽也不能很好地发挥作用。为此，需在直线和圆曲线间设置一段加宽的过渡段，此过渡段称为加宽缓和段。不设回旋线或超高缓和段时，加宽缓和段长度应按渐变率为 1∶15 且长度不小于 10 m 的要求设置。加宽值大时，缓和段可略长些，并取 5 m 的整数倍。

(二) 道路纵断面

通过道路中线的竖向剖面称为路线纵断面图。由于地形、地物、地质、水文等自然因素的影响以及满足经济性的要求，道路路线在纵断面上从起点至终点不可能是一条水平线，而是一条有起伏的空间线。纵断面设计的主要任务就是根据汽车的动力性能、公路等级和性质、当地的自然地理条件以及工程经济等，来研究这条空间线形的纵坡大小及其长度。它是道路设计的重要内容之一，而且将直接影响到行车的安全和速度、工程造价、运营费用和乘客的舒适程度。

1. 纵断面线形

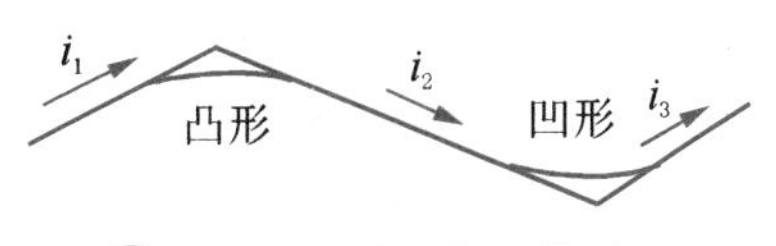

图5-7　公路纵断面线形

道路纵断面线形常采用直线、竖曲线。直线又叫直坡段；竖曲线又分为凸型和凹型两种，如图 5-7 所示。竖曲线常采用圆曲线。直线和竖曲线是纵断面线形的基本要素。纵断面上两相邻纵坡线的交点为变坡点。为保证行车安全、舒适及视距的需要，在变坡点处应设置竖曲线，其作用是缓和因纵向变坡而使车辆产生的冲击力，确保纵向行车视距，有利于路面排水，改善行车视线诱导和舒适感。

竖曲线技术指标有竖曲线半径和竖曲线长度。凸型竖曲线最小长度和半径是按停车视距、行程时间和减少径向离心力要求进行计算；凹形竖曲线的最小长度和半径按停车视距确定。

2. 路线纵坡

路线纵断面上同一坡段两端点间的高差与其水平距离的比值叫路线纵坡，通常用 i 表示。纵坡的大小影响路线的长短、使用质量的好坏、行车安全以及运输成本和工程的经济性。通常分为上坡和下坡。过陡和过长的纵坡，对汽车爬坡和行驶速度不利，影响行车安全。

路线纵坡的主要技术指标有：最大纵坡、最大坡长和最小坡长、合成纵坡、平均纵坡及最小纵坡等。

(1) 最大纵坡

最大纵坡是公路纵断面设计的重要控制指标，特别是在山岭区，纵坡的大小直接影响路线的长短、行车安全、使用质量、运输成本和工程造价。在进行纵坡设计时，应全面分析研究，以确定经济、合理的纵坡值。

最大纵坡的确定主要根据汽车的动力特性、公路等级、自然因素，并要保证行车安全。当路线纵坡较大时，汽车采用低档爬坡，加速了零件的磨损，而且会使发动机过热，造成水箱开锅；在下坡时，制动次数较多，会因制动器过热失效造成事故。

在各级公路中，公路等级越高，最大纵坡值越小，否则，将大大降低车速和增大危险程度。《公路工程技术标准》规定，各级公路的最大纵坡不应大于表 5-1 的值。

表 5-1 各级公路最大纵坡表

公路等级	高速公路				一级公路		二级公路		三级公路		四级公路	
计算行车速度/(km/h)	120	100	80	60	100	60	80	40	60	30	40	20
最大纵坡/%	3	4	5	5	4	6	5	7	6	8	6	9

高速公路受地形条件或其他特殊情况限制时，经技术经济论证，其最大纵坡可增加1%。

最大纵坡只是在线形受地形限制严重的路段才准使用。在一般情况下应尽量采用小的纵坡，以利于将来提高公路等级。

(2) 最小纵坡

对最大纵坡加以限制，并不是说纵坡越小越好。为了保证长路堑地段、设置边沟的低填方地段以及其他横向排水不畅地段的排水，防止积水渗入路基而影响其稳定性，应采用不小于0.3%的纵坡，当必须设计平坡或小于0.3%的纵坡时，其边沟应做纵向排水设计，但干旱小雨地区不受此限制。

(3) 最大坡长

进行纵断面设计时，两变坡点间的水平距离称为坡长。坡长对车辆的运行质量和行车安全有很大影响，尤其是在纵坡大于5%的坡段过长时，汽车长时间采用低档爬坡或频繁制动下坡，都会对汽车造成过大损伤和安全隐患。

坡长限制，是根据汽车动力性能来决定的。长距离的陡坡对汽车行驶不利。连续上坡，发动机过热影响机械效率，从而使行驶条件恶化，下坡则因刹车频繁而危及行车安全，因此，纵坡越陡，坡长越长，对行车的影响越大。《公路工程技术标准》对各级公路不同陡坡的最大坡长做出限制，见表 5-2。

表 5-2　各级公路纵坡长度限制

纵坡坡度 \ 最大坡长/m \ 设计速度/(km/h)		120	100	80	60	40	30	20
纵坡坡度/%	3	900	1000	1100	1200	—	—	—
	4	700	800	900	1000	1100	1100	1200
	5	—	600	700	800	900	900	1000
	6	—	—	500	600	700	700	800
	7	—	—	—	—	500	500	600
	8	—	—	—	—	300	300	400
	9	—	—	—	—	—	200	300
	10	—	—	—	—	—	—	200

（三）道路横断面

公路中线的法线方向剖面图称为公路横断面图，简称横断面，它是由横断面设计线与横断面地面线所围成的图形。

1. 道路建筑限界

道路建筑限界，又称净空，是为保证道路上各种车辆、人群的正常通行与安全，在一定的高度和宽度范围不允许有任何障碍物侵入的空间界限。在做道路的横断面设计时，决不允许桥台、桥墩以及照明、护栏、信号灯、道路标志牌、电杆等设施侵入建筑限界以内。

道路建筑限界由净高和净宽两部分组成。

2. 横断面的几个重要概念

(1) 行车道

行车道是供各类车辆直接行驶的部分。为保证汽车快速、安全行驶，行车道应具备一定的宽度和强度。行车道宽度是由车道数和每条车道宽度决定的，它必须能满足对向车辆错车、超车或并列行驶所必需的余宽。

一条公路设置的车道数目是根据设计交通量及车道的通行能力经计算确定的，设计交通量越大，车道数越多。每一条行车道的宽度与设计车型的横向尺寸、汽车行驶速度、交通量大小、交通组成等因素有关。设计车辆规定的最大宽度为 2.5 m，是个定值，计算行车速度大于 100 km/h 时，车道宽度应为 3.75 m；计算行车速度小于 100 km/h 时，车道宽度应为 3.5 m。

（2）路肩

路肩是路面结构层的横向支承，有保护车道边缘不致遭受侧向破坏、供临时停放车辆以及行人通行的作用。同时，它作为侧向余宽的一个组成部分，同驾驶员的视觉、心理作用有着密切的关系。

路肩宽度根据公路等级、车辆和行人交通密度而定。如计算行车速度为 120 km/h 的四车道高速公路，路肩宽宜采用 3.5 m 的硬路肩，高速公路和一级公路应在路肩宽度内设右侧路缘带，其宽度一般为 0.5 m。

（3）中间带

中间带由两条左侧路缘带及中央分隔带组成。中间带的主要作用是分隔往返行驶的车流，防止对各车辆碰撞，减少事故；诱导驾驶员视线，提供行车所需侧宽，增加行车安全和舒适感，保证车速，提高通行能力；防止车辆随意转弯；减轻夜间行车时对向车灯眩光；为设置路上设施、标志等提供场所。

3. 道路横断面的组成与形式

（1）横断面的组成

道路的横断面由横断面设计线和地面线所构成。路基横断面组成包括：行车道、路肩、边坡、边沟、截水沟、护坡道、中间带以及专门设计的取土坑、弃土堆、植树带和其他特殊设施等。

高速与一级公路的横断面组成如图 5－8。

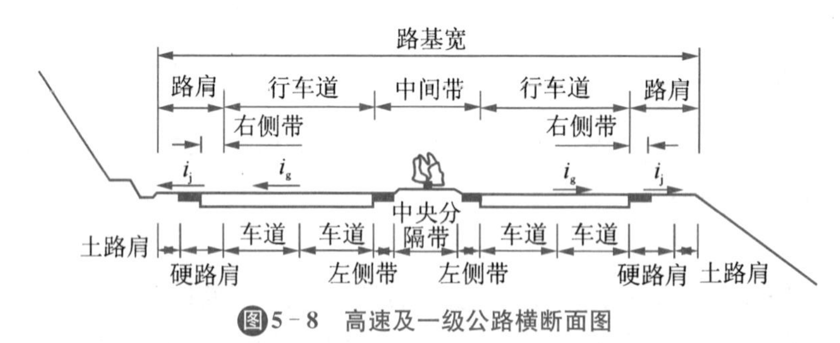

图5－8 高速及一级公路横断面图

汽车专用二级与一般公路的横断面如图 5－9。

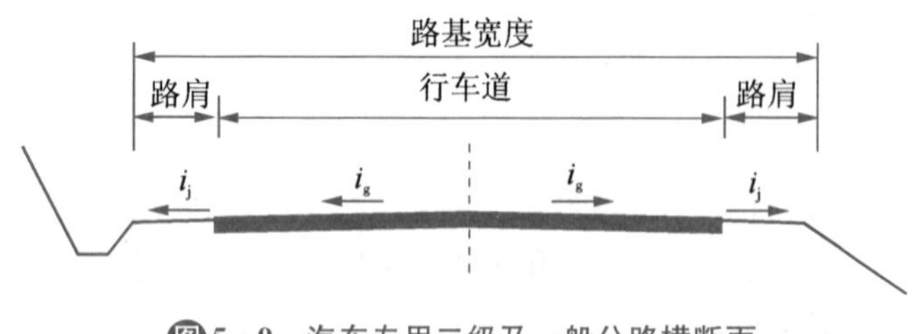

图5－9 汽车专用二级及一般公路横断面

（2）城市道路横断面组成

城市道路横断面组成有：机动车车行道、非机动车车行道、人行道、路缘带、分隔带、绿化带和设施带等，如图 5－10。

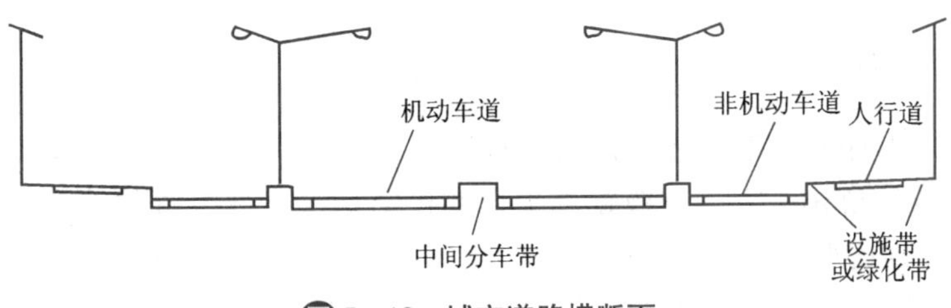

图5-10　城市道路横断面

3. 公路超高

当圆曲线半径较小时，为了使汽车能安全、稳定、经济、舒适地通过圆曲线，应将圆曲线部分的路面做成向内侧倾斜的单向横坡，称之为超高横坡度。其目的是为了让汽车在圆曲线部分行驶时能获得一个指向圆曲线内侧的横向分力，用以克服离心力，减小横向力。由于从圆曲线起点至圆曲线终点的半径是不变的，所以在一定的车速时，其离心力也是不变的，故超高横坡从圆曲线起点至圆曲线终点也是一个不变的定值。

超高横坡度按公路等级、计算行车速度、圆曲线半径、路面类型、自然条件和车辆组成等情况确定。考虑到在圆曲线上行驶的车辆可能以低速行驶，甚至完全停止在圆曲线上，如果这时超高横坡度太大，汽车就有向内侧滑移的可能，特别在冬季结冰的公路上这种可能性更大，所以圆曲线上超高值不能太大。各级公路圆曲线处最大超高横坡规定见表5-5。

表5-5　各级公路圆曲线部分最大超高横坡度

公路等级	高速公路	一级公路	二级公路	三级公路	四级公路
一般地区/%	10		8		
积雪冰冻地区/%	6				

四、路基工程

路基是路面的基础，路面靠路基来支承。路面是用硬质材料铺筑于路基顶面的层状结构，没有稳固的路基就没有稳固的路面。

路基是按照路线位置和一定技术要求修筑的作为路面基础的带状构造物。为了保证路基的稳定，必须修建适宜的排水系统，用以排除地面水和地下水(如边沟、截水沟、排水沟等排水设施)。在修建山区公路时，还常需修筑各种防护工程和特殊构筑物，如山坡较陡时，为了保证路基的稳定和节省土方量，往往需修筑挡土墙（图5-11）、石砌边坡和护脚(图5-12)；再如，为保护岩石路堑边坡避免自然因素侵蚀，可砌筑护面墙（图5-13)。

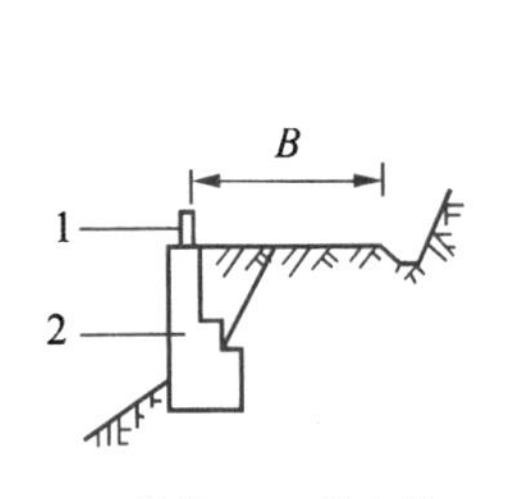

1—护栏；2—挡土墙

图5-11　挡土墙型路基

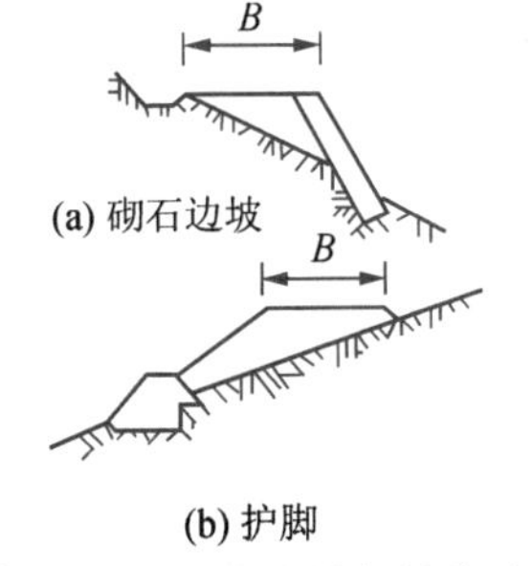

图5-12　石砌边坡和护脚路基

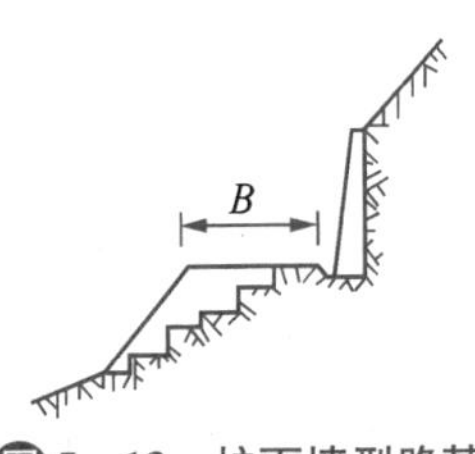

图5-13　护面墙型路基

(一) 路基工程的特点

在公路建设中，路基的修筑大多是由土石填筑或挖掘而成的。要耗费大量的劳力和机械台班，花费的投资也相当大。一般路基工程的投资约占全部投资的 25%～45%，个别可达 65%。路基工程占地多，直接影响到农业生产和农田建设。路基施工改变了沿线原有地面的自然状态，挖填和弃土影响到当地生态平衡、水土保持和农田建设。山区土石方相对集中或条件比较复杂的路段，路基施工对施工工期的影响比较大，甚至会成为影响公路建设期限的关键。因此，路基工程的特点是：工艺较简单，工程数量大，耗费劳力多，占用投资大，涉及面广。

(二) 路基横断面的基本形式

路基横断面可归纳为四种类型：路堤、路堑、半填半挖和不填不挖。

1. 路堤

路堤是指高于原地面的填方路基，图 5－14 为常见的路堤形式。

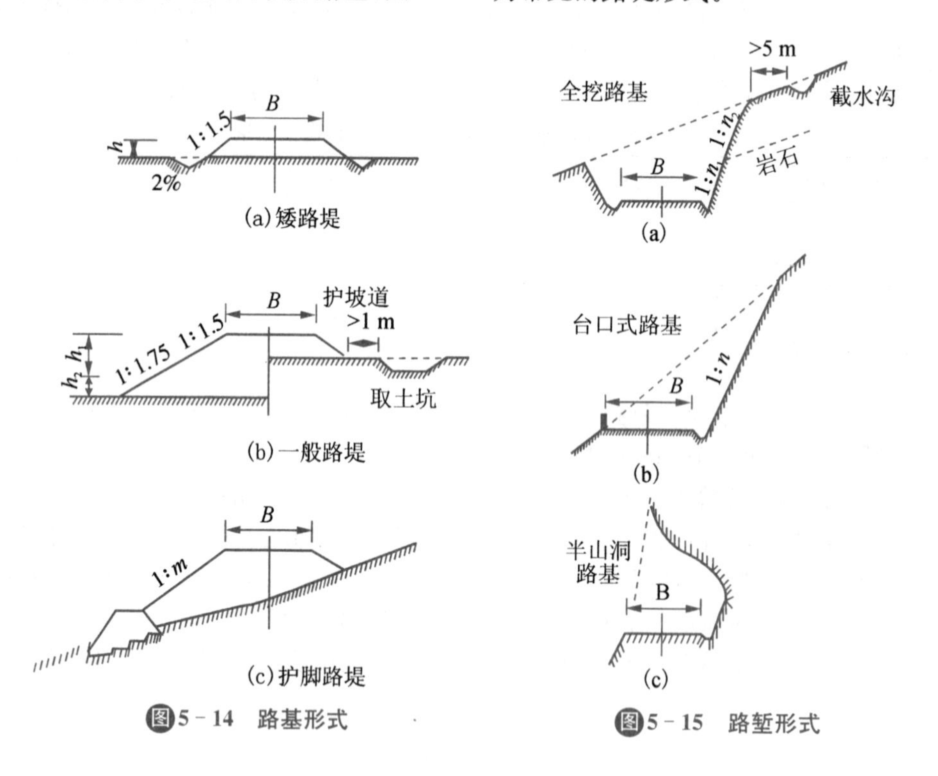

图5－14 路基形式　　图5－15 路堑形式

2. 路堑

路堑是指低于原地面的挖方路基，图 5－15 为常见的路堑形式。

3. 半填半挖路基

在一个横断面内，部分为路堤，部分为路堑的路基，就是半填半挖路基，如图 5－16。

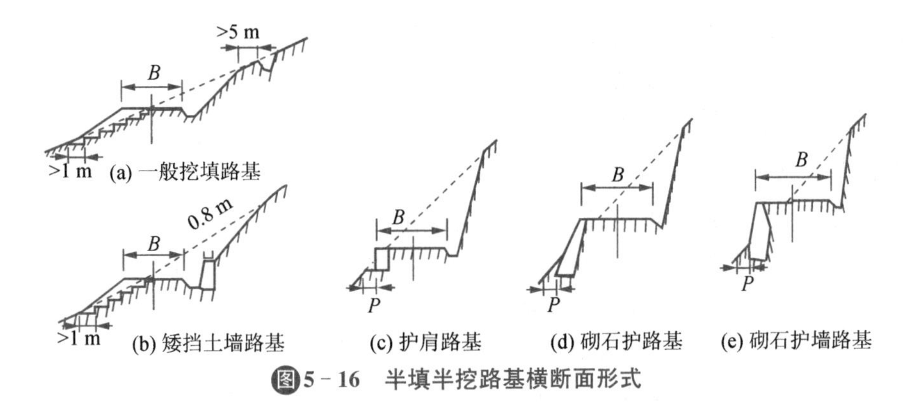

图5-16　半填半挖路基横断面形式

4. 不填不挖路基

原地面与路基标高相同构成不填不挖的路基横断面形式，如图5-17。这种形式的路基，虽然节省土石方，但对排水非常不利，易发生水淹、雪埋等病害，常用于干旱的平原区和丘陵区以及山岭区的山脊线。

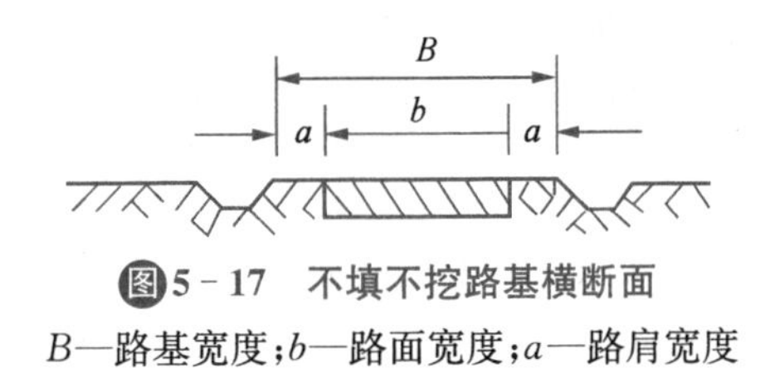

图5-17　不填不挖路基横断面

B—路基宽度；b—路面宽度；a—路肩宽度

五、路面工程

路面是用各种材料铺筑在路基上供车辆行驶的层状构造物。未铺筑路面的路基虽然也能行驶车辆，但它抵御自然因素和车辆荷载的能力差，天晴时尘土飞扬，雨天泥泞，行车时会因表面崎岖不平，出现车辆颠簸、打滑，行车速度低的情况，甚至无法通行，而且油料和机件耗损严重。铺筑路面，改善了道路条件，就能使车辆全天候通行，而且汽车能以一定的速度，安全、舒适且经济地在道路上行驶。

（一）对路面的要求

现代化的汽车运输，要求路面能满足行车的使用要求，提高行车速度，增强安全性和舒适性，降低运输费用和延长路面使用年限。路面应具有下列性能：

1. 强度和刚度

汽车在路面上行驶时，车辆通过车轮把垂直力和水平力传给路面。此外路面还受到车辆的震动力和冲击力作用，在汽车身后还有真空吸力的作用。在上述外力的综合作用下，路面结构内就产生不同的压应力、拉应力和剪应力，如果路面结构整体或某一组成部分的强度不足，不能抵抗这些应力的作用，路面就会出现断裂、沉陷（伴随两侧隆起）、碎裂、波浪和磨损等破坏现象，从而影响正常行车。因而，要求路面结构及其各组成部分必须具备足够的强度，以抵抗行车作用下所产生的各种应力，避免路面破坏。

刚度就是指路面抵抗变形的能力。强度和刚度是两个不同的力学特性，二者有联系，又有不同，强度大的路面，其刚度也大，但同样强度的路面，其刚度也可能不同。路面结构整体或某一组成部分有时虽然强度足够，但其刚度不足时，在行车荷载作用下，也会使路面产生变形，如波浪、车辙及沉陷等破坏现象。

2. 稳定性

路面不仅承受行车荷载作用，路面结构袒露在大气之中，还经常受到水分和温度的影响，有的路面材料又较敏感，其性能也随着发生不同的变化，路面的强度和刚度就不稳定，路况也就时好时坏。例如，沥青路面在夏季高温季节可能会软化，因而在轮载作用下会出现车辙和推拼，而在冬季低温时又可能出现收缩、变脆而开裂。为了设计出适合当地气候条件、稳定性良好的路面结构，就要调查和分析当地温度和湿度对路面结构的影响，在此基础上选择有足够稳定性的路面结构及其材料的组成。

3. 表面平整度

路面平整度对行车影响很大。路面平整度差时行车阻力增大，行车因振动作用而使车辆颠簸，影响行车速度及行车的安全性、舒适性。同时因车辆振动对路面施加冲击力而使路面加快破坏，汽车的机件和轮胎的损坏也快，还要增加油耗。因而路面要求一定的平整度，高级路面行车速度快，对路面的平整度要求就更高一些。

4. 表面抗滑性

光滑的路面使车轮与路面之间缺乏足够的附着力或摩擦阻力。在雨天高速行车、转弯和紧急制动时容易打滑，爬坡和突然起动时容易空转，致使行车速度降低，也容易发生交通事故。

要保证路面的抗滑性能，要求路面面层采用坚硬、耐磨及表面粗糙的集料与具有良好粘结力的沥青来修筑。水泥混凝土路面可以采取在表面刷毛或拉槽等措施。

5. 耐久性

如果路面的耐久性不足，就会缩短路面使用时间，增加养护工作量和费用，而且会干扰正常的交通运输。为了保证和尽可能延长路面的使用年限，应尽量采用有足够疲劳强度、抗老化和抗变形累积能力的路面结构和路面材料。

（二）路面结构及其层次的划分

1. 典型路面结构

典型路面结构，如图 5－18，左半侧为沥青路面，右半侧为水泥混凝土路面。

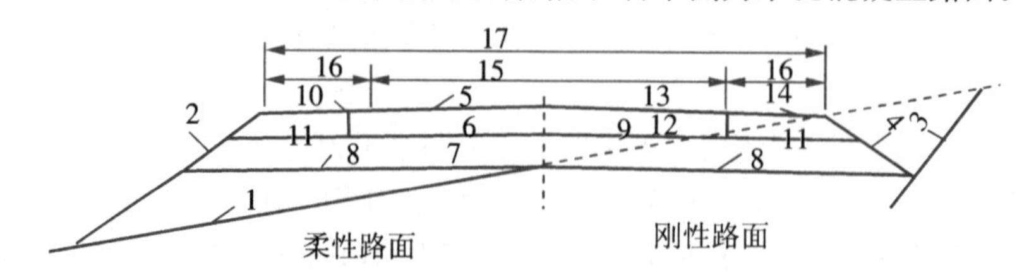

图5－18 路面横断面典型结构

1—原地面；2—填方边坡；3—挖方边坡；4—边沟边坡；5—面层；6—基层；7—垫层；8—路基；9—路面结构；10—路肩面层；11—路肩基层；12—路面板；13—路面横坡；14—路肩横坡；15—路面宽；16—路肩宽；17—路基宽

2. 路面层次结构

行车荷载和自然因素对路面的影响是随深度而逐渐减弱的。因此，对路面材料的强度、刚度和稳定性等要求也可随深度而逐渐降低。所以通常路面结构根据使用要求、受力状况，可在土基上采用不同规格和要求的材料分成多层来铺筑，这样可以发挥这种路面材料功能，还能节约工程造价。路面结构层一般分为面屋、基层和垫层，见图 5－19。

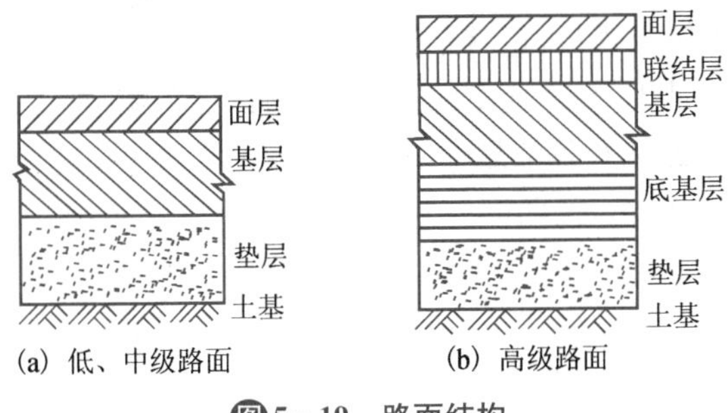

图5－19　路面结构

(1) 面层

面层是路面结构层最上面的一个层次，直接承受车辆荷载及自然因素的影响，并将荷载传递到基层。因此，它要求比基层有更好的强度和刚度，能安全地把荷载传递到下部。另外，它还要求表面平整、有良好的抗滑性能，使车辆能顺利地通过。它必须能抵抗车轮的磨耗，对气候作用有充分抵抗的能力，稳定性好，不透水，以防止水分渗入下部。

面层的材料主要有水泥混凝土、沥青混凝土、沥青碎(砾)石混合料、碎 (砾)石掺土或不掺土混合料和块石等。

面层有时可分两层或三层修筑。如沥青混凝土可作为高等级道路的路面面层上层，沥青碎石作为面层下层。

(2) 基层

基层是面层以下的结构层。它主要承受由面层传递的车辆荷载垂直力，并将它分布到土基或垫层上。因此，它应有足够的强度和刚度，并具有良好的扩散应力的性能。基层应有足够的水稳定性，以防湿软变形过大而影响路面结构的强度。

基层的主要材料有各种结合料(如石灰、水泥或沥青等)稳定土或碎(砾)石或工业废渣组成的混合料，贫水泥混凝土，各种碎 (砾)石混合料或天然砂砾及片、块石或圆石等。

(3) 垫层

为了隔水、排水、防冻或改善基层和土基的工作条件，可以在基层与土基之间修筑垫层。如在地下水位较高的路基上、可能发生冻胀翻浆的路基上，以及土质不良的路基或冻深较大的路基上都应设置垫层。

垫层材料不要求强度高，但要求水稳定性或隔热性能好。常用垫层材料有砂砾、炉渣或片(圆)石组成的透水性垫层和石灰土或炉渣石灰土等组成的稳定性垫层。

应该指出，实际路面结构层次不一定如上述那样完备，有时一种层次可起两种层次的作用。如碎石路面铺在土基上，则这层碎石路面既是面层也是基层；旧的碎石路面上铺沥青路面，则原来的碎石路面由面层变为新路面的基层。

铁路

课题二　铁路工程

铁路的发展历史已有 200 多年，在以马车作为代步和载货工具的年代，常因雨天地面泥泞，车轮陷入泥沟中而使行驶非常困难。后来，人们想到了在地面上铺上木板，再后来就是在木板上铺上铁板，这就是铁轨的开始。第一条完全用于客货运输而且有特定时间行驶列车的铁路，是 1830 年通车的英国利物浦与曼彻斯特之间的铁路，这条铁路全长为 56.3 km。此后的铁路主要是依靠牵引力的发展而发展的。牵引机车从最初的蒸汽机车发展为内燃机车到电力机车，铁路运行速度也愈来愈快。20 世纪 60 年代开始出现了高速铁路，速度从 120 km/h 提高到 450 km/h 左右，以后又打破传统的轮轨相互接触的粘着铁路，出现了轮轨分离的磁悬浮铁路。后者的试验运行速度，已达到 500 km/h 以上。一些发达国家和发展中国家包括我国在内已经把建设磁悬浮铁路列入计划。

城市轻轨与地下铁道也已成为大城市公共交通的重要手段之一。自北京出现了我国第一条地下铁道以后，上海、天津、广州、南京、沈阳已将发展地铁作为解决城市公共交通的重要措施之一。上海于 2000 年 12 月还顺利建成了我国第一条轻轨铁路——明珠线，它将我国的城市交通发展推向一个新的阶段。

铁路运输的最大优点是运输能力大、安全可靠、速度较快、成本较低、对环境的污染较小，基本不受气象及气候的影响，能源消耗远低于航空和公路运输，是现代化运输体系中的主干力量。

一、铁路等级及主要技术标准

(一) 铁路等级划分的目的及意义

由于中国疆域辽阔、地形复杂，人口、资源分布和工农业生产布局不平衡，各地区间经济、文化发展水平差异甚大，因此经行不同地区的设计线的经济、文化和国防意义及其在运输系统中的地位和作用不同，运量也各异。划分铁路等级的目的，在于体现国家对各级铁路的运营质量和运行安全等的不同要求，有区别地规划不同铁路的运输能力，经济合理地制定相应的技术标准和设备类型，使国家资金得到合理的利用。

铁路等级是区分铁路在国家铁路网中的作用、意义和远期客货运量大小的标志，是确定铁路技术标准和设备类型的依据。

(二) 铁路等级划分

TB 10098—2017

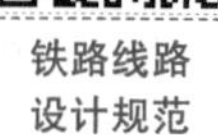

铁路线路
设计规范

中国《铁路线路设计规范》(TB 10098—2017)规定：新建和改建铁路(或其区段)的等级，应根据其在铁路网中的作用、性质和远期客货运量确定。

Ⅰ级铁路，铁路网中起骨干作用的铁路，远期年客货运量大于或等于 20 Mt 者；

Ⅱ级铁路，铁路网中起骨干作用的铁路，远期年客货运量小于 20 Mt 者，或铁路网中起联络、辅助作用的铁路，远期年客货运量大于或等于 10 Mt 者；

Ⅲ级铁路，为某一区域服务，具有地区运输性质的铁路，远期年客货运量小于 10 Mt 且大于或等于 5 Mt 者。

Ⅳ级铁路，为某一地区或企业服务的铁路，近期年客货运量小于 5 Mt 者。

铁路等级的确定对铁路工程投资、输送能力、经济效益有直接影响。等级定高了，造成建筑物标准过高，能力过剩，投资过早，积压资金；等级定低了，满足不了运量增长的要求，造成过早改建。故设计线的铁路等级应慎重确定。铁路的等级可以全线一致，也可以按区段确定。线路较长，经行地区的自然、经济条件及运量差别很大时，也可按区段确定等级。但应避免同一条线上等级过多或同一等级的区段长度过短，使线路技术标准频繁变更。

二、线路平面

所谓“线路”又称“线路中心线”，是用一条线来表示铁路中心线的空间位置，这条线是以通过路肩的水平面 AB 和通过轨道中心（在曲线上则为距外轨内侧半个标准轨距）的铅垂面 CD 交线表示（图 5－20）。

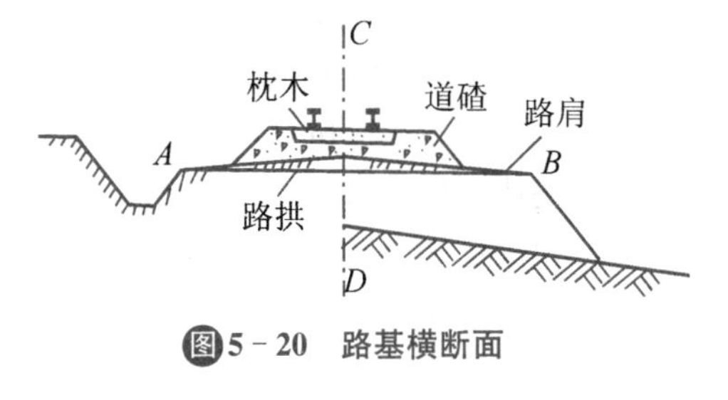

图 5－20　路基横断面

线路中心线在水平面上的投影称作线路平面。线路平面画在平面图上，就表示铁路的平面位置和线路的走向。线路的平面形状是由直线段、缓和曲线段和圆曲线组成。

（一）圆曲线

圆曲线的基本部分（要素）由曲线半径 R、转角 α、曲线长度 L、切线长度 T 以及外矢距 E 组成。如果知道了半径和转角，就可以从曲线表中查得其余各要素。可见，线路平面设计中的圆曲线问题，实质上就是确定曲线转角和半径的大小。

1. 曲线转角

曲线转角的大小是由相邻直线的位置所决定的。转角大小反映线路弯曲的程度，它对工程和运营方面的影响很大。在困难地形条件下，为了减少工程量，往往需要采用较大转角，这样就使线路曲折延长，行车也不平顺。因此，线路平面的确定，既要适应地形条件设置转角，又要力争尽量减少转角度数。

2. 曲线半径

曲线半径的大小对工程和运营两方面影响极大，它是平面设计中的关键问题。从工程方面看，采用小半径曲线，一般总可使线路更好地适应地形的曲折变化，特别是在地形复杂地区，可以大大地减少土石方和桥隧工程，从而可缩短工期，使铁路提前交付使用，早日发挥效益，并可节省工程投资。从运营方面看，曲线半径采用得太小，将产生许多不良后果，主要有：

（1）限制行车速度

对于同样的行驶车速，曲线半径越小，转弯时的离心力越大，因此为了保证行车的安全和平稳以及旅客的舒适要求，列车在转弯处的速度限制是有明确规定的。

（2）降低轮轨间的粘着系数

机车通过小半径曲线（$R\leqslant 400$ m）时，由于内外轮行程相差多，轮轨间滑动更严重，易降低轮轨间粘着系数。机车的粘着力(机车动轮在轨道上无滑动,依靠摩擦力所能实现的最大牵引力)等于机车的粘着重量与粘着系数的乘积。粘着系数降低,粘着牵引力将减小,如果这种曲线又位于线路的最大坡度上,为保证列车在此坡道上能以不低于计算速度的等速运行,则必须用减缓坡度的办法来弥补因粘着系数降低而造成牵引力减小的损失。

(3) 延长线路

由图 5-21 可见,当转角大小不变,小半径线路方案的长度为折线 $ABCD$,而大半径线路为弧线 AD。显然,小半径线路要比大半径线路要长,从而工程建造费和运营费都要增加。

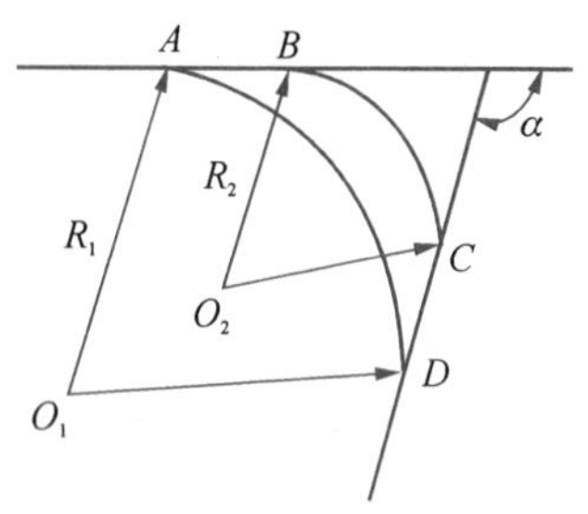

图5-21 不同半径圆曲线

(4) 增加轨道设备和维修费

对于半径为 600 m 以下的曲线地段,为了防止因离心力的增大而使轨距扩大,改变平面位置,对此段的轨道需要增设加强设备和轨枕的根数,因此增加了设备费用。同时,日常维修养护工作量和费用也有增加。尤其是小半径曲线上钢轨磨损很严重,使钢轨使用年限大大缩短,增加钢轨需用量。

由上述分析可知,小半径曲线不利因素多,但有时由于一些客观因素的限制,如地形、地质等条件限制,有时不得不采取小半径方案,当然大半径方案也有其不利的一面,如曲度很小,曲线很长,较难保证曲线的正常形状,往往容易形成折线,反而增加养护的困难。因此,最大半径以 4000 m 为限。

根据《铁路线路设计规范》规定,曲线半径应在下列数值中选用:4000 m,3000 m,2500 m,2000 m,1800 m,1500 m,1200 m,1000 m,800 m,700 m,600 m,550 m,500 m,450 m,400 m 和 350 m。设计时,可根据具体条件,由大到小合理选用。同时,又规定各级铁路的最小半径不得小于最小曲线半径表中的数值(参看表 5-6)。在个别情况下,如有充分根据,并经铁道部批准,允许采用更小的半径,但Ⅰ,Ⅱ级铁路不得小于 300 m,Ⅲ级铁路不得小于 250 m。

表 5-6 最小曲线半径表

铁路等级	最小曲线半径/m	
	一般地段	困难地段
Ⅰ,Ⅱ	800	400
Ⅲ	600	350

(二) 缓和曲线

为了保证行车的平稳与安全,线路平面上在直线段与圆曲线段之间,必须设置一定长度的缓和曲线,除非曲线半径很大(R=4000 m),曲率非常小,很接近于直线,此时缓和曲线才可以省去。

1. 缓和曲线的主要作用

(1) 将线路的直线末端的无限大的半径逐渐变化到圆曲线上应有的半径。

(2) 线路外轨的高程从直线末端开始,随缓和曲线长度的增长而逐渐升高,以达到圆曲线应有的超高值。

(3) 当曲线半径较小时，圆曲线的轨距应较标准轨距宽，其加宽数值也在缓和曲线段完成。

2. 缓和曲线的长度

缓和曲线长度的确定原则是列车外轮升高速度(列车由直线经缓和曲线进入圆曲线时，外侧车轮因有外轨超高，而不断升高的竖向速度)不致使旅客感到不适。在一定的超高值时，缓和曲线越长，外轮升高的速度越小，就越能保证旅客不受到剧烈的冲击。

三、线路纵断面

线路中心线展直后在铅垂面上的投影称为线路纵断面。线路纵断面设计，主要是根据地形的起伏及地质、水文地质和其他情况，设计出合理的坡度、坡道长度以及相邻坡道的连接。

(一) 线路的最大坡度

铁道的坡度不能无限制地增大，其有限制的最大坡度值，即所谓最大坡度。最大坡度有以下几种：

1. 限制坡度

是指单机牵引情况下的最大坡度。限制坡度是铁路的主要技术标准之一，因为它对线路的工程指标和运营指标有重大影响。线路设计采用的限制坡度越大，在工程方面，线路越短，相应的桥隧工程和路基工程量越小，工程投资将降低，工期可提前；但在运营方面，则因牵引荷载减少，铁路运输能力降低，运输成本增加。此外，过大的限制坡度，对保证行车安全和提高行驶速度都有一定的影响。因此，线路的限制坡度应根据铁路的等级、地形条件、经济和技术水平，并考虑未来的发展以及相邻线路的限制坡度，拟定各种不同限制坡度方案，经过全面比选，在初步设计阶段确定。

我国《铁路线路设计规范》规定各级铁路的限制坡度，一般不超过下列数值：

Ⅰ级铁路：一般地段 6‰，困难地段 12‰；

Ⅱ级铁路：一般地段 12‰；

Ⅲ级铁路：一般地段 15‰。

限制坡度也不宜选得过小，通常认为最小在 4‰左右。采用更小的限制坡度一般已没有必要，因为采用小限制坡度会大大增加工程量和投资，而牵引重量也不能有很大提高，因为这时的牵引重量已受到起动附加阻力的限制。

一般情况下，线路两个方向货运量不会有过大的差别，所以两个方向选用相同的限制坡度。但是也有某些线路，两个方向货运量显著不平衡，而且根据远期计划，预计这种情况不会有重大的改变，而且在轻车方向地形又显著陡峻时，为节省工程量，可以在轻车方向采用比重车方向较陡的限制坡度。许多通向矿山的铁路往往如此。

2. 加力牵引坡度

用两台或两台以上机车牵引时，其所能通过的最大坡度称为加力牵引坡度。采用加力牵引坡度主要优点是在地形困难的越岭或地面自然纵坡特别陡峻的地段，可以缩短线路长度，节省工程投资，缩短工期。但也存在着使机车数增加，需要设置补机折返点、运输费增加的缺点。因此，规范规定在越岭地段或采用平缓坡度将引起巨大工程的地段，经过比选，可采用加力牵引。

《铁路线路设计规范》规定：各级铁路加力牵引坡度一般不超过 20‰；如必须超过此数值，应提出充分根据，并经铁道部批准；但内燃机牵引的铁路上最大不得超过 25‰，电力机牵引的铁路上最大不得超过 30‰。

3. 动能坡度

当列车在减轻荷载的条件下，借助于列车事先积累的动能和机车的牵引力联合作用，以不低于机车的计算速度所能闯过的、大于限制坡度的坡度，称为动能坡度。

列车在闯坡前要确保有加速条件能达到一定的初速度，如受气候变化或列车运行特殊原因等的影响，达不到规定的初速度，势必造成在动能坡段上减速以至停车，所以，新建铁路不宜采用。只有在旧线改建时，减缓原有坡度可能会引起过大的工程量增加，同时该路段又具有备用动能的条件时，经铁道部批准，才可局部地采用。

（二）坡段长度及连接

1. 坡段长度

相邻两坡段的交点称为变坡点。两相邻变坡点间的距离称为坡段长度。坡段越短，则线路纵断面越能适应地形起伏变化，并可减少桥、隧和路基的工程量，但此时位于一个列车下面的变坡点也越多。由于坡度的变化，当列车经过变坡点时，在车钩上产生的附加应力会影响行车的安全与平顺，变坡点越多，此种情况也越严重。因此，一般情况下，坡段长度不宜小于远期货物列车长度之半，即列车下面的变坡点不超过两个。坡段长度在某些特殊情况下可缩短为 200 m。设计时，坡段长度一般取 50 m 的整倍数。

2. 坡度代数差

变坡点两边坡度的变化，常用相邻坡度的代数差表示，即 $\Delta i = i_2 - i_1$（如图 5-22 所示）。

若前一坡度为下坡 $i_1 = -4‰$，后一坡度为上坡 $i_2 = +4‰$，则坡度代数差 $\Delta i = 8‰$。附加应力的大小往往随两相邻坡度的代数差值的增大而增加。若附加应力过大，加之司机操纵不良，就可能造成断钩事故。《铁路工程技术规范》中规定：相邻坡段的坡度代数差应尽量小些，最大不得超过重车方向的限制坡度值。

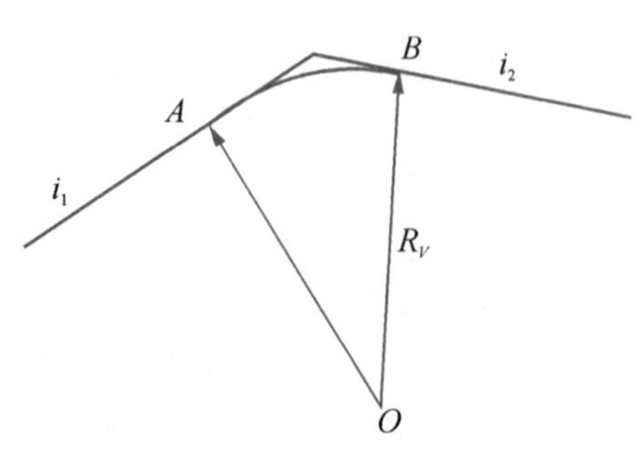

图5-22 坡段竖曲线连接图

3. 相邻坡度段的连接

为了便于列车平顺地由一个坡段过渡到另一个坡段，相邻坡段之间要设置竖曲线，一般为一定半径的圆曲线型竖曲线（如图 5-22 所示 AB 弧段）。

竖曲线半径 R_V 在《铁路线路设计规范》的规定为：Ⅰ及Ⅱ级线上为 10000 m，Ⅲ级线上为 5000 m。

四、铁路路基

铁路路基是承受并传递轨道重力及列车动态作用的结构，是轨道的基础，是保证列车运行的重要建筑物。路基是一种土石结构，处于各种地形地貌、地质、水文和气候环境中，有时还会遭受各种灾害，如：洪水、泥石流、崩塌、地震等破坏。路基设计一般需要考虑如下问题：

1. 横断面

是指与线路中心线垂直的路基。形式有：路堤、半路堤、路堑、半路堑、不填不挖（如图 5-14、图 5-15、图 5-16，与公路相同）等。路基由路基体和附属设施两部分组成。路基面、路肩和路基边坡构成路基体。路基附属设施是为了保证路肩的强度和稳定所设置的排水设施、防护设施与加固设施等，排水设施有排水沟等，防护设施如种草种树等，加固设施有挡土墙、扶壁支挡结构等。

2. 路基稳定性

是指路基受到列车动态作用及各种自然力影响所出现的道砟陷槽、翻浆冒泥和路基剪切滑动与挤起等。影响路基稳定性的因素有：路基的平面位置和形状；轨道类型及其上的动态作用；路基体所处的工作地质条件；自然力作用等。路基稳定性验算是铁路工程设计中非常重要的内容。

五、高速铁路

高铁十大冷知识

铁路现代化的一个重要标志是大幅度地提高列车的运行速度。高速铁路(High Speed Railway)是发达国家于 20 世纪 60～70 年代逐步发展起来的一种城市与城市之间的运输工具。一般铁路速度的分档为：时速 100～120 km 称为常速；时速 120～160 km 称为中速；时速 160～200 km 称为准高速或快速；时速 200～400 km 称为高速；时速 400 km 以上称为特高速。

1964 年 10 月 1 日，世界上第一条高速铁路——日本的东海道新干线正式投入运营，时速达 210 km，从东京到大阪运行 190 min（后来又缩短为 176 min）。它的建成通车标志着世界高速铁路新纪元的到来。由于速度比原来提高一倍，票价比飞机便宜，从而吸引了大量旅客，使得东京至大阪的飞机不得不停运，这是世界上铁路与航空竞争中首次取胜的实例。近 50 年来，新干线技术不断进步，已经构成了日本国内铁路网的主干部分。

高速铁路具有运输能力大，速度快，安全性好，受气候变化影响性小，正点率高，舒适方便，能耗低，环境影响轻，经济效益好，以及能够促进沿线地区经济发展、加快产业结构的调整等优势，引起世界高速铁路建设狂潮。新干线的速度优势不久之后就被法国的 TGV 超过，法国于 1981 年建成了它的第一条高速铁路（TGV 东南线），时速 270 km，后来建成 TGV 大西洋线，时速 300 km。但是日本新干线拥有目前最为成熟的高速铁路商业运行经验——近 50 年没有出过任何事故。

高速铁路的实现为城市之间的快速交通来往和旅客出行提供了极大方便，同时也对铁路选线与设计等提出了更高的要求，如铁路沿线的信号与通信自动化管理，铁路机车和车辆的减振和隔声要求，线路平、纵断面的改造，轨道结构的加强，轨道的平顺性和养护技术的改善等。

在铁路机车控制和操作系统方面，高速列车虽然采用了多机车头分置于列车的两端，驾驶员在驾驶室同步操作和控制。在铁路机车和车辆材料方面，车辆可采用玻璃纤维强化的塑料及其他重力很轻且耐疲劳的材料制造，使高速列车能在常规轨道上高速行驶，减少轨道磨损。在减振方面，动力车可牵引十几节具有空调和隔声设备的组合结构客车，每节客车装有制动盘和一套弹簧与气囊弹簧并用的悬置系统，在高速行驶时，也能使乘客感到舒适。

现已形成的高速铁路建设与运营有四种模式：

(1) 日本新干线模式：全部修建新线，旅客列车专用，如图 5-23 所示。

(2) 德国 ICE 模式：全部修建新线，旅客列车及货物列车混用，如图 5-24 所示。

图5-23 日本新干线模式

图5-24 德国 ICE 模式

(3) 英国 APT 模式：既不修建新线，也不大量改造旧线，主要采用由摆式车体的车辆组成的动车组，旅客列车及货物列车混用，如图 5-25 所示。

(4) 法国 TGV 模式：部分修建新线，部分旧线改造，旅客列车专用，如图 5-26 所示。

图5-25 英国 APT 模式

图5-26 法国 TGV 模式

高速列车的牵引动力是实现高速行车的重要关键技术之一。它涉及许多新技术，如：新型动力装置与传动装置，牵引动力的配置已不能局限于传统机车牵引方式，而要采用分散而又相对集中的动车组方式；新的列车制动技术；高速电力牵引时的受电技术；适应高速行车要求的车体及行走部结构，以及能减少空气阻力的新外形设计等。这些都是发展高速牵引动力必须解决的具体技术问题。

高速铁路的信号与控制系统是高速列车安全、高密度运行的基本保证。它是集计算机控制与数据传输于一体的综合控制与管理系统，也是铁路适应高速运营、控制与管理而采用的最新综合性高技术，一般统称为先进列车控制系统(Advanced Train Control Systems)，如列车自动防护系统、卫星定位系统、车载智能控制系统、列车调度决策支持系统、列车微机自动监测与诊断系统等。

据统计，截止至 2018 年末，我国高铁现在通车里程达到 2.9 万公里，居世界第一。中国已成为世界上高速铁路系统技术最全、集成能力最强、运营里程最长、运行速度最高、在建规模最大的国家。

我国规划五纵六横七连线，计划从 2010 年起至 2040 年，用 30 年的时间，将全国主要省市区连接起来，形成国家网络大框架。八纵计划从 2040 年起至 2070 年，再用 30 年的时间、最迟到 2100 年前全部建成。实现东部加密、西部连通成网（即连通西部主要交通枢纽），连接全国主要交通节点城市和旅游景点，使西部地区主要城市可通达任何沿海省区。

国内客运主要依靠高速铁路和高速公路。

六、地下铁路与城市轻轨

让地铁穿楼不再是梦

世界上第一条载客的地下铁路（简称地铁）是 1863 年首先通车的伦敦地铁。早期的地铁是蒸汽火车，轨道离地面不远。它是在街道下面先挖一条条的深沟，然后在两边砌上墙壁，下面铺上铁路，最后才在上面加顶。第一条使用电动火车而且真正深入地下的铁路直到 1890 年才建成。这种新型且清洁的电动火车改进了以往蒸汽火车的很多缺点。

现在全世界建有地下铁道的城市非常多了，如法国的巴黎，英国的伦敦，俄罗斯的莫斯科，美国的纽约、芝加哥，加拿大的多伦多，中国的北京、上海、天津、广州等城市。发达国家的地铁设施非常完善，如法国的巴黎，其地铁在城市地下纵横交错，行驶里程高达几百千米，遍布城市各个角落的地下车站，给居民带来了非常便利的公共交通服务。英国伦敦的地铁绵延甚广，总共长度约 250 km，每年乘坐的旅客多达几亿人。英国格拉斯哥的地铁（长 20.8 km）线路布置得宛如一个闭合式的圆环，其行驶路线是做圆周运动。美国波士顿的地铁由 80 余 km 长的多条线路交汇于市中心的一点或几点上，乘客可通过这几点的换乘站转往其他公交站。波士顿地铁于 20 世纪 90 年代率先采用交流电驱动的电动机和不锈钢制作的车厢，这也是美国大陆首先使用交流电直接作为动力的地铁列车。美国纽约的地铁是世界上最繁忙的，每天行驶的班次多达九千多次，运输量更是惊人。俄罗斯莫斯科的地铁以其车站富丽堂皇而闻名于世。至 20 世纪 90 年代初，其长度已达 212.5 km，设有 132 个车站，共拥有 8 条辐射线和多条环行线，平面形状宛如蜘蛛网。莫斯科地铁自 1935 年 5 月 15 日运营以来，累计运送乘客已超过 500 亿人次，担负着莫斯科市总客运量的 44%。

城市轨道

城市轻轨是城市客运有轨交通系统的又一种形式，它与原有电车交通系统不同。它一般有较大比例的专用道，大多采用浅埋隧道或高架桥的方式，车辆和通信信号设备也是专门化的，克服了有轨电车运行速度慢、正点率低和噪音大的缺点。它与公共汽车相比具有速度快、效率高、节省能源和无空气污染等的优点。自 20 世纪 70 年代以来，世界上出现了建设轻轨铁路的高潮。目前，在世界范围内已有 200 多个城市建有这种交通系统。

上海也已建成我国第一条城市轻轨系统，即明珠线（见图 5 - 27）。一期工程长 24.975 km，自上海市西南角的徐汇区开始，贯穿长宁区、普陀区、闸北区、虹口区，直到东北角的宝山区，沿线共 19 座车站，全线无缝线路，除了与上海火车站连接的轻轨车站以外，其余全部采用高架桥结构形式。

图5-27 城市轻轨(上海明珠线)

城市轻轨和地下铁道一般具有如下特点：

(1) 线路多经过居民区,对噪音和振动的控制较严,除了对车辆结构采取减震措施及修筑声障屏以外,对轨道结构也要求采取相应的措施;

(2) 行车密度大,运营时间长,留给轨道的作业时间短,因而须采用高质量的轨道部件,一般用混凝土道床等维修量小的轨道结构;

(3) 一般采用直流电机牵引,以轨道作为供电回路。为了减少泄漏电流而产生的电解腐蚀,要求钢轨与基础间有较高的绝缘性能;

(4) 曲线段占比例大,曲线半径比常规铁路小得多,一般为 100 m 左右,因此要解决好曲线轨道的构造问题。

七、磁悬浮铁路

磁浮铁路技术标准

当前,国际上正在开发高级轻型高速交通系统,如磁悬浮列车系统。磁悬浮铁路与传统铁路有着截然不同的区别和特点。磁悬浮铁路是利用电磁系统产生的吸引力和排斥力将车辆托起,使整个列车悬浮在线路上,利用电磁力进行导向,并利用直流电动机将电能直接转换成推进力来推动列车前进。图 5-28 所示为日本的超导磁悬浮列车。

图5-28 日本的超导磁悬浮列车

磁悬浮铁路最主要的特征是其超导元件在相当低的温度下所具有的完全导电性和完全抗磁性。磁悬浮列车可靠性大、维修简便、成本低，其能源消耗仅是汽车的一半、飞机的四分之一；由于它以电为动力，在轨道沿线不会排放废气，无污染，是一种名副其实的绿色交通工具。但仍有一些缺点：

(1) 车厢不能变轨，一条轨道只能容纳一列列车往返运行，造成浪费。磁悬浮轨道越长，使用效率越低。

(2) 磁悬浮系统是凭借电磁力来进行悬浮，导向和驱动功能的，一旦断电，磁悬浮列车将发生严重的安全事故，因此断电后磁悬浮的安全保障措施仍然没有得到完全解决。

(3) 强磁场对人的健康、生态环境的平衡与电子产品的运行都会产生不良影响。

对于磁悬浮列车的研究，德国和日本起步最早。德国从 1968 年开始研究磁悬浮铁路，1983 年在曼姆斯兰德建设了一条长 32 km 的试验线，已完成了载人试验，行驶速度达 412 km/h。其他发达国家也都在进行各自的磁悬浮铁路研究。目前，磁悬浮铁路已经逐步从探索性的基础研究进入到实用性开发研究的阶段，经过几十年来的研究与试验，各国已公认它是一种很有发展前途的交通运输工具。

多年来的实践证明，车辆运行的可靠性很高，几乎不出故障，维修费用也很低，与超导磁悬浮车辆相比，结构相对简单，投资较少。除了日本、德国和英国以外，法国、美国、加拿大等国也研制了自己的磁悬浮列车，分别采用常导磁吸式和超导磁斥式，但在车辆结构上则大同小异。

我国对磁悬浮铁路的研究起步较晚，1989 年我国第一台磁悬浮实验铁路与列车在湖南长沙的国防科技大学建成，试验运行速度为 10 m/s。

目前，世界上首条投入商业运行的磁悬浮列车线(上海浦东龙阳路至浦东机场)已投入运行，全长 31 km，总投资约 89 亿元人民币，设计最高时速 430 km/h，运行时间 7 min。

课题三 桥梁工程

交通的进步和发展，除了道路与铁路的建设，桥梁的建设也是必不可少的。桥梁工程在土木工程中属于结构工程的分支学科，它与房屋建筑工程一样，也是用砖石、木、混凝土、钢筋混凝土和各种金属材料建造的结构工程。

桥梁既是一种功能性的建筑物，又是一座立体的造型工艺工程，也是具有时代特征的景观工程。道路、铁路、桥梁建设的突飞猛进，对创造良好的投资环境，促进地域性的腾飞，起到关键的作用。

一、桥梁的分类

桥梁

(一) 按受力体系分类

桥梁按受力体系分为梁式桥、拱式桥、刚架桥、斜拉桥和吊桥五种基本体系，以及由这几种基本体系组合成的组合体系。

(二) 按桥梁全长和跨径不同分类

(1) 特大桥:多孔桥全长大于 500 m,单孔桥全长大于 100 m。
(2) 大桥:多孔桥全长大于 100 m 小于 500 m,单孔桥全长大于 40 m 小于 100 m。
(3) 中桥:多孔桥全长大于 30 m 小于 100 m,单孔桥全长大于 20 m 小于 40 m。
(4) 小桥:多孔桥全长大于 8 m 小于 30 m,单孔桥全长大于 5 m 小于 20 m。

(三) 按用途分类

可分为公路桥、铁路桥、公路铁路两用桥、机耕桥、运水桥(渡槽)、行人桥及其他专用桥等。

(四) 按行车道位置分类

桥面布置在主要承重结构之上的称为上承式桥;桥面布置在主要承重结构之下的称为下承式桥;桥面布置在桥跨结构高度之间的称为中承式桥,如图 5-29。

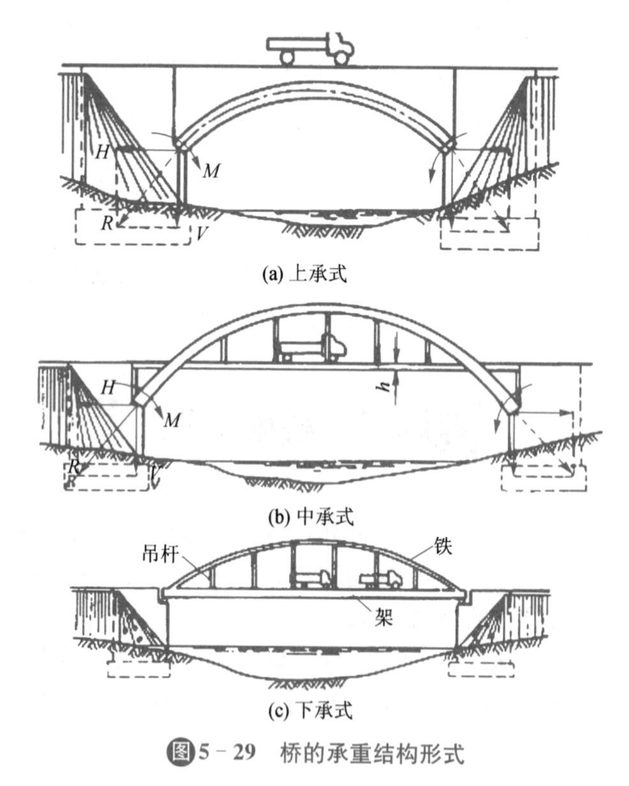

图5-29 桥的承重结构形式

(五) 按所用材料分类

按所用材料分为木桥、钢桥、石桥、混凝土桥、钢筋混凝土桥、预应力混凝土桥。

(六) 按跨越障碍的性质分类

可分为跨河桥、跨线桥(立交桥)、高架桥和栈桥。

高架桥一般指跨越深沟峡谷以代替高路堤的桥梁。而栈桥是为使车道升高至周围地面以上并使其下面的空间可以通行车辆或做其他用途而修建的。

二、桥跨结构

桥梁一般由桥跨结构、支承结构(桥墩、桥台)及基础三部分组成。通常人们还习惯地称桥跨结构为桥梁的上部结构,称桥墩或桥台为桥梁的下部结构。

(一) 桥面构造

1. 桥面的组成

桥面是直接承受各种荷载的部分,它主要包括行车道板、桥面铺装、人行道、栏杆、变形缝、排水设施等,如图 5-30 所示。

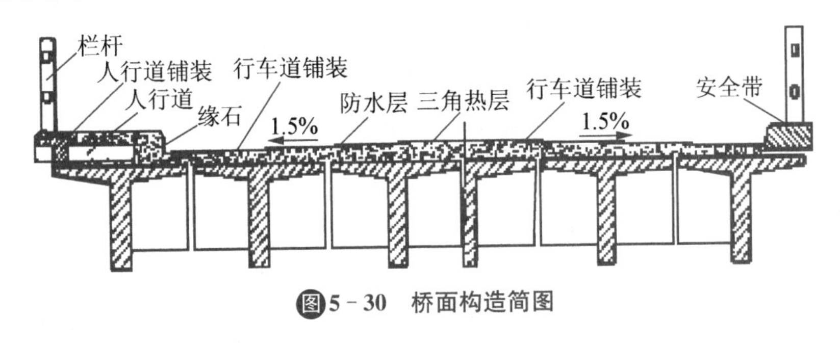

图5-30　桥面构造简图

2. 桥面铺装层

桥面铺装层是指铺设在行车道板上的面层,主要作用在于防止车辆轮胎或履带对行车道板的直接磨损,同时,对车辆作用的集中荷载还有扩散效果。桥面铺装层的铺筑材料一般为混凝土、沥青混凝土和碎石等。铺装层的厚度,对于混凝土、沥青混凝土常用5～8 cm,碎石层为 15～20 cm。桥面铺装层与所连道路路面应尽量一致,以便于管理养护和车辆行驶。

3. 桥面排水

为了快速排除桥面雨水,桥面应设置 1.5%～3.0%的横坡,并在行车道两侧适宜的长度内设置直径为 10～15 cm 的排水管。排水管一般为钢筋混凝土管或铸铁管。当桥长小于 50 m,桥面纵坡大于 2%时,可不设排水管,但在桥头引道两侧应设置引水槽。

4. 人行道或安全带

人行道的设置根据需要而定,人行道宽一般为 0.75 m 或 1.0 m,为便于排水,人行道也设置向行车道倾斜 1%的横坡。人行道的外侧必须设置栏杆,栏杆高 0.8～1.2 m,栏杆柱间距 1.5～2.5 m,柱的截面尺寸为 0.15 m×0.15 m。

不设人行道时,桥面两侧应设安全带,安全带一般宽 0.25 m,高 0.2～0.25 m。

5. 伸缩缝或变形缝

为降低因温度变化、混凝土收缩、地基不均匀沉降等因素的影响,桥面应设置伸缩缝,缝距一般不超过 20～30 m。为保证车辆平稳行驶,并防止雨水和泥土的渗入,缝内必须填塞具有弹性、不透水的橡皮或沥青胶泥等塑性材料。

(二)桥跨结构形式

1. 梁式桥

梁式桥是一种在竖向荷载作用下无水平反力的结构(如图 5-31)。由于桥上的恒载和活载的作用方向与支承结构的轴线接近垂直,其受力特点就像是一个梁,所以与同样跨径的其他结构体系比较,桥的梁上将产生最大弯矩,通常需要抗弯能力强的材料(如钢或钢筋混凝土)来建造。

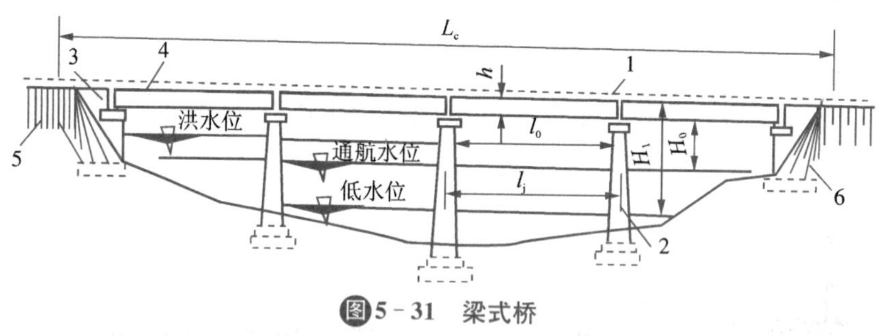

图5-31 梁式桥

1—桥面;2—桥墩;3—桥台;4—主梁;5—路堤;6—锥形护坡

目前应用最广的是简支梁结构形式的梁式桥,这种结构形式简单,施工方便,对地基承载力的要求也不高,跨径在 25 m 以下的桥梁常被采用。当跨径小于 6 m 时,通常采用简支式板桥,图 5-32 (a),(b)为现浇整体式和装配式;当跨径在 6～12 m 之间时,可采用空心板桥,如图 5-32(c);当桥的长度较大,且跨径在 8 m 以上时,可采用预制 T 形梁,如图 5-32(d);当跨径在 20 m 左右时,可采用工字形梁,如图 5-32(e)。

当跨度大于 25 m,并小于 50 m 时,一般采用预应力混凝土简支梁式桥的形式。

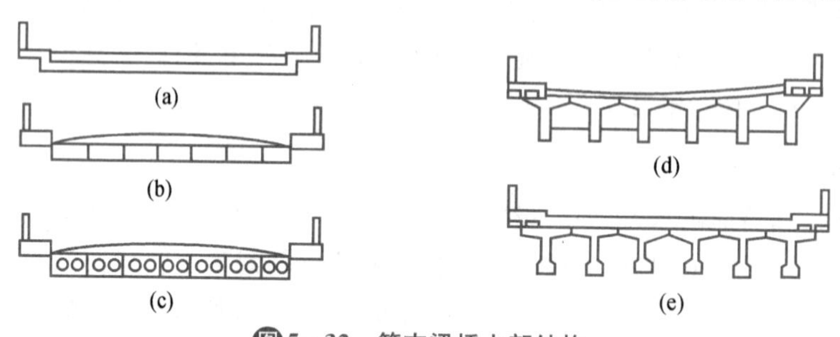

图5-32 简支梁桥上部结构

2. 拱式桥

拱式桥与梁式桥相比,主要特点在于其上部荷载由拱来承担,拱圈的受力以压力为主。因此,选材范围较大,可利用抗压能力较大的圬工材料建桥,以节约钢筋和水泥,降低工程造价。

拱的跨越能力大,外形也较美观,因此一般修建拱桥是经济合理的。但是由于在桥墩或桥台外承受很大的水平推力,所以对桥的下部结构和基础的要求比较高。另外拱桥的施工比梁式桥要困难些。

3. 刚架桥

刚架桥(如图 5-33 所示)的主要承重结构是梁或板和立柱或竖墙构筑成整体的刚架结

构，且梁与柱的连接处具有很大的刚性。因此在竖向荷载作用下，梁主要承受弯矩，而柱脚处也有水平反力，其受力状态介于梁式桥和拱式桥之间。

对于同样的跨径，在相同的外力作用下，刚架桥的跨中弯矩比一般梁式桥要小。根据这一特点，刚架桥跨中的构件高度可以做得小些。在城市中，当遇到线路立体交叉或需要跨越通航江河时，采用这种桥型能尽量降低线路标高以改善桥的纵坡，当桥面标高已确定时，它能增加桥下净空。对刚架桥，通常是采用预应力混凝土结构。

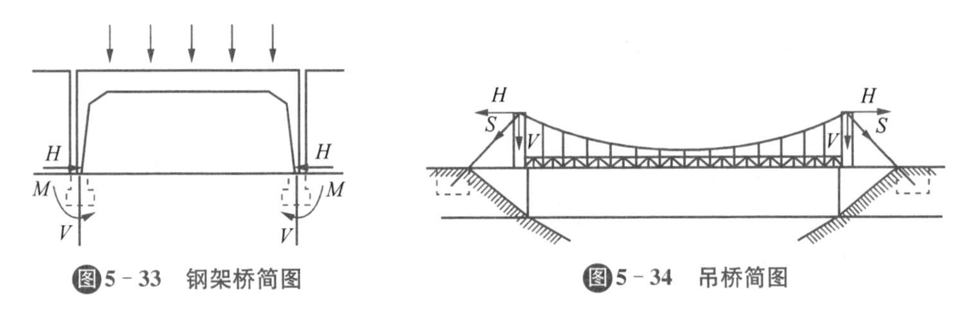

图5－33　钢架桥简图　　图5－34　吊桥简图

4. 吊桥

也称悬索桥，如图5－34所示。吊桥采用悬挂在两边塔柱上的吊索作为主要承重结构。在竖向荷载作用下，通过吊杆的荷载传递使吊索缆绳承受很大的拉力，因此，通常需要在两岸桥台的后方修筑非常巨大的锚锭结构。悬索桥也是具有水平反力的结构。在现代悬索桥结构中，广泛采用高强度钢缆绳，以发挥其优异的抗拉性能。

当前，大跨度公路悬索桥的主梁常采用钢制扁箱梁结构形式，也有是顶层行驶汽车、下层铺设铁路的公路铁路两用桥。然而相对于其他桥梁的形式，悬索桥自重轻，结构刚度差，在车辆动荷载和风荷载作用下，易发生较大的变形和振动。悬索桥的历史，是其克服变形和振动的历史，也是提高悬索桥刚度的历史。

5. 斜拉桥

斜拉桥由斜拉索、塔柱和主梁组成，是一种高次超静定的组合结构体系（如图5－35所示）。系在塔柱上的张紧的拉索将主梁吊住，使主梁像跨度显著缩小的多跨弹性支承连续梁一样工作。这样拉索可以充分利用高强度钢材的抗拉性能，又可以显著减小主梁的截面积，使得结构自重大大减轻，从而能建造大跨度的桥梁。斜拉桥的主梁和塔柱可以采用钢筋混凝土或型钢来建造，在我国，主要采用钢筋混凝土结构。为了减小梁的截面与自重，常用预应力混凝土代替普通钢筋混凝土，这就是预应力混凝土斜拉桥。

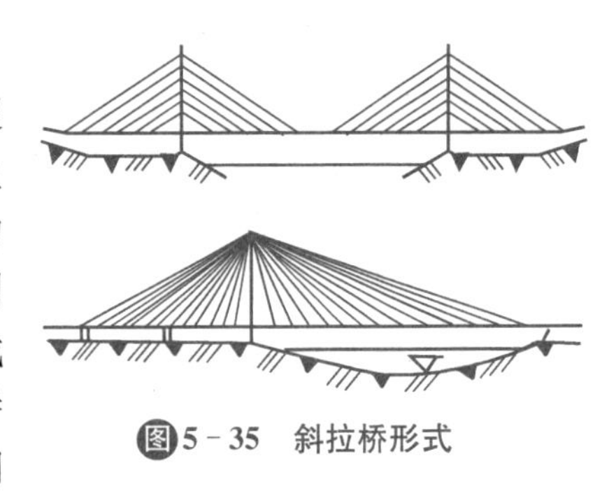

图5－35　斜拉桥形式

斜拉桥根据跨度大小的要求以及经济上的考虑，可以建成塔式、双塔式或多塔式等不同类型。通常的对称断面及桥下净空要求较大时，多采用双塔式斜拉桥。

斜拉桥是半个多世纪来最富有想象力，构思内涵丰富，而又引人注目的桥型，它具有广泛的适应性。一般情况下，对于跨度为200～700 m的桥梁，斜拉桥在技术上和经济上都具有相当优越的竞争力。

需要注意的是，斜拉桥的斜索是桥的生命线，至今国内外已发生过几起通车仅几年就因斜索腐蚀严重而导致全部换索的失败工程实例。因此如何保护斜索，确保其使用寿命，仍是当今斜拉桥工程建设中必须引起足够重视的问题。

6. 组合体系桥

除以上几种桥的基本形式外，在工程实践中，还采用几种桥型的组合结构，如梁和拱的组合体系[如图 5-29(b)，(c)所示]，斜拉索与悬索的组合体系等。所有这些组成，目的在于充分利用各种形式桥的受力特点，发挥其优势，建造出符合要求、外观美丽的桥梁来。

三、桥梁的几个重要参数

1. 净跨径 l_0

对于梁式桥，设计洪水位线上相邻两桥墩或桥台间的净距称为净跨径(如图 5-31)。各孔净跨径的总和($\sum l_0$)称为桥梁的总跨径，它反映桥梁过水的能力。对于拱桥，净跨径系指每孔两拱脚截面最低点之间的水平距离(如图 5-36)。

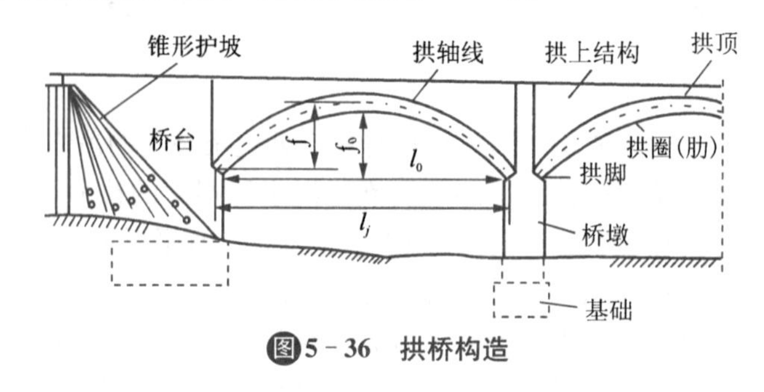

图5-36 拱桥构造

2. 计算跨径 l_j

梁式桥是指相邻两个支座中心的间距(如图 5-31)。拱桥计算跨径为相邻两个拱脚截面形心之间的水平距离，也就是拱轴线两端点之间的水平距离(如图 5-36)。

3. 标准跨径 L_b

对于梁式桥，是指相邻两桥墩中心线之间的间距，或墩中心线至桥台台背前缘之间的距离；对于拱桥，则指净跨径。

4. 桥梁全长 L_c

有桥台的桥梁为两岸桥台侧墙或八字墙墙尾间的距离；无桥台的桥梁为桥面行车道长度(如图 5-31)。

5. 桥梁高度 H_1

桥梁高度是指桥面与低水位之间的距离，或指桥面与桥下线路路面之间的距离。

6. 桥下净空高度 H_0

桥下净空高度对于不通航河流是指设计洪水位至上部结构最下缘的距离；对于通航河流则是通航水位至上部结构最下缘的距离。对于跨越公路或铁路的立交桥，桥下净空高度即为上部结构的下缘至桥下路面(或轨顶面)间的高度。

7. 桥梁建筑高度 h

桥梁建筑高度是指桥面与桥跨结构最下缘之间的距离。

8. 净矢高 f_0

拱桥的拱顶截面下缘至相邻两拱脚截面下缘最低点的连线间的垂直距离称为净矢高(如图 5-36)。

9. 计算矢高 f_j

从拱顶截面形心至相邻两拱脚截面形心的连线间的垂直距离(如图 5-36)。

10. 矢跨比(f_j/l_j)

拱桥中拱圈的计算矢高 f_j 与计算跨径 l_j 之比,也称拱矢度。

四、桥梁的支承结构

桥梁的支承结构主要由墩(台)帽、墩(台)身组成。它的作用是承受上部结构传来的荷载,并通过基础将荷载及本身自重传递到地基上。桥墩指多跨桥梁的中间支承结构,它除承受上部结构的荷重外,还要承受流水压力,水面以上的风力以及可能出现的冰荷载、船只、排筏或漂浮物的撞击力。桥台除了支承上部结构物的荷载外,它还是衔接两岸路堤的构筑物,既要能挡土护岸,又要能承受台背填土及填土上车辆荷载所产生的附加侧压力。

桥梁的支承结构的形式大体上可分为:重力式及轻型式。桥梁建设时具体采用什么类型的支承结构,应依据地质、地形及水文条件,墩高、桥跨结构要求及荷载性质、大小,通航和水面浮物以及施工条件等因素综合考虑。但是在同一座桥梁内,应尽量减少支承结构的类型。

(一) 桥墩的类型

1. 重力式桥墩

如图 5-37(a),这类墩、台的主要特点是靠自身重量来平衡外力而保持其稳定。因此,墩、台比较厚重,可以不用钢筋,而用天然石材或片石混凝土砌筑。它适用于地基良好的大、中型桥梁,或流冰、漂浮物较多的河流。其缺点是砌体结构体积较大,因而其自重和阻水面积也较大。

(1) 实体式桥墩

整个支承结构是实体的,一般适用于荷载较大的大、中型桥梁,或流冰、漂浮物较多的江河之中。此类桥墩的最大缺点是砌体结构体积大、自重大、材料用量多及阻水面积大。有时为了减轻墩身重量,将墩顶部做成悬臂式的。

(2) 空心式桥墩

其外形轮廓与实体式墩相同,不同之处在于其内部是空心的,它克服了实体式桥墩在许多情况下材料强度得不到充分发挥的缺点。将混凝土或钢筋混凝土桥墩做成空心薄壁结构等形式,可以节省砌体材料,还减轻了重量。其缺点是抗击漂浮物撞击的能力差。

2. 轻型桥墩

属于这类墩(台)形式的很多,而且都有各自的特点和使用条件。一般来说,这类支承结构的刚度小、受力后允许在一定的范围内发生弹性变形。所用材料大都以钢筋混凝土和少量配筋的混凝土为主。

(1) 桩式桥墩

如图 5-37(f),由于大孔径钻孔灌注桩基础的广泛使用,桩式桥墩在桥梁工程中得到普遍采用。这种结构是将桩基一直向上延伸到桥跨结构下面，桩顶浇筑墩帽，桩作为墩身的一部分，桩和墩帽均由钢筋混凝土制成。这种结构一般用于桥跨不大于 30 m，墩身不高于10 m的情况。

(2) 柱式桥墩

如图 5－37(f)，(g)，(h)所示，所谓柱式桥墩就是在基础桩顶上修筑承台，在承台上修筑立柱做墩身的支承形式。柱式桥墩可以是单柱，也可以是双柱或多柱式，视结构需要而定。

(3) X 形、Y 形或 V 形桥墩

如图 5－37(c)，(d)，(e)所示，这种桥墩将支承结构的轻巧合理和艺术造型上的美观统一起来，是国内外较流行的一种形式。它适用于大跨径的桥梁，节约材料，整体工程造价较低。

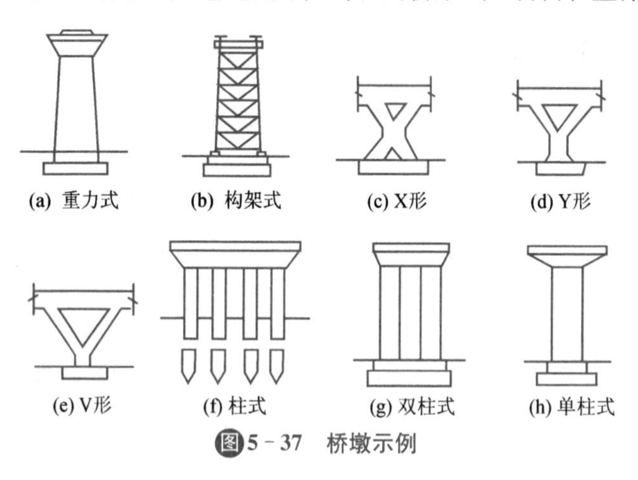

图5－37 桥墩示例

(二) 桥台的类型

桥台是桥头两端的支承结构物。其组成有台帽、台身和基础三部分。它既要承受支座传递来的竖向力和水平力，还要挡土护岸，承受台后填土及填土上荷载产生的侧向土压力。因此桥台必须有足够的强度，并能避免在荷载作用下发生过大的水平位移、转动和沉降，这在超静定结构桥梁中尤为重要。当前，我国公路桥梁的桥台有实体式、轻型式和埋置式桥台等。

1. 实体式桥台

梁式桥和拱桥上常用的实体式桥台为 U 型桥台，它由支承桥跨结构的台身与两侧挡土的翼墙在平面上构成 U 字形而得名，如图 5－38(a)(b)所示。U 型桥台的优点是构造简单，可用混凝土或片、块石砌筑，适用于填土高度在 8～10 m 以下或跨度稍大的桥梁；缺点是桥台体积和自重较大，因此增加了对地基的要求。此外，桥台的两个侧墙之间填土容易积水，结冰后冻胀，易使侧墙产生裂缝。所以宜用透水性较好的砂性土夯填，要求做好台后排水设施。

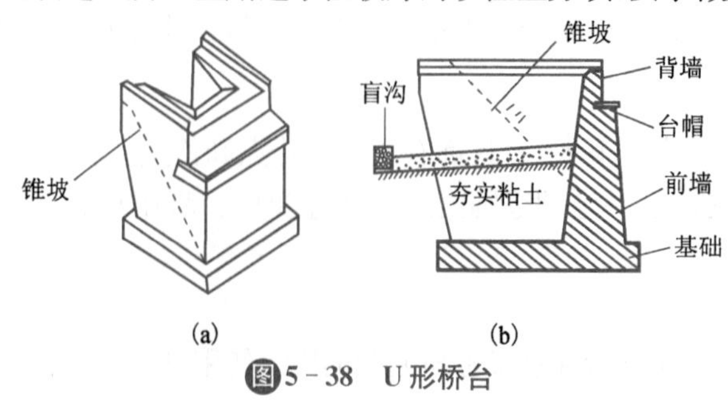

图5－38 U形桥台

2. 轻型桥台

轻型桥台为直立的薄壁墙，桥台顶部与上部结构锚固，下部设置钢筋混凝土支撑梁，使上部结构、桥台和支撑梁共同组成四铰刚构系统（如图 5－39 所示），并借助两端台后的动坡土压力来保持稳定。轻型桥台体积轻巧、自重较小，它借助结构整体刚度和材料强度承受外力，从而节省材料，也降低了对地基强度的要求，扩大了应用范围。适用于 13 m 以下的小跨径桥梁，桥跨结构一般不超过 3 孔，总桥长不宜超过 20 m。常用的翼墙有八字式和一字式两种，如地形许可也可把翼墙做成耳墙。

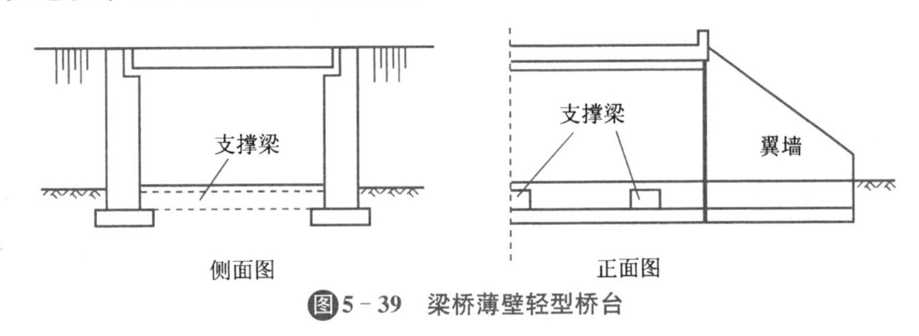

图5－39　梁桥薄壁轻型桥台

3. 埋置式桥台

埋置式桥台是将台身大部分埋入锥形护坡中，只露出台帽在外，以安置支座及上部结构，这样，桥台体积可大大减少，如图 5－40 所示。埋置式桥台不需侧墙，仅附有短小的钢筋混凝土耳墙，耳墙与路堤衔接，伸入路堤的长度一般不小于 50 cm。由于台前锥坡用作永久性表面防护设施，其伸入到桥孔中，压缩了河道，因此有时需增加桥长，而且还存在被洪水冲毁而使台身裸露的可能，故一般用于桥头为浅滩、护坡受冲刷较小的场合。

常见的埋置式桥台有以下四种形式：

（1）实体式埋置式桥台

其工作原理是靠台身后倾，使重心落在基底截面的形心之后，以平衡台后填土压力[如图 5－40(a)所示]。优点是结构稳定性好，可以用于高 10 m 及以上的高桥台。

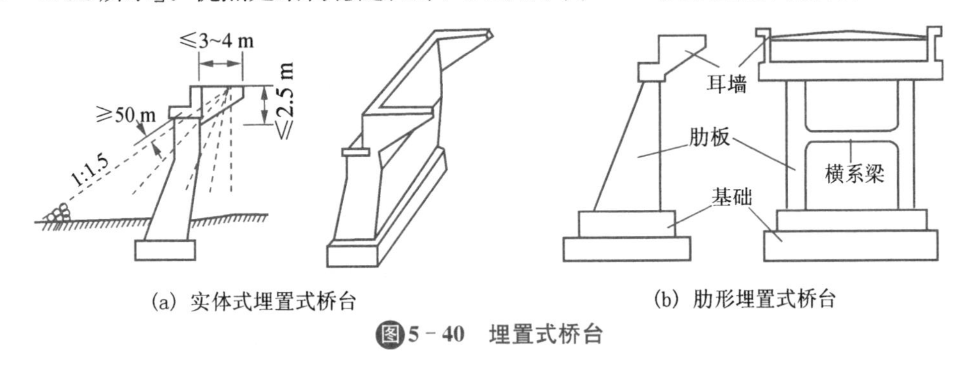

(a) 实体式埋置式桥台　　(b) 肋形埋置式桥台

图5－40　埋置式桥台

（2）肋形埋置式桥台

这种桥台的台身为后倾式的肋板再加之以横梁连成整体的结构形式[如图 5－40(b)所示]。这种形式可节省砌体材料，一般适用于台高在 10 m 及以上的情况。

（3）钻孔桩柱式埋置式桥台

如图 5－41 所示，这种桥台对于各种土质地基都适宜。根据桥的宽度和地基承载能力可以采用双柱、三柱或多柱的形式。

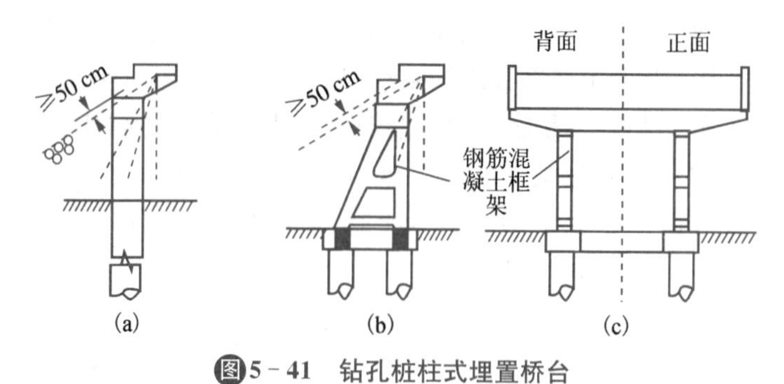

图5-41 钻孔桩柱式埋置桥台

(4) 框架式埋置式桥台

这种桥台比肋形埋置式桥台挖空率高,更节省砌体材料用量,如图 5-41(b),(c)所示。由于这种桥台结构本身存在着斜杆,能够产生水平分力以平衡土压力,加之基础较宽,所以稳定性好,可用于填土高度在 5 m 以上的桥台。其不足之处是必须用双排桩基,钢筋水泥用量均比桩柱式桥台要多。

(三) 桥的支座

梁式桥的支座是将上部结构的各种荷载传递到墩台上的重要部件。支座的设置要求是能适应活载、温度变化、混凝土收缩与徐变等因素引起的位移。

简支梁桥的支座形式,通常是每跨的一端设固定支座,另一端设活动支座。多跨简支梁桥一般把固定支座设在桥台上,每一个桥墩上布置一个活动支座和一个固定支座,以使各墩台能均匀承受纵向水平力。实际工程中,常用的支座有以下两种:

(1) 垫层支座。一般用于跨径小于 10 m 的简支梁桥。垫层是用油毛毡或水泥砂浆做成的,其厚度要求为压实后不小于 10 mm。固定的一端加设套在铁管中的锚钉,锚钉埋在墩帽内,如图 5-42(a)所示。

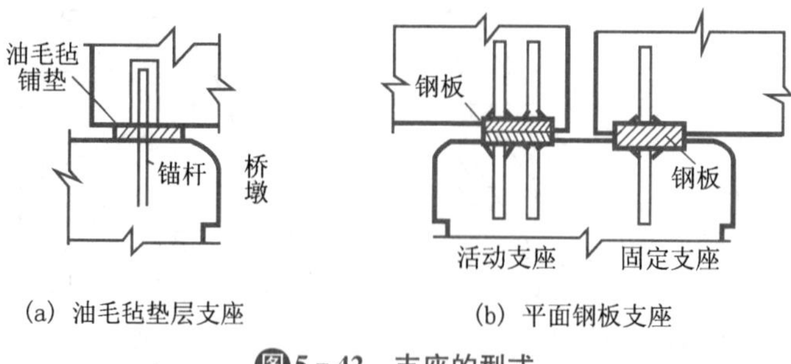

(a) 油毛毡垫层支座　　(b) 平面钢板支座

图5-42 支座的型式

(2) 平面钢板支座。多用在跨径 12～15 m 的简支梁桥中。活动支座由两块钢板做成,钢板分别固定在墩台和桥跨结构中,为了减小其摩擦力和防止生锈,要求两块钢板接触面应平整光滑,并涂石墨润滑剂。固定支座一般用一块钢板做成,其顶面和底面各应焊接锚钉,以固定梁的位置,如图 5-42(b)所示。

五、桥梁基础

桥梁的基础承担着桥墩、桥跨结构的全部重量以及桥上的可变荷载作用。桥梁基础往往修建于江河的流水之中，遭受水流的冲刷。所以，桥梁基础一般比房屋基础的规模更大，需要考虑的问题更多，施工条件也更困难。

桥梁基础的类型有刚性扩大基础、桩基础和沉井基础等。在特殊情况下，也用气压沉箱基础。

（一）刚性扩大基础

刚性扩大基础是桥梁实体式墩台浅基础的基本形式。它的主要特点是基础外伸长度与基础高度的比值必须限制在材料刚性角的正切值范围内。若满足此条件，则认为基础的刚性很大，基础材料只承受压力，不会发生弯曲和剪切破坏。刚性扩大基础即由此得名。此种基础施工简单，可就地取材，稳定性好，也能承受较大的荷载，如图 5 - 43 所示。

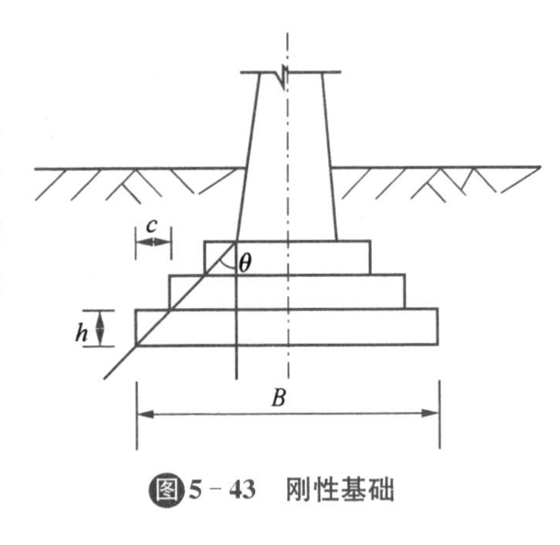

图5 - 43　刚性基础

（二）桩基础

桩基础是桥梁基础中常用的形式。当地基上面土层较软且较厚时，如果仍采用刚性扩大基础，地基的强度和稳定性往往不能满足要求，这时采用桩基础是比较好的方案。水流稍深的江河道上的桥梁也多采用桩基础。

桩基础由若干根桩与承台两部分组成。每根桩的全部或部分沉入地基中，桩在平面排列上可为一排或几排，所有桩的顶部由承台连成一个整体，在承台上再修筑墩台，如图5 - 44 所示。

桩基础的作用是将墩台传来的外力由其经过上部软土层传到较深的地层中去。承台将外力传递给各桩起到使各桩共同工作的作用。各桩所承受的荷载由桩身与周围土之间的摩擦力来支承的称为摩擦桩；桩所承受的荷载由桩底的硬土层或岩层的抵抗来支承的称为端承桩。桩基础一般具有承载力高、稳定性好、沉降小及沉降均匀等特点。在深水河道中，桩基础具有可以减少水下工程工作量、简化施工工艺、加快施工进度等优点。

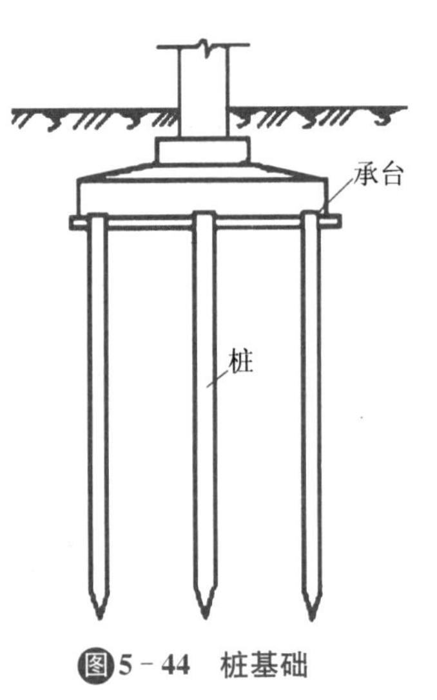

图5 - 44　桩基础

钢筋混凝土桩的类型还可以按施工方法来分。

1. 钻孔灌注桩

钻孔桩的直径一般为 0.8～1.0 m。桩身混凝土标号不低于 C15，水下部分不低于 C20。桩内的钢筋笼的主筋直径不小于 14 mm，其数量不少于 8 根。即使按照内力计算不需要配筋时，也应在桩顶 3～5 m 内设置构造钢筋。这种桩从承载特点上分析多为摩擦桩。

2. 打入桩

是将预制好的钢筋混凝土桩，通过打桩机打入地基内。预制桩一般为边长 30～40 cm 的方形断面桩，桩身混凝土标号不低于 C25。桩内纵向钢筋要求通长布置，且要加密桩两端的箍筋或螺旋筋的间距。从受力特点上分析，有的属摩擦桩，有的属端承桩。这种桩适用于各种土层条件，且不受地下水位的影响，桩可以标准化生产。

3. 管柱基础

是大型桥梁深水基础的有效形式，特别是水下岩面不平、无覆盖或覆盖层较厚的地域(图 5－45)，管柱基础是一群下端插入基岩的巨型管柱，管柱的直径一般为 1 m 以上，每节长 6～10 m，法兰连接。施工时用大型振动沉锤沿导向结构振动下沉到基岩，然后在管柱内钻岩成孔，下钢筋笼，灌注混凝土后将管柱与岩层牢固连接。多数情况下，往往还在承台下加做管柱间的封底水下混凝土形成一个整体。我国南京长江大桥就采用此类桩基础。

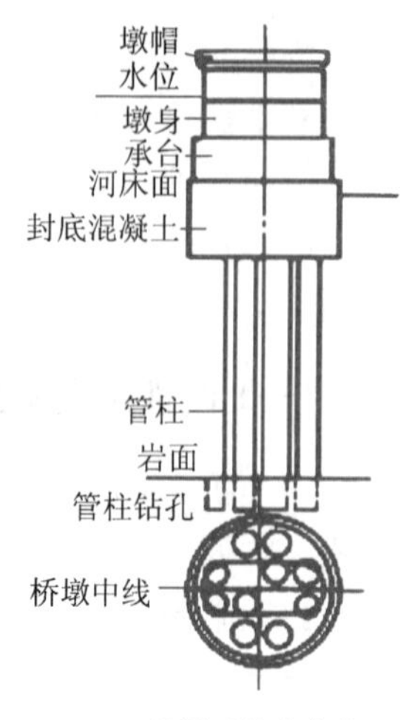

图5－45 管柱基础

(三) 沉井基础

沉井是一种四周有壁、下部无底(沉井阶段)、上部无盖、侧壁下端部有刃脚的筒形结构物。通常用钢筋混凝土制成。它通过从井孔内挖土，借助自身重量克服井壁摩擦力下沉至设计标高，再用混凝土封底并填塞井孔，便可成为桥梁墩台的整体式深基础(图 5－46)。

沉井基础的特点是埋深大、整体性强、稳定性好，能承受较大的竖向作用和水平作用，沉井井壁是基础的一部分，又是施工时的挡土和挡水结构，施工工艺也不复杂。因此这种结构形式在桥梁基础中应用广泛。

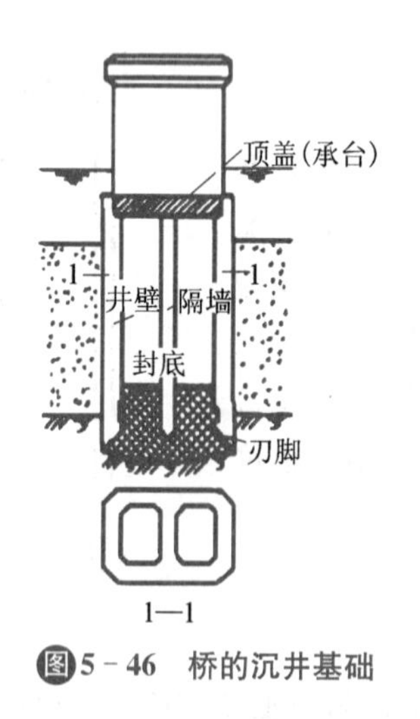

图5－46 桥的沉井基础

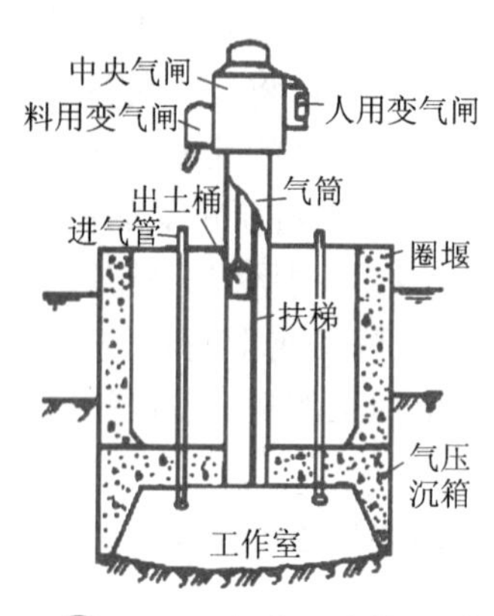

图5－47 桥的沉箱基础

(四) 沉箱基础

沉箱形似有顶盖的沉井。在水下修筑大桥时，若用沉井基础施工有困难，则改用气压沉箱施工,并用沉箱做基础。它是一种较好的施工方法和基础形式。它的工作原理是:当沉箱在水下就位后,将压缩空气压入沉箱室内部,排除沉箱内的水,这样施工人员就能在箱内进行挖土施工,并通过升降筒和气闸运出挖土,从而使沉箱在自重和顶面压重作用下逐步下沉至设计标高,最后用混凝土填实工作室,即成为沉箱基础(图 5 - 47)。由于沉箱施工过程中都通入压缩空气,使其气压保持或接近刃脚处的静水压力,故称为气压沉箱。

沉箱和沉井一样,可以就地下沉,也可以在岸边建造,然后浮运至桥基位置穿过深水定位。当下沉处是很深的软弱层或者受冲刷的河底时,应采用浮运式。

课题四　交通隧道

交通隧道是修筑于地面下的通道或空间,一般可分为两大类:一类是修建在岩层中的,称为岩石隧道;一类是修建在土层中的,称为软土隧道。修建在山体中的又称山岭隧道;修建在水底的又称水底隧道;修建在城市用于城市立交的又称城市道路隧道。

隧道在山岭地区可以克服地形或高程障碍,改善线形,提高车速,缩短里程,减少对植被的破坏,保护生态环境,还可克服落石、塌方、雪崩、雪堆等危害。在城市可减少用地,构成立体交叉,解决交叉口的拥挤阻塞,疏导交通等。

隧道是地下工程,其构造由主体构造物和附属构造物两大类组成。主体构造物是为了保持岩体的稳定和行车安全而修建的人工永久建筑物,通常指洞身衬砌和洞门构造物,附属构造物是主体构造物以外的其他建筑物,是为了运营管理、维修养护、给水排水、通风、照明、通讯、安全等而修建的构造物,其主要作用是确保行车安全舒适。

目前,隧道除指应用于铁路、公路交通及水利工程的水工隧洞外,也指用于上下水道、输电线路等大型管路的通道;另外还将此概念扩大到地下空间的利用方面,包括诸如地下发电变电站、地下停车场、大型地下车站、地下街道等适用隧道工程技术的建筑物。

隧道技术与地质学和水文学、岩土学和土力学、应用力学和材料力学等有关学科有着密切的联系。它同时涉及测量、施工机械、爆破、照明、通风、通讯等方面,并由于对金属、水泥、混凝土、灌浆化学制品等材料的有效利用,而使其与许多领域有着广泛的联系。

本课题隧道的讲解主要侧重于交通运输工程的相关内容,水工隧洞方面知识留待水利工程单元中讲解。

一、交通隧道的特点

隧道

我国土地辽阔,山脉纵横,对于交通建设来说,隧道常是线路穿山越岭,克服高程障碍的一种重要手段。例如,成昆铁路全长 1125 km,其中隧道总长就达 352 km,占全线总长的 34%。在山岭地区采用隧道的优点是:

(1) 可大大减少展线,缩短线路长度,降低线路的最大坡度和减少曲线数目。这些都有利于维持线路规定的标准,可以节省行车时间和费用,并大大提高运输能力。

(2) 可以减少深挖路堑,避免使用高架桥和挡土墙,因而可减少繁重的养护工作和费用。

(3) 减少线路受自然因素,例如风、沙、雨雪、塌方及冻害等影响,延长线路使用寿命,减少阻碍行车的事故。

但是，采用隧道通过也存在一些缺点：

(1) 隧道工程艰巨，施工困难，需要较长的施工期限，常成为控制全线通车的关键工程。

(2) 隧道在修建过程中及通车后，需要设有通风、排水和照明设备。

(3) 地质情况的好坏常严重影响工程的进展速度，因此，隧道的施工方法必须因地制宜。

二、隧道的平面、纵断面及横断面

(一) 隧道平面

从运营和施工条件来说，隧道平面最好是直线，因为曲线隧道有以下缺点：

(1) 为保证交通安全通畅，曲线处的隧道净空需要加宽，因此增加了开挖和衬砌的工程量。

(2) 因曲线处隧道断面与直线处断面不同，因此坑道支撑和衬砌拱架不能标准化，增加了施工难度。

(3) 增加了测量难度，使隧道测量精度下降。

(4) 弯曲的隧道会使天然及人工通风的效率降低，增加了隧道的养护难度。

(5) 曲线隧道内车辆空气阻力比较大，因而降低了隧道允许坡度数值。

所以，一般用来穿越山体的隧道常为直线。当隧道必须设在曲线上时，应尽量采用大半径曲线，以减弱曲线的不利影响，曲线半径一般不小于 600 m。

(二) 隧道纵断面

隧道纵断面形状可设置为单向坡或人字坡两种(如图 5－48)。无论是单向坡或人字坡，都可能是由多种坡度的坡段组成的。

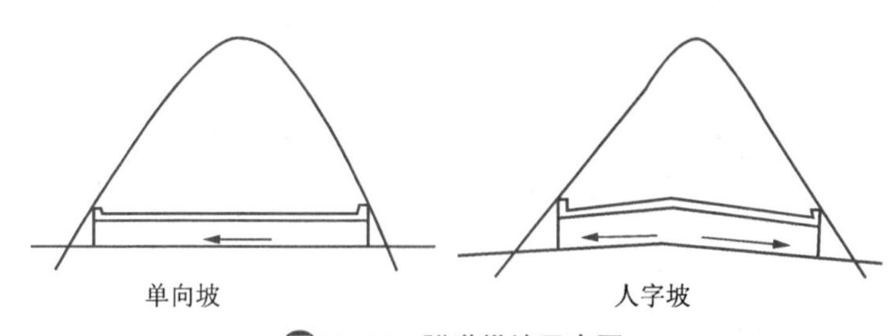

图5－48 隧道纵坡示意图

单向坡隧道的优点是两端洞口间高程差很大，由此产生的热位差增强了隧道施工时及运营时的自然通风能力。其缺点主要是从洞口向下开挖时，地下水都积集在开挖面处，施工时即使有足够的排水设备，也会使施工进度受到影响，同时，向洞外出碴运输是上坡方向，也需要较大的运输能力。

人字坡隧道施工排水条件要好些，因其两端向洞口方向均为下坡，但人字坡是中间高两端低，自然通风较差。适用于地下水量特大或受地形控制，两端洞口高差很小的情况。

为了便于内部排水，完全位于平道上的隧道是不允许的，洞内坡度一般不宜小于 3‰，在特殊情况下也不应小于 2‰。严寒地区地下水发达的隧道，为了防止水沟冻害，应适当加大纵坡。

（三）隧道横断面

隧道横断面应满足隧道建筑限界的要求。所谓限界，就是交通建筑物及设备不得侵入的轮廓尺寸线。也就是隧道衬砌及通讯、信号、照明等洞内设备不得侵入的轮廓尺寸线。

铁路隧道建筑限界主要是根据铁路建筑接近限界制定的。根据规定，对于新建和改建的内燃机牵引的单线和双线隧道采用“隧限—1 甲”及“隧限—1 乙”断面；对于新建和改建的电气牵引的单线和双线隧道，采用“隧限—2 甲”及“隧限—2 乙”断面（如图 5-49）。图 5-49 中虚线所示为铁路建筑接近限界，是一个和线路中心线垂直的横断面。它的制定，应考虑机车车辆限界、车辆装载货物的限界以及在运行中的振动偏移。在制定铁路建筑接近限界的同时，还应考虑超限货物的运输要求，并对超限货物的尺寸加以限制。

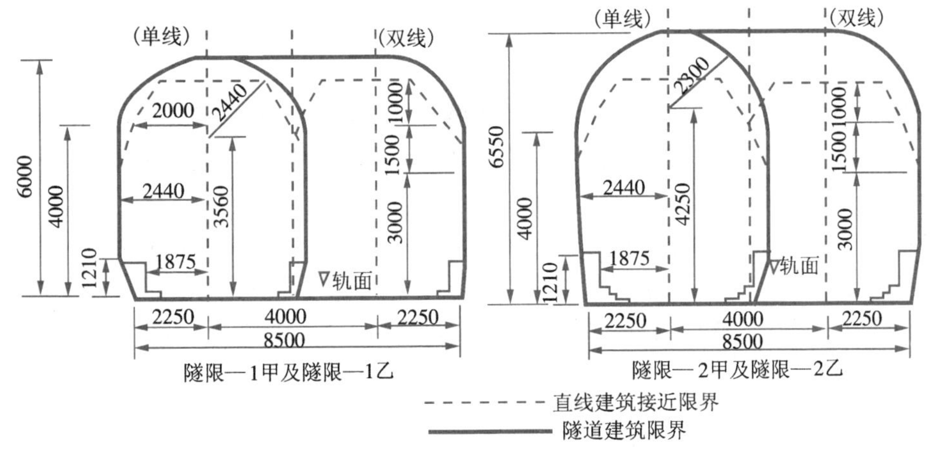

图 5-49　直线隧道限界图

为了便于行车，确保列车运行的安全，隧道建筑限界的轮廓要比铁路建筑接近限界大些，其中应保持一定净空。净空的大小应考虑洞内设备的安装、车辆运行中横向震动与摇摆、线路中线测量的误差、轨距的误差以及衬砌厚度的误差和衬砌变形等因素。

由于铁路建筑接近限界是位于直线地段的接近限界，如果隧道位于曲线上，其建筑限界应比直线地段宽，即所谓限界加宽。

当隧道位于缓和曲线上时，由于直线段不需要加宽，曲线段需要加宽，所以缓和曲线段加宽值在理论上应随半径变化而变化，这会给施工带来不便。为了便于施工，又不致使机车车辆侵入隧道建筑限界，通常规定将缓和曲线段分两段进行加宽：从圆曲线到缓和曲线中点向直线方向延长 13 m 的范围内按圆曲线计算的加宽值加宽衬砌断面，其余部分采用缓和曲线的加宽值（圆曲线加宽值之半），并向直线方向延长 22 m 加宽衬砌断面。对于无缓和曲线的曲线隧道，在直线超高地段内，全部采用圆曲线的加宽值衬砌断面，并向直线段延长 22 m（如图 5-50 所示）。

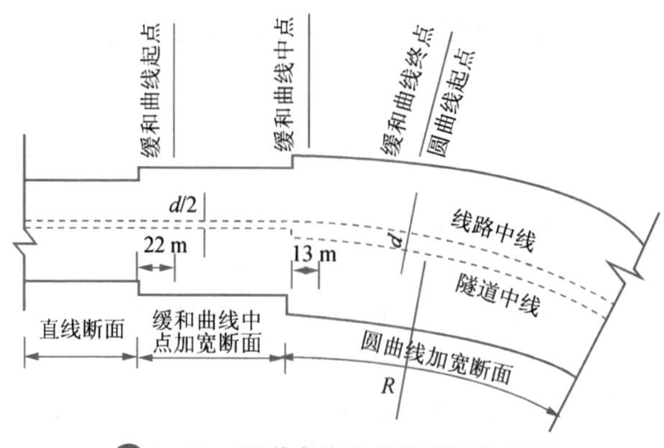

图5-50 隧道直线和曲线断面衔接图

三、隧道建筑物

隧道建筑物有衬砌、洞门、洞内大小避险洞等。

(一) 隧道衬砌

坑道开挖以后，其周围地层的稳定性遭到很大的破坏，除了那些整体坚硬而又不易风化的稳定岩层以外，在其他的地层中都要修筑衬砌来承受围岩压力，以防坑道周围地层的变化和风化，保证交通运行安全。

按照施工方法不同，隧道衬砌可分为现场浇筑式和预制装配式衬砌两大类。衬砌必须有足够的强度，它的形式及尺寸与围岩的地质条件和水文地质条件有直接关系。衬砌断面内表面轮廓应尽量接近隧道建筑限界，以便在满足交通安全的前提下，减少开挖和衬砌的工程量，降低工程造价。

交通隧道内表面衬砌多采用以下几种形式。

1. 不衬砌型

如果围岩坚硬、完整、不易风化且比较干燥，可不进行衬砌；如果岩石开挖后可能风化，可采用喷细粒混凝土或水泥砂浆防护层方式。但需在洞口处修筑一段不短于 6 m 的衬砌来承受可能有的围岩压力。

2. 半衬砌型

如图 5-51(a)所示。适用于整体性强、岩石坚硬、拱顶可能发生岩石脱落的隧道，边墙可不进行衬砌，或进行简单的喷混凝土衬砌。

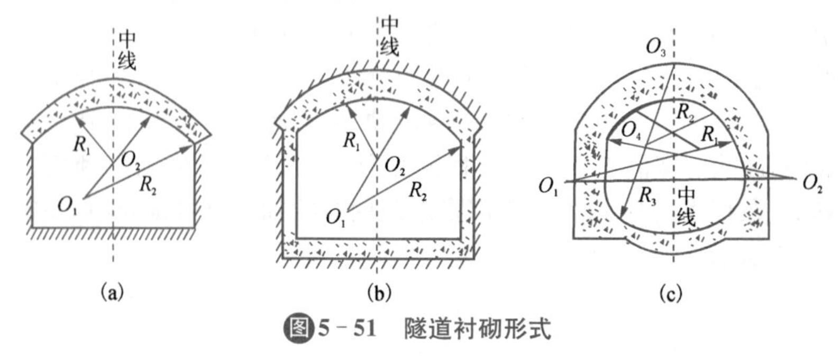

图5-51 隧道衬砌形式

3. 圆拱直墙式衬砌

如图 5－51(b)所示。适用于隧道竖向山岩压力较大，侧向山岩压力较小的情况。

4. 曲墙式衬砌

如图 5－51(c)所示。适用于竖向和侧向岩石(或土层)压力均较大的隧道。当衬砌没有沉陷和底鼓现象时，亦可不设仰拱，衬砌内轮廓由五心圆弧曲线组成。

(二) 洞门

洞门是隧道两端与路堑相连接的建筑物，它的作用主要是支挡山体、稳定仰坡和边坡，并将由坡面流下的地表水排离隧道，防止洞口塌方，保证洞内施工安全和隧道正常使用。

根据不同的地形地质情况，结合考虑洞门结构稳定条件和经济效果，通常采用以下两种洞门形式：

1. 正洞门

当地形等高线与线路中线基本正交、横坡较平缓、路堑断面接近对称的情况时，多采用正洞门。而正洞门又分有端墙式(图 5－52)和翼墙式(图 5－53)两种。端墙式洞门用于仰坡比较稳定，不会发生很大水平地层压力的情况，其洞门由正面挡土墙、洞顶排水系统及衬砌的连接部分组成；翼墙式洞门则用于仰坡不稳定而产生很大水平地层压力的情况。翼墙的作用除了保证洞门处坡体的稳定外，还可减少路堑的挖方量。

2. 斜洞门

当线路与地形等高线斜交时，如果仍采用正洞门，可能出现低山一侧洞门上部露空，而高山一侧因自然坡面陡造成开挖高度较大情况。为了避免这种情况出现，可将洞门近于平行等高线方向布置(如图 5－54)。由于斜洞门与线路中线斜交，因而洞口环节的衬砌跨度加大，受力复杂，为了简化设计，这类洞门只用于岩层稳定、山体压力较小的地段，并要求洞门端墙与线路交角不宜小于 45°。

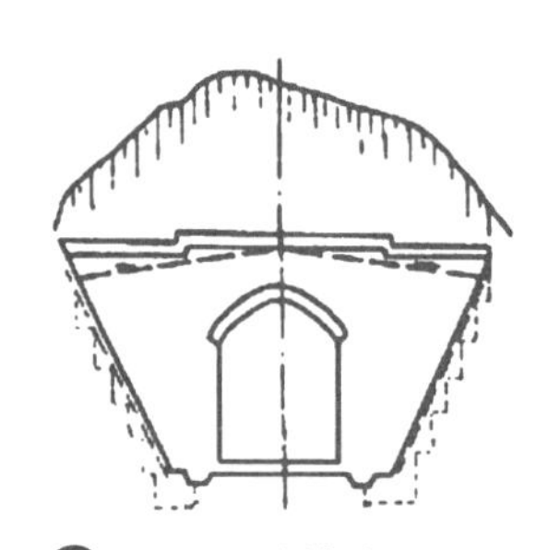

图5－52　端墙式正洞门

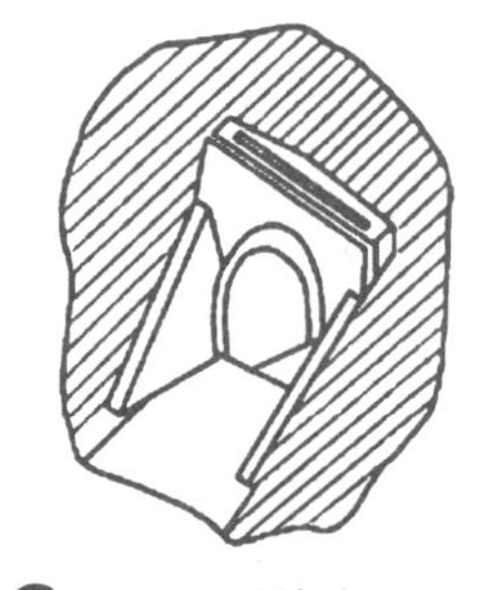

图5－53　翼墙式正洞门

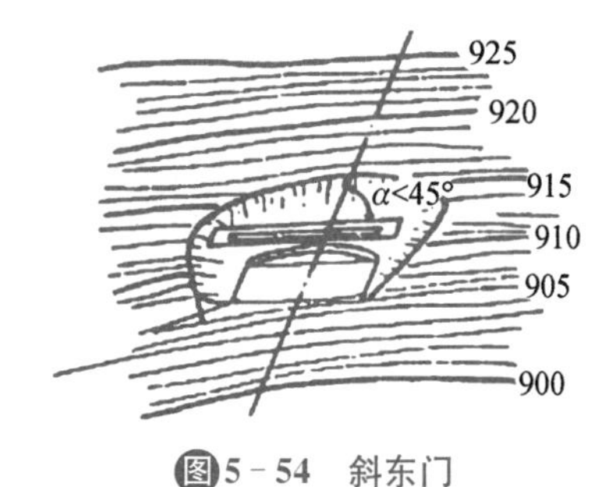

图5－54　斜东门

四、公路隧道的通风

汽车排出的废气含有多种有害物质，当其中的一氧化碳浓度很大时，人体会产生中毒症状，严重时甚至会危及生命，同时，烟雾会恶化视野，降低车辆安全行驶的视距，因此必须用通风的方法从洞外引进新鲜空气并排除洞内有害气体。

(一) 自然通风

这种通风方式不设置专门的通风设备，是利用存在于洞口间的自然压力差或汽车行驶时活塞作用产生的交通风力，以达到通风的目的。

(二) 机械通风

1. 射流式纵向通风

它是将射流式风机设置于车道的顶部，吸入隧道内的部分空气，并以 30 m/s 左右的速度喷射吹出，用机械风产生的压力加速空气流通，如图 5－55 所示。射流式通风比较经济，设备费用少，但噪声较大。

2. 竖井式纵向通风

机械通风所需动力与隧道长度的立方成正比，因此在长隧道中，常常设置竖井分段通风，如图 5－56 所示。竖井用于排气，充分利用不同高程的气压差，效果良好。

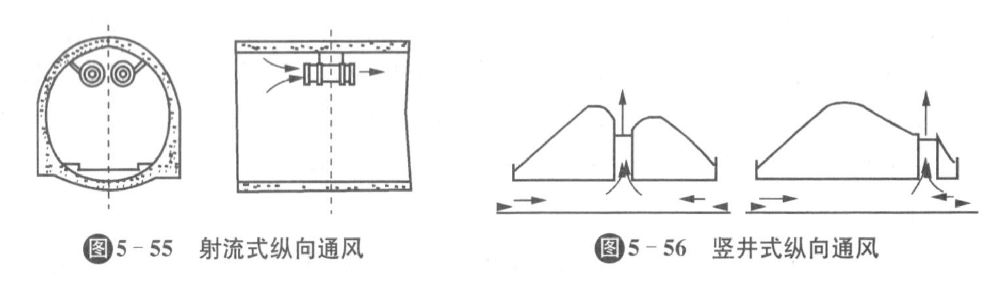

图 5－55　射流式纵向通风　　图 5－56　竖井式纵向通风

3. 横向式通风

如图 5－57 所示，该通风方式有利于防止火灾蔓延和烟雾处理，但需设置送风道和排风道，增加了建设费用和运营费用。

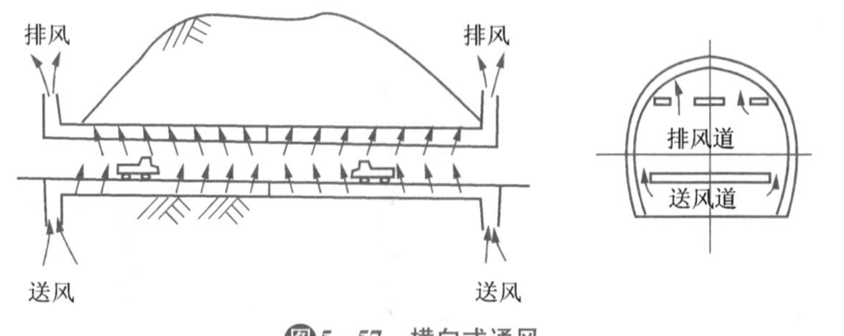

图 5－57　横向式通风

4. 半横向式通风

如图 5－58，新鲜空气经送风道直接吹向汽车的排气孔高度附近，直接稀释汽车尾气，污染空气经过隧道两端洞门排出洞外。因仅设置送风道，所以较为经济。

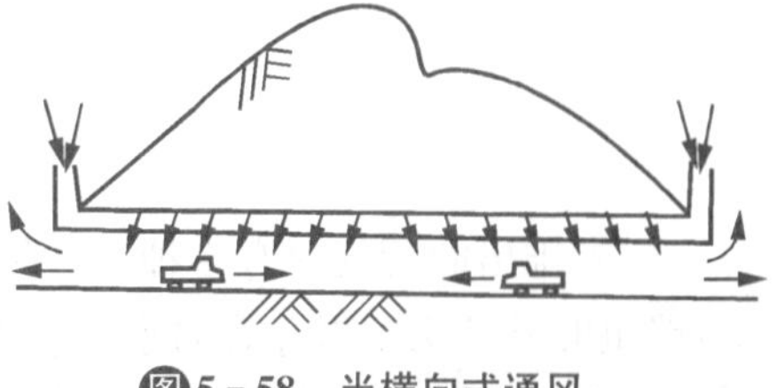

图 5－58　半横向式通风

5. 混合式通风

根据隧道的具体条件和特殊需要，由竖井与上述各种通风方式组合成为最合理的通风系统。有纵向式和半横向式的组合，或横向式与半横向式的组合等各种方式。

五、地铁隧道的结构形式

地铁隧道是地下工程的一种综合体，其组成包括区间隧道、地铁车站和区间设备段等设施。区间隧道是连接相邻车站之间的建筑物，它在地铁线路的长度与工程量方面均占有较大比重。区间隧道衬砌结构内应具有足够空间，以满足车辆通行和铺设轨道、供电线路、通讯和信号、电缆和消防、排水及照明等装置的要求。

1. 浅埋区间隧道

多采用明挖法施工，常用钢筋混凝土矩形框架结构，如图 5－59 所示。

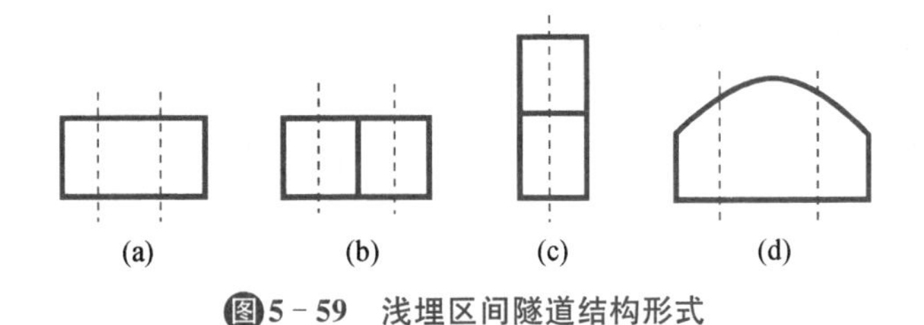

图5－59　浅埋区间隧道结构形式

2. 深埋区间隧道

多采用暗挖法施工。一般要求永久性支护结构之上覆盖层厚度不小于隧道直径。从技术和经济观点分析，暗挖法施工时，建造两个单线隧道比建造将双线放在一个大断面隧道里的做法合理，因为单线隧道断面利用率高，更便于施工。

3. 站台形式

站台是地铁车站的最主要部分，是分散上下车人流、供乘客出入的场地。世界各地车站站台断面形式各异，但站台形式按其与正线之间的位置关系可分为：岛式站台（如图 5－60 所示）、侧式站台（如图 5－61 所示）和岛侧混合式站台。

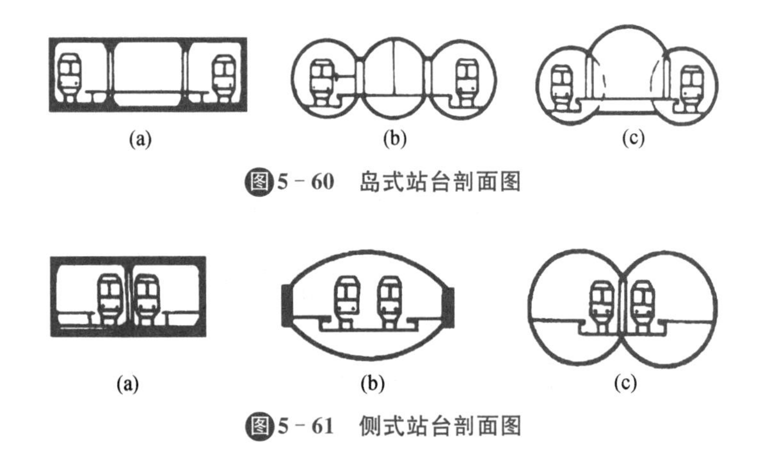

图5－60　岛式站台剖面图

图5－61　侧式站台剖面图

六、水底隧道

水底隧道与桥梁工程相比，具有隐蔽性好，可保证平时与战时的畅通，抗自然灾害能力强，并对水面航行无任何妨碍的优点，但其造价较高。水底隧道可以作为铁路、公路、地铁、航运及行人隧道。

目前，世界上最长水底隧道为日本青函海底铁路隧道，它穿越津轻海峡，将日本的本州和北海道连接起来，全长 53.85 km，采用矿山法施工技术。

1. 水底隧道的埋置深度

水底隧道埋置深度的大小关系到隧道长短、工程造价和工期的确定，尤其重要的是覆盖层厚度，关系到水下施工的安全问题。一般水底隧道的埋置深度需要考虑以下几个主要因素：

（1）地质与水文地质

隧道穿越河床的地质特征、河床的冲刷和疏浚状况。

（2）施工方法

不同的隧道施工方法，对其顶部的覆盖厚度有不同的要求，如沉管法施工，只要满足船舶的抛锚要求即可。

（3）抗浮稳定的要求

埋在流砂、淤泥中的隧道，受到地下水的浮力作用。此浮力应由隧道自重和隧道上部覆盖土体的重量加以平衡。计算时，该平衡力应是浮力的 1.10～1.15 倍，检验抗浮稳定时，为偏于安全，不计摩擦力的作用。

（4）防护要求

水底隧道应具备一定的抵御常规武器和核武器的破坏能力。以在常规武器攻击非直接命中情况下减少损失，以及在核武器攻击下防止早期核辐射的要求来确定覆盖层的厚度。

2. 水底隧道的断面形式

（1）圆形断面

主要是施工方法的原因，如采用沉管法和盾构法施工；另外的原因就是圆形内衬承受外力状态好。如图 5-62 所示为上海延安东路越江隧道断面图。

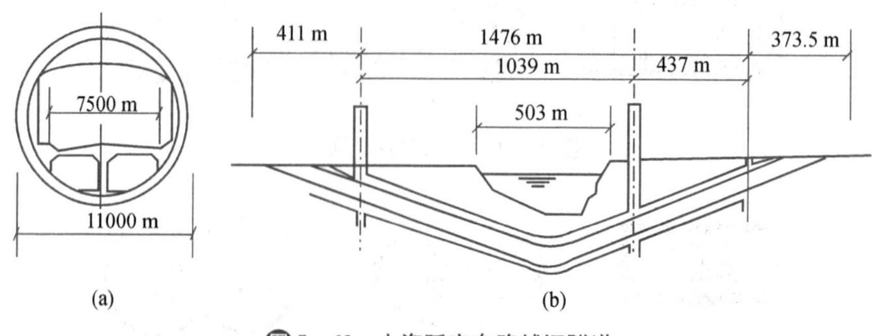

图5-62 上海延安东路越江隧道

（2）拱形断面

一般采用矿山法施工时选用。该断面形式的受力状态和断面利用率均较好。

(3) 矩形断面

圣彼得堡卡诺尼尔水下隧道(图 5－63)为双车道公路隧道，具有旁侧的人行道 1 和通风道 2，采用沉管法施工。

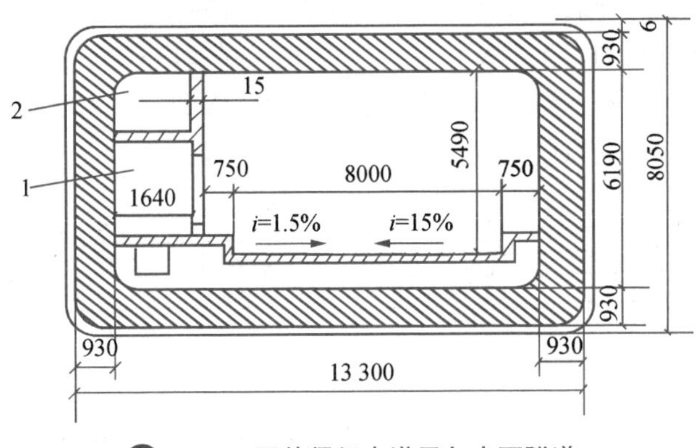

图5－63　圣彼得堡卡诺尼尔水下隧道

3. 隧道防水

水底隧道的主要部分处于河、海床下的岩土层中，常年承受着来自地下水产生的较大水压力。因此，水底隧道的防水问题显得尤其重要。一般情况下采取的防水措施有：

(1) 防水混凝土：选取抗渗标号高的混凝土或抗渗能力强的特种混凝土作为隧道的衬砌。

(2) 壁后回填灌浆：是对隧道衬砌与围岩之间的空隙进行充填灌浆，以使衬砌与围岩紧密结合，减少围岩变形，使衬砌均匀受压，提高衬砌的防水能力。

(3) 围岩固结灌浆：通过灌浆可以使隧道周围有节理或裂隙的岩石被胶粘材料充填及固结而变得完整和坚硬，形成一定厚度的止水带，进而消除和减少水压力对衬砌的作用。

(4) 双层衬砌：因其强度高及防水、排水性能强而体现出较大的优势，当然结构复杂、施工难度较高也是不可回避的事实。

课题五　通航工程

河道上修建闸、坝以后，拦断了河流并形成了较大的上、下游水位差，阻碍了船只的通行，因此为通航的需要，应修建专门的过坝建筑物，它包括船闸和升船机，其中船闸应用最广。在水利工程中，它为一类专门的水工建筑物，即专门为通航所用。当然它也可归属于水运工程中的一种特殊建筑物。限于篇幅，本课题重点讲述通航工程中的船闸与升船机，对于其他类通航建筑物将不再介绍。

一、船闸

三峡船闸

船闸是指通过闸室的水位上升或下降，分别与上游或下游水位齐平，从而使船舶克服航道上的集中水位落差，从上游(下游)水面驶向下游(上游)水面的专门建筑物。船闸利用水力使船只过坝，通航能力较大，应用较为广泛。

(一) 船闸的工作原理

船闸的工作原理

当船只从下游驶向上游时,其过闸程序如图 5－64 所示:① 关闭上、下游闸门及上游输水阀门;② 开启下游输水阀门,将闸室内的水位泄放到与下游水位齐平;③ 开启下游闸门,船只从下游引航道驶入闸室内;④ 关闭下游闸门及下游输水闸门;⑤ 打开上游输水阀门向闸室充水,直到闸室内水位与上游水位相齐平;⑥ 最后将上游闸门打开,船只驶出闸室,进入上游引航道。

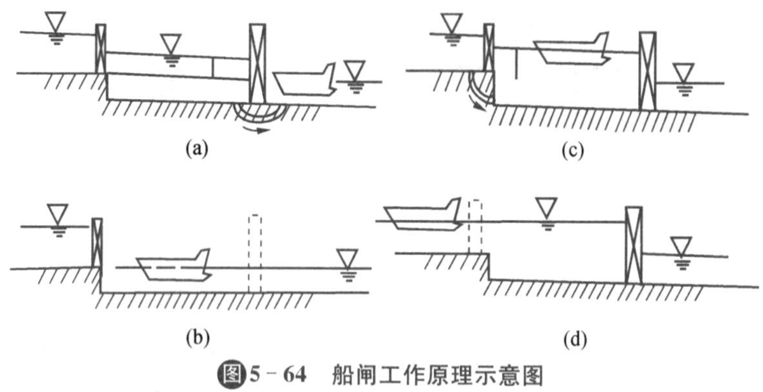

图5－64　船闸工作原理示意图

船只从上游驶向下游时,其过闸程序与此相反。

(二) 船闸的组成及作用

船闸主要由闸室、上下游闸首、上下游引航道组成,如图 5－65 所示。

(1) 闸室。闸室是指由上、下闸首和两侧边墙所围成的空间,通过船闸的船舶可在此暂时停泊。闸室一般由闸底板及闸墙构成,并由闸首内的闸门与上、下游引航道隔开。闸底板及闸墙的建筑材料,可以是浆砌石、混凝土或钢筋混凝土。

当船闸充水或放水时,闸室水位就自动升降,船舶在闸室中随闸室水位而升降,由于水位升降较快,为保证在闸室中的船舶能稳定和安全地停泊,两侧闸墙上还设有系船柱和系船环等辅助设备。

(2) 上下游闸首。位于闸室的两端,是将闸室与上、下游引航道隔开的挡水建筑物,一般由侧墙和底板组成。闸首内设有工作闸门(人字形闸门)、检修闸门、输水系统(输水廊道和输水阀门等)、阀门及启闭机械等设备。输水设备由阀门控制,向闸室灌水或由闸室向外泄水。

(3) 上、下游引航道。引导船只安全过闸的一段航道,与上游闸首连接的叫上游引航道,与下游闸首连接的叫下游引航道。

引航道内一般设有导航和靠船建筑物,导航建筑物与闸首相连,作用是引导船只顺利地进出闸室;靠船建筑物与导航建筑物相连接,布置在船只过闸方向的一岸,其作用是供等待过闸船只停靠使用。

(三) 船闸的类型

1. 按船闸的闸室级数分类

(1) 单级船闸。沿船闸的纵向只设有一级闸室的船闸,如图 5－65 所示。

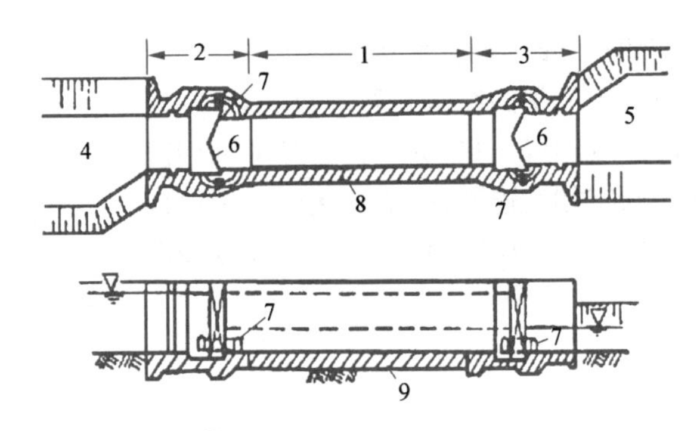

图5－65　船闸组成示意图

1—闸室；2—上闸首；3—下闸首；4—上游引航道；5—下游引航道；
6—闸门；7—输水短廊道；8—闸室侧墙；9—闸室底板

（2）多级船闸。沿船闸纵向连续建有两级以上闸室的船闸，如图5－66所示。我国著名的三峡水利枢纽上修建的船闸即为五级船闸。

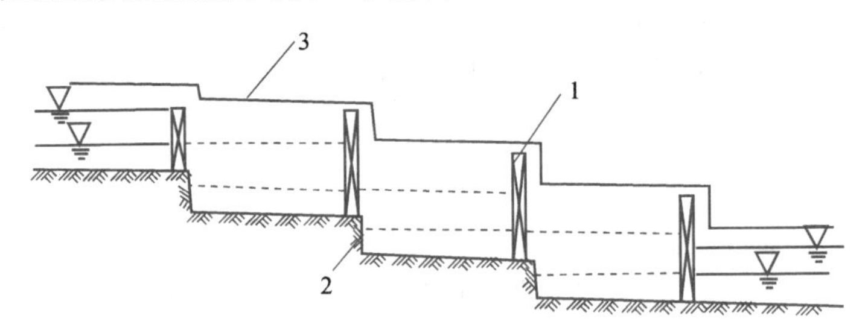

图5－66　多级船闸示意图

1—闸门；2—闸室底板；3—闸墙顶

2. 按船闸的线路分类

（1）单线船闸。在一个枢纽内，只建有一条通航线路的船闸。一般情况下多采用这种形式。

（2）多线船闸。在一个枢纽内建有两条或两条以上通航线路的船闸。图5－67为长江葛洲坝水利枢纽所采用的三线船闸布置形式。

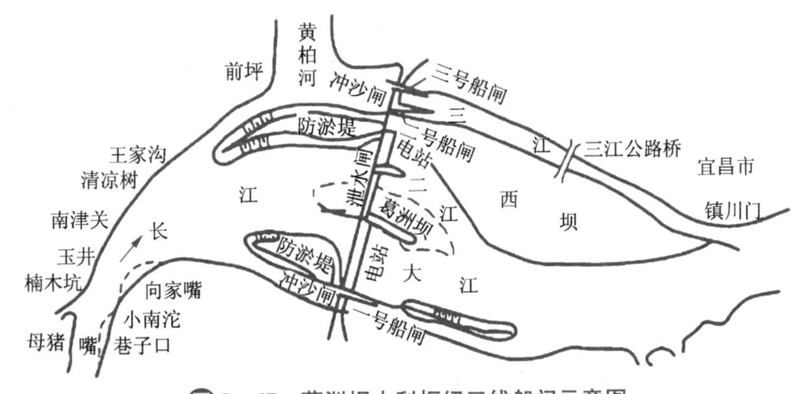

图5－67　葛洲坝水利枢纽三线船闸示意图

船闸线数的确定主要取决于货运量与船闸的通过能力，当通过枢纽的货运量巨大，采用单线船闸不能满足通过能力要求，或船闸所处河段的航道对国民经济具有特殊重要意义时，不允许因船闸检修而停航时才修建多线船闸。

在双线船闸中，可将两个船闸的闸室并列，而在两个闸室之间采用一个公共的隔墙，如图 5－68 所示。这时可利用隔墙设置输水廊道，使两个闸室相互连通，一个闸室的泄水可以部分地用于另一个闸室的充水。因此，可以减少工程量和船闸用水量。

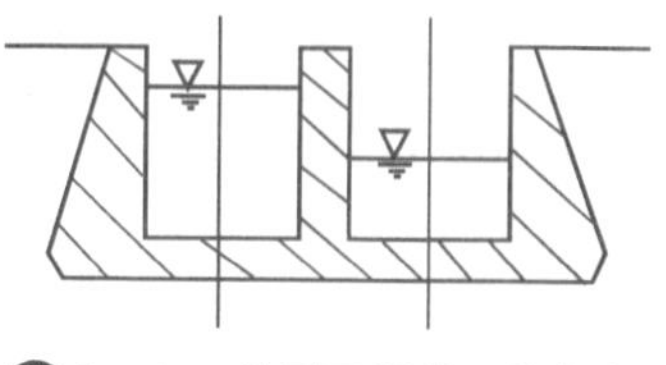
图 5－68 并列互通的双线船闸

（四）船闸的引航道

引航道的作用是保证船舶安全、平顺地进出船闸，供等待过闸船舶安全停泊，使进出闸船舶能交错避让。在通航过程中，引航道应有足够的水深和一定的平面形状与尺寸。

引航道的平面形状与尺寸主要取决于船舶过闸繁忙程度、船队进出船闸的行驶方式以及靠船和导航建筑物的形式与位置等。引航道平面形状与布置是否合理，直接影响船舶进出闸的时间，从而影响船闸的通过能力。

单线船闸引航道的平面形状可分为对称式和非对称式两类，如图 5－69 所示。

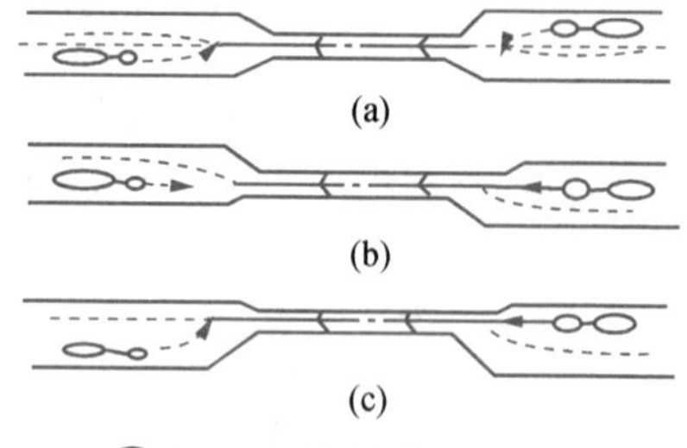

图 5－69 引航道平面形状

1. 对称式引航道

对称式引航道的轴线与闸室轴线相重合，如图 5－69(a)所示。当双向过闸时，为了进出闸船舶交错避让，船舶进出闸都必须曲线行驶。因此，进出闸速度较慢，过闸时间较长，对提高船闸通过能力不利。

2. 非对称式引航道

非对称式引航道的轴线与闸室轴线不重合，其布置方式通常有两种。

如图 5－69(b)所示的非对称式引航道，引航道向不同的岸侧扩宽，双向过闸时船舶沿直线进闸，曲线出闸。因为船舶从较宽的引航道驶入较窄的闸室时，驾驶较困难，让船舶直线进闸就能提高船舶进闸速度，从而提高船闸的通过能力。这种方式适用于岸上牵引过闸及有强大制动设备的船闸，否则为防船舶碰撞闸门，必须限制船舶进闸速度。

如图 5－69(c)所示的非对称式引航道，引航道向同一岸侧扩宽，主要货流方向的船舶进出闸都走直线，而次要货流方向的船舶进出闸可走曲线。这种方式适用于岸上牵引过闸，货流方向有很大差别，以及有大量木排过闸的情况，对于受地形或枢纽布置限制的情况，也可采用这种布置方式。

（五）船闸的结构

1. 闸室结构

闸室是船闸的重要组成部分，它由两侧的闸室墙和闸底组成。闸室的结构形式与各地的自然、经济和技术条件有关。按闸室的断面形状，可将闸室分为斜坡式和直立式两大类。

（1）斜坡式闸室

斜坡式闸室结构，是将河流的天然岸坡和底部加以砌石保护而成。为防止浅水时船只搁浅在两岸边坡上，在两侧岸坡脚处一般都建有垂直的栈桥，如图 5－70 所示。斜坡式闸室结构简单，施工容易，造价较低。但是，灌水体积大，灌水时间长，过闸耗水量大，由于闸室内水位经常变化，两侧岸坡在动水压力作用下容易坍塌，故需修筑坚固的护坡工程。这种形式主要适用于水头和闸室平面尺寸较小，河流水量较为充沛的小型船闸。

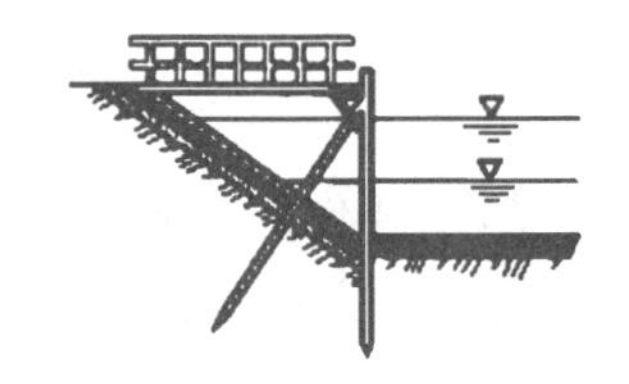

图5-70　斜坡式闸室结构示意图

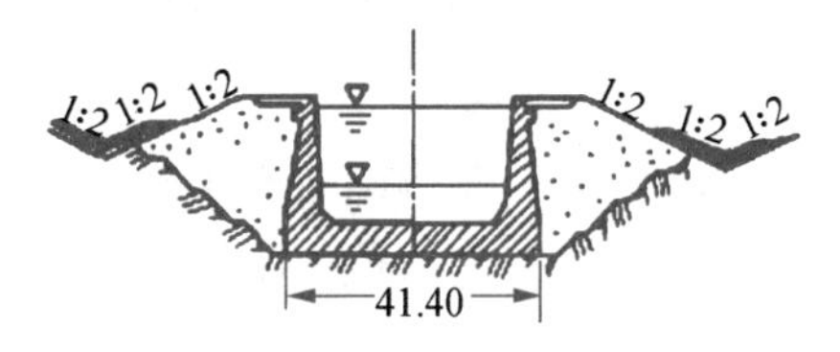

图5-71　直立式闸室结构示意图

(2) 直立式闸室结构

直立式闸室结构，如图5-71所示。一般适用于大、中型船闸。根据地基的性质，这种结构又分为非岩基上的闸室和岩基上的闸室结构两大类。

2. 闸首结构

和闸室结构形式一样，闸首结构形式主要取决于地基条件。对于非岩石地基，一般采用两侧边墩与底板为一体的整体式结构，以使闸首有足够的刚度，从而保证闸门的正常工作，同时也满足闸首整体稳定及地基承载力要求。非岩石地基上的闸首边墩，常用重力式及空箱式。对于岩石地基，一般可采用重力式结构。

3. 导航及靠船建筑物结构

导航及靠船建筑物，其结构形式与地基土壤性质、水位变幅及地形条件有关。常用的形式可分为固定式与浮式两种。

(1) 固定式

多采用重力式或墩式。重力式结构，一般用于地基不能打桩或水深不大等情况，多采用砌石或混凝土建造。这种结构可以就地取材，节省材料，施工管理方便，但对地基条件要求较高，如图5-72所示。

在我国许多大中型船闸中，常将靠船建筑物做成一个单独的墩台，即所谓靠船墩，如图5-73所示。靠船墩与实体重力式靠船建筑物相比，其工程量较少、投资较省，因此应用较为广泛。

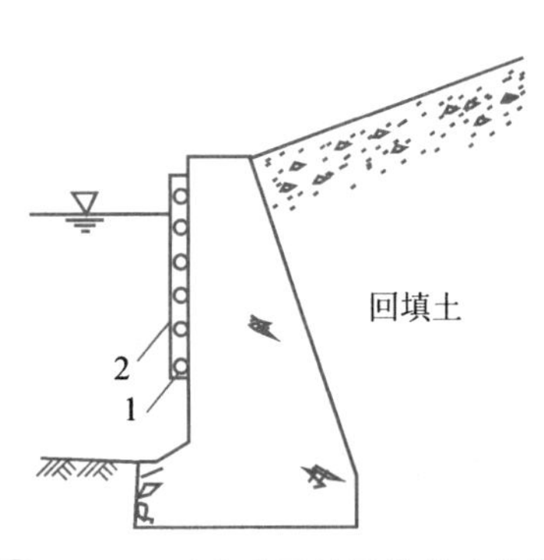

图5-72　重力式导航及靠航建筑物

1—水平护木；2—垂直护木

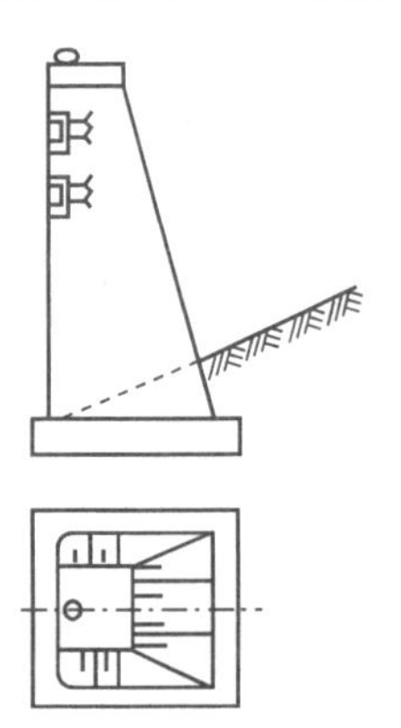

图5-73　墩式靠船墩示意

(2) 浮式

这种导航及靠船建筑物主要用于水深及水位变幅均较大的情况，如船闸的上游引航道内。一般可以做成钢筋混凝土、钢丝网水泥或金属的浮码头形式，将它们限制在专设的墩柱之间漂浮，并将其所受的荷重传给墩柱。

4. 输水系统的形式

船闸的输水系统，是供闸室灌水和泄水的一种专门设备，主要作用是调节闸室水位，使其分别与相应的上、下游水位齐平，协助船舶克服集中水位落差，以递送船舶从一个水面驶向另一个水面。

船闸输水系统的形式较多，概括起来可归纳为两大类，即集中输水系统和分散输水系统。

(1) 集中输水系统。也称头部输水系统，是将输水系统的设备集中布置在闸首范围内。灌水时，水经上闸首由闸室的上游端集中流入闸室；泄水时，水从闸室的下游端经下闸首泄入引航道。

(2) 分散输水系统。分散输水系统，也称长廊道输水系统，是将输水系统的设备分散布置在闸首及闸室内，通过纵向输水廊道上的出水孔灌泄水。

二、升船机

三峡升船机

(一) 升船机的组成及作用

升船机，一般由承船厢、垂直支架或斜坡道、闸首、机械传动机构、事故装置、电气控制系统等几部分组成。

(1) 承船厢。用于装载船舶，其上、下游端部均设有厢门，以使船舶进出承船厢体。

(2) 垂直支架或斜坡道。垂直支架一般用于垂直升船机的支承，并起导向作用。而斜坡道则用于斜面升船机的运行轨道。

(3) 闸首。用于衔接承船厢与上、下游引航道，闸首内一般设有工作闸门和拉紧(将承船厢与闸首锁紧)、密封等装置。

(4) 机械传动机构。用于驱动承船厢升降和启闭承船厢的厢门。

(5) 事故装置。当发生事故时，用于制动并固定承船厢。

(6) 电气控制系统。主要是用于操纵升船机的运行。

(二) 升船机的工作原理

船舶通过升船机的主要工作程序为：当船舶由大坝的下游驶向上游时，① 先将承船厢停靠在厢内水位同下游水位齐平的位置上；② 操纵承船厢与闸首之间的拉紧、密封装置，并充灌缝隙水；③ 打开下闸首的工作闸门和承船厢的下游厢门，并使船舶驶入承船厢内；④ 关闭下闸首的工作闸门和承船厢的上游厢门；⑤ 将缝隙水泄除，松开拉紧和密封装置，提升承船厢使厢内水位相齐平；⑥ 开启上闸首的工作闸门和承船厢的上游厢门，船舶即可由厢体驶入上游。

当船舶由大坝上游向下游驶入时，则按上述程序进行反向操纵，如图 5-74 所示。

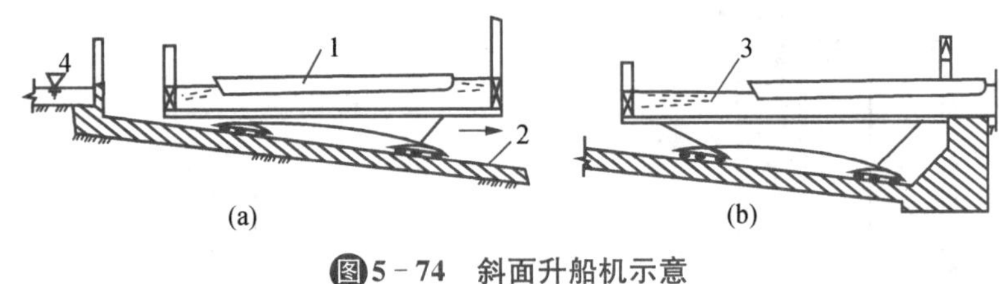

图5-74　斜面升船机示意

(三) 升船机的类型

按照承船厢的工作条件,可将升船机分为干式和湿式两类。干式也称干运,是指将船舶置于无水的承船厢内的承台上运送;湿式又称湿运,是指船只浮于有水的承船厢内运送。由于干运时船舶易碰损,故目前已较少用。

按承船厢的运行线路,一般将其分为垂直升船机和斜面升船机两大类。垂直升船机是利用水力或机械力沿铅直方向升降,使船只过坝;而斜面升船机,船只过坝时的升降方向(运行线路)则是沿斜面进行的。下面仅对这两类升船机的特点予以简介:

1. 垂直升船机

垂直升船机按其升降设备特点,可以分为提升式、平衡重式和浮筒式等形式。

(1) 提升式升船机

提升式升船机类似于桥式升降机,船只驶进船厢后,由起重机进行提升,经过平移,然后下降过坝。提升式升船机的主要特点是动力较大,一般只用于提升中小船只。如我国丹江口水利枢纽中就应用了这种垂直升船机,如图5-75所示,其最大提升高度为83.5 m,最大提升力为4500 kN,提升速度为11.2 m/min,承船厢可湿运150 t级驳船或干运300 t级驳船。

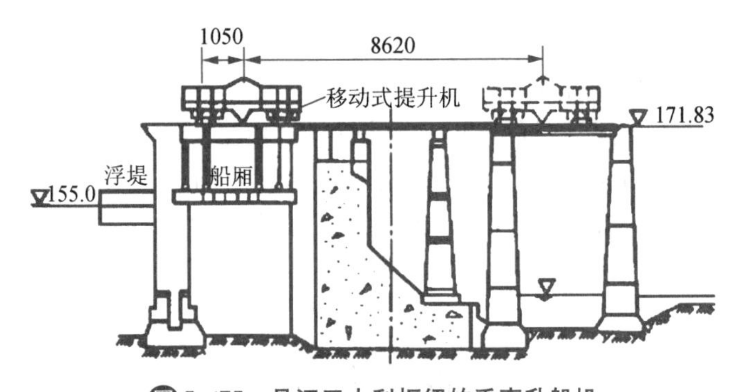

图5-75　丹江口水利枢纽的垂直升船机

(2) 平衡重式升船机

平衡重式垂直升船机是利用平衡重来平衡承船厢的重量的,如图5-76所示。提升动力仅用来克服不平衡重及运动系统的阻力和惯性力,运动原理与电梯相似。其主要优点是:可节省动力,过坝历时短,通航能力大,耗费电量小,运行安全可靠,进出口条件较好。但是,工程技术较复杂,耗用钢材也较多。

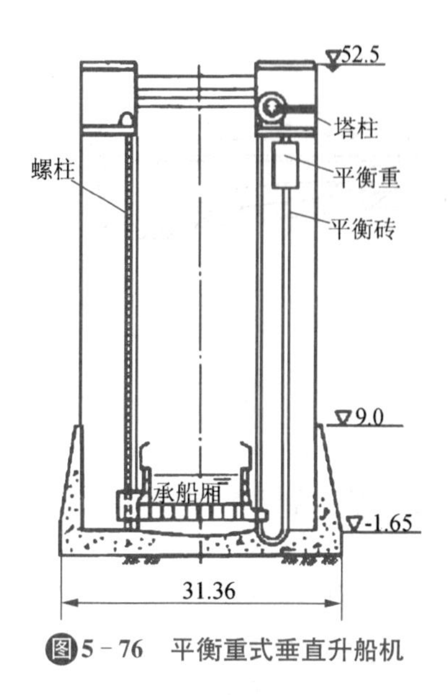

图5-76 平衡重式垂直升船机

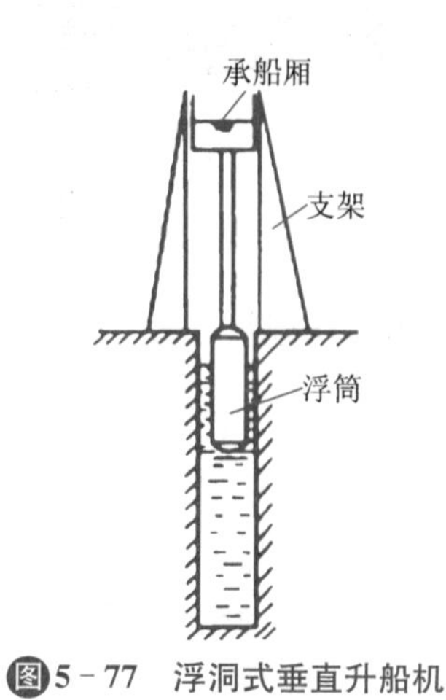

图5-77 浮洞式垂直升船机

(3) 浮筒式升船机

浮筒式升船机，其特点是将金属浮筒浸在充满水的竖井中(如图5-77所示)，利用浮筒的浮力来平衡船厢的总重量，提升动力仅用来克服运动系统的阻力和惯性力。这种升船机的支承平衡系统简单，工作可靠。但是，因受到浮筒所需竖井深度的限制，其提升高度不宜太大，并且一部分设备长期处于竖井的水下，检修较为困难。

2. 斜面升船机

斜面升船机是在斜坡上铺设升降轨道，将船舶置于特制的承船车中干运或在承船中湿运过坝，如图5-74所示。这种升船机按照运行方式不同，可以分为牵引式、自行式(或称自爬式)；按照运送方向与船只行驶方向的关系，又可分为纵向行驶和横向行驶两种。其中，牵引式纵向行驶的升船机应用最为广泛。

斜面升船机一般由承船厢、斜坡轨道和卷扬设备等部分组成。为了减小牵引动力，斜面升船机多设置平衡重块。在我国丹江口水利枢纽中，由于落差大，若采用单一的垂直升船机、斜面升船机或船闸方案，工程量都较大，同时考虑到近期货运量较小，经过比较，选用了垂直升船机与斜面升船机相结合的方式，船厢干湿两用，曾经干运过300 t的驳船和湿运过150 t的驳船。

单元小结

本单元介绍了：

(1) 道路的组成、分类；道路选线的原则、方法；路基、路面的构造和特点。

(2) 铁路路线设计的基本要求、原则，以及一些常见的方法。

(3) 桥梁的分类和组成，桥梁设计的重要参数，桥梁的支承结构以及桥梁基础。

(4) 交通隧道的概念、特点及类型，隧道建筑物、隧道的通风及结构形式。

(5) 通航工程中的船闸与升船机的概念、工作原理、组成、类型及结构。

复习思考题

1. 何为道路？道路与公路的关系是什么？
2. 道路的构造或组成有哪些？
3. 道路的平面线形有哪几种类型？
4. 道路纵坡控制有哪几个重要参数？
5. 什么是道路的建筑限界？
6. 路基的横断面有哪几种类型？
7. 路面应满足哪些要求？路面的结构形式是怎样的？
8. 铁路等级是如何划分的？主要技术指标是什么？
9. 铁路平面曲线有哪些？各有什么规定？
10. 铁路的限制坡度设定的大与小会有哪些影响？
11. 隧道纵断面形状常见有哪两种？各自特点是什么？
12. 隧道衬砌的作用是什么？类型有哪几种？
13. 隧道通风的方式有哪几种？
14. 桥梁是如何分类的？
15. 桥面各组成部分的功能是什么？
16. 桥跨的结构形式有哪些？
17. 桥墩及桥台的类型有哪些？
18. 桥梁基础的类型及其特点有哪些？
19. 船闸的组成有哪些？各组成部分的功能及构造是什么？

单元六 水利工程

学习目标

掌握各类水工建筑物的定义、组成、基本形式及其结构特点；了解水利枢纽的组成和建筑物等级划分；了解各种输水建筑物和挡、泄水建筑物的选址及对地基的要求等；了解河道整治和治河建筑物的有关知识；了解拱坝的主要特性参数。

学习重点

水利工程和水工建筑物的类型；重力坝、土石坝、水闸的形式及结构特点；渡槽、倒虹吸的形式及结构特点；常用的防洪工程及其作用。

课题一 水利综合知识

一、水资源及其开发利用

水是人类生存和社会发展不可缺少的宝贵资源。地球上水资源总量的90%以上为海洋水，其余为内陆水。内陆水中河流及其径流，对于人类和人类活动起着特别重要的作用。据统计，全球年径流总量为 4.7×10^5 亿 m^3，人均占有值为 9000 m^3，我国多年平均年径流总量为 2.78×10^4 亿 m^3，居世界第六位。全国河流的水能理论蕴藏量总计出力为 6.76 亿 kW，居世界第一位，其中便于开发的为 3.78 亿 kW，年发电量可达 1.9×10^{12} kW·h。

由于我国人口众多，人均水资源占有量仅相当于世界人均占有水量的 1/4，由此看出，我国是一个贫水的国家。

我国幅员辽阔，水资源在地区上和时间上的分布很不均匀。枯水季节或枯水年雨量小，往往不能满足用水要求，而丰水季节或丰水年雨量又很大，可能泛滥成灾。在地域上总体分布是南方水多，北方水少。

为了控制和利用天然水资源，达到兴利除害的目的，就必须采取各种措施，包括工程措施和非工程措施。其中所采取的工程措施就是通常所称的水利工程。按其目的和作用来分有以下几项：

(1) 河道整治与防洪工程。通过整治建筑物和其他措施，防止河道冲蚀、改道和淤积，使河流能满足防洪、航运、工农业用水等方面的要求。

(2) 农田灌溉与排水工程。通过建闸修渠，形成良好的灌排系统，使农田旱可灌，涝可排，实现农田水利化。

(3) 水力发电工程。利用河流及潮汐的能量发电。

（4）城镇供水与排水工程。居民区和工矿企业的给水和废污水的排除。

（5）航运与港口工程。利用河道、湖泊和海洋行船和漂木。

水利工程具有以下特点：

（1）水工建筑物受水的影响较大，工作条件复杂。

（2）施工难度大。

（3）各地的水文、气象、地形、地质等自然条件各有差异，水文、气象状况存在或然性，因此大型水利工程的设计总是各有特点，难以统一。

（4）大型水利工程投资大、工期长，对社会、经济和环境有很大影响，可以产生显著经济效益，但如处理不当，造成失误或失事，又会造成巨大损害。

二、水库及其特征参数

拓展阅读

水库小知识

水库是一种蓄水工程，是在河流或谷地的适当地点修建拦河坝截断河流，以形成一定的蓄水容积。水库形成后，在汛期可以拦蓄洪水，削减洪峰，减除下游洪水灾害。水库中的蓄水可以用来满足灌溉、发电、航运、城市供水等需要。因此，修建水库是解决来水和用水在时间上的矛盾，并能综合利用水资源的有效措施。

（一）水库的组成

水库通常包括以下三种建筑物：

（1）挡水建筑物：一般为拦河坝，用以拦截河水、壅高水位、形成水库，是组成水库的最基本的建筑物。

（2）泄水建筑物：用以宣泄水库中的多余水量，以保证大坝安全。其形式有溢洪道、泄洪隧洞等。

（3）取水和输水建筑物：用以从水库中取水并将水输送到用水地点。一般为深式取水口和输水隧洞、渠道、管道等。

（二）水库形成后对周围环境的影响

水库改变了河道的径流，水库下游河道的流量产生了变化。在枯水期，如果电站和灌溉用水，下游流量增加，对航运、河道水质改善、维持生态平衡等方面均有利。如不放水，将使河道干涸，两岸地下水位降低，生态平衡受到影响。另外，下泄的水流易冲刷河床，将影响下游桥梁、护岸等工程的安全。

水库形成后，易使库区内造成淹没，导致村镇、工厂及交通等设施需要迁移重建；水库水位的变化可能引起岸坡大范围滑坡，影响拦河大坝的安全；在地震多发区，有可能诱发地震；水库水质、水温的变化会使库区附近的生态平衡发生变化。

另外，一些水库上游河道的入库处，容易发生淤积，使河水下泄不畅，水库上游河道容易发生泛滥。

因此，在进行水利规划和水库设计时，应认真研究和解决这些问题，充分利用有利条件，避免或减轻不利影响。

(三) 水库的特征水位及库容

反映水库工作状况的水位称为特征水位,这些水位决定着水工建筑物的尺寸,如坝高、溢洪道宽度等。特征水位相应的库容称为特征库容(图 6-1)。为了保证水库正常运行,在设计水库库容时,必须根据河流的水文情况(即来水量)和国民经济各需水部门之间的平衡关系,确定出各种特征水位及库容。

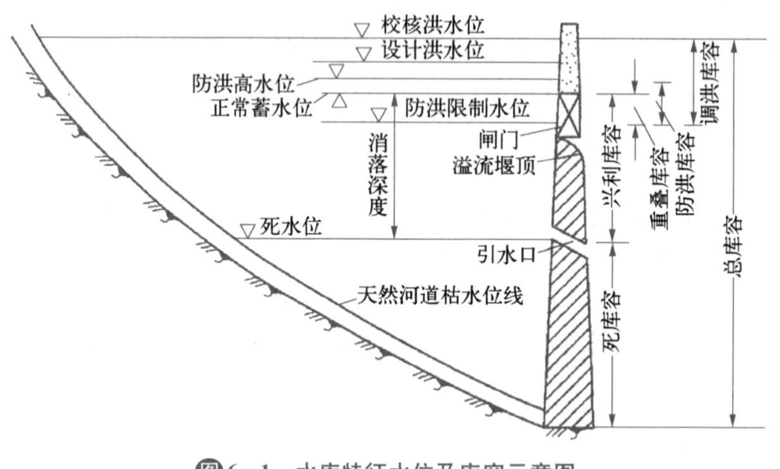

图6-1 水库特征水位及库容示意图

1. 死水位和死库容

在正常运行情况下,允许水库消落的最低水位称为死水位,该水位以下的库容为死库容。死库容的蓄水量一般情况下是不动用的。

2. 正常蓄水位和兴利库容

在正常运行情况下,为满足设计的兴利要求,水库在供水期开始时应蓄到的水位称为正常蓄水位。正常蓄水位与死水位之间的库容称为兴利库容。如水库采用自由式溢洪的无闸门溢洪道,溢洪道的堰顶高程就是正常蓄水位。如果水库溢洪道上装有闸门,水库的正常蓄水位一般就是闸门关闭时的门顶理论高程,当然,在确定实际的门顶高程时还要考虑波浪高度及安全加高。

3. 防洪限制水位

水库在汛期允许兴利蓄水的上限水位称为防洪限制水位,即汛限水位。可根据洪水特性和防洪要求,对汛期不同时期分段拟定。

4. 防洪高水位和防洪库容

当遇到下游防护对象的设计洪水时,水库为控制下泄流量而拦蓄洪水,这时在坝前达到的最高水位称为防洪高水位。该水位与防洪限制水位间的库容称为防洪库容。当防洪限制水位低于正常蓄水位时,防洪库容与兴利库容的部分库容是重叠的,可减小专用防洪库容,重叠部分称共用库容或重叠库容,在汛期是防洪库容的一部分,而在汛后则为兴利库容的一部分。

5. 设计洪水位和拦洪库容

水库遇设计洪水时，在坝前达到的最高水位称为设计洪水位。该水位与防洪限制水位之间的库容称为拦洪库容。

6. 校核洪水位和调洪库容

水库遇校核洪水时，在坝前达到的最高水位称为校核洪水位。该水位与防洪限制水位之间的库容称为调洪库容。

7. 总库容和有效库容

校核洪水位以下的全部库容称总库容。校核洪水位与死水位之间的库容称有效库容。

在设计洪水位或校核洪水位以上，考虑风浪高和相应的安全超高，即可确定大坝的坝顶高程，作为大坝设计的依据。

三、水工建筑物与水利枢纽

纪录片

《大三峡》

(一) 水工建筑物及其分类

在水利工程中所修建的建筑物称为水利工程建筑物，简称水工建筑物。

1. 按照建筑物的用途分类

(1) 一般水工建筑物

① 挡水建筑物：用以拦截河水，壅高水位或形成水库，如各种闸、坝和堤防等。

② 泄水建筑物：用以从水库或渠道中泄出多余水量，以保证工程安全，如各种溢洪道、泄洪隧洞和泄水闸等。

③ 输水建筑物：从水源向用水地点输送水流的建筑物。如输水隧洞、渠道、管道等。

④ 取水建筑物：它是输水建筑物的首部，如各种进水闸、取水口等。

⑤ 河道整治建筑物：为改善河道水流状态，防止水流对河床产生破坏作用所修建的建筑物，如护岸工程、导流堤、丁坝、顺坝等。

(2) 专门水工建筑物

① 水力发电建筑物：如水电站厂房、压力前池、调压井等。

② 水运建筑物：如船闸、升船机、过木道等。

③ 农田水利建筑物：如专为农田灌溉用的沉沙池、量水设备、渠系及渠系建筑物等。

④ 给水、排水建筑物：如专门的进水闸、抽水站、滤水池等。

⑤ 渔业建筑物：如鱼道、升鱼机、鱼闸、鱼池等。

2. 按照建筑物使用时间分类

(1) 永久性建筑物

这种建筑物在运用期长期使用，根据其在整体工程中的重要性又分为：

① 主要建筑物：指该建筑物在失事以后将造成下游灾害或严重影响工程效益，如闸、坝、泄水建筑物、输水建筑物及水电站厂房等。

② 次要建筑物：指失事后不致造成下游灾害和对工程效益影响不大且易于修复的建筑物，如挡土墙、导流墙、工作桥及护岸等。

（2）临时性建筑物

这种建筑物仅在工程施工期间使用，如围堰、导流建筑物等。

（二）水利枢纽

水利工程往往是由几种不同类型的水工建筑物集合在一起，构成一个完整的综合体，用来控制和支配水流，这些建筑物的综合体称为水利枢纽。图 6－2 为当今世界最大的水利枢纽——三峡水利枢纽示意图。

三峡水利枢纽的主要建筑物由大坝、水电站和通航建筑物三大部分组成。其大坝为重力坝，最大坝高 181 m，水电站采用坝后式，共安装 32 台 70 万千瓦水轮发电机组，其中左岸 14 台，右岸 12 台，地下 6 台。通航建筑物包括船闸和升船机，船闸为双线五级连续梯级船闸，升船机为单线一级垂直提升式。

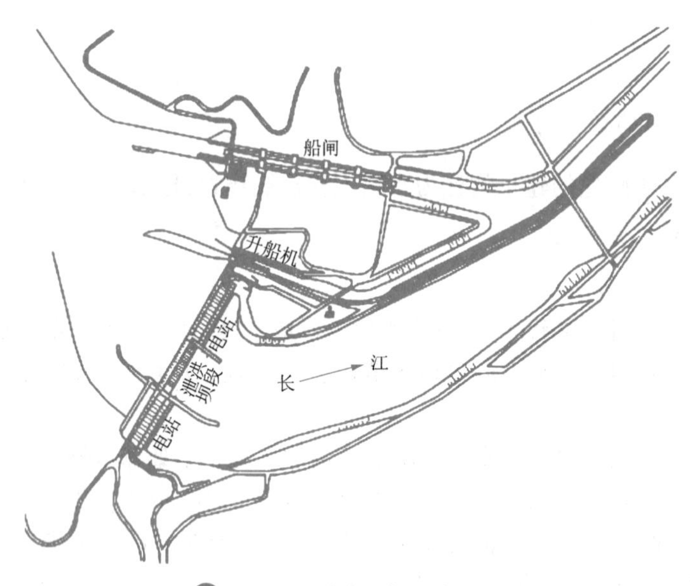

图6－2 三峡水利枢纽布置图

水利枢纽一般具有多种作用，可发挥多种效益，但有主次之分。根据枢纽的主要作用不同，水利枢纽分为：水力发电枢纽、水运枢纽、引水枢纽、蓄水枢纽等。

（三）水利枢纽的分等和水工建筑物的分级

SL 252—2017

水利水电工程等级划分及洪水标准

为了将工程安全和工程造价合理地统一起来，首先应对水利枢纽按规模、效益及其在国民经济中的重要性进行分等，然后再将枢纽中的不同建筑物按其作用和重要性进行分级。分等分级的目的在于对不同级别的建筑物提出不同的要求，级别高的，对抗御洪水能力、强度和稳定性的安全系数等要求高；级别低的，则可适当降低要求，这种做法是体现经济政策和技术标准统一的一个重要方面。

《水利水电工程等级划分及洪水标准》（SL 252—2017）将水利枢纽分为五等，见表 6－1。

表 6 - 1　水利水电工程分等指标

工程等别	工程规模	水库总库容/($10^8 m^3$)	防洪			治涝	灌溉	供水		发电
			保护人口/10^4人	保护农田面积/10^4亩	保护区当量经济规模/10^4人	治涝面积/10^4亩	灌溉面积/10^4亩	供水对象重要性	年引水量/$10^8 m^3$	发电装机容量/MW
Ⅰ	大(1)型	≥10	≥150	≥500	≥300	≥200	≥150	特别重要	≥10	≥1200
Ⅱ	大(2)型	<10,≥1.0	<150,≥50	<500,≥100	<300,≥100	<200,≥60	<150,≥50	重要	<10,≥3	<1200,≥300
Ⅲ	中型	<1.0,≥0.10	<50,≥20	<100,≥30	<100,≥40	<60,≥15	<50,≥5	比较重要	<3,≥1	<300,≥50
Ⅳ	小(1)型	<0.1,≥0.01	<20,≥5	<30,≥5	<40,≥10	<15,≥3	<5,≥0.5	一般	<1,≥0.3	<50,≥10
Ⅴ	小(2)型	<0.01,≥0.001	<5	<5	<10	<3	<0.5		<0.3	<10

注 1:水库总库容指水库最高水位以下的静库容;治涝面积指设计治涝面积;灌溉面积指设计灌溉面积;年引水量指供水工程渠首设计年均引(取)水量。

注 2:保护区当量经济规模指标仅限于城市保护区;防洪、供水中的多项指标满足 1 项即可。

注 3:按供水对象的重要性确定工程等别时,该工程应为供水对象的主要水源

枢纽中的水工建筑物,根据其所属等级及其在工程中的作用和重要性分为五级,表 6 - 2 为永久性水工建筑物级别划分指标。

表 6 - 2　永久性水工建筑物划分指标

工程等别	主要建筑物	次要建筑物
Ⅰ	1	3
Ⅱ	2	3
Ⅲ	3	4
Ⅳ	4	5
Ⅴ	5	5

确定枢纽的等别及建筑物级别的主要依据是表 6 - 1 和表6 - 2,但在某些情况下,经过论证,还可适当提高或降低相应标准。

课题二　挡水及泄水建筑物

本课题中介绍的挡水建筑物有重力坝、土石坝、拱坝,泄水建筑物有水闸、河岸式溢洪道等。

一、重力坝

重力坝

重力坝是一种依靠自重维持稳定的坝体,一般用混凝土或浆砌石筑成。由于混凝土可以有较高的强度和较小的透水性,因此,混凝土重力坝在水利工程建设中占有较大的比重。

混凝土重力坝的坝轴线一般为直线，垂直坝轴线方向设有横缝将坝体分为若干个独立的坝段，以免因温度变化和地基的不均匀沉陷引起坝体裂缝，缝内设有防止漏水的止水设备（图 6－3）。坝的横剖面基本上呈三角形，并有铅直或接近铅直的上游坝面。混凝土重力坝结构简单、施工方便，抵抗超标准洪水、冻害或战争等意外事故的能力较强。世界上最高的混凝土重力坝是瑞士 1962 年建成的大狄克逊坝，坝高 285 m。

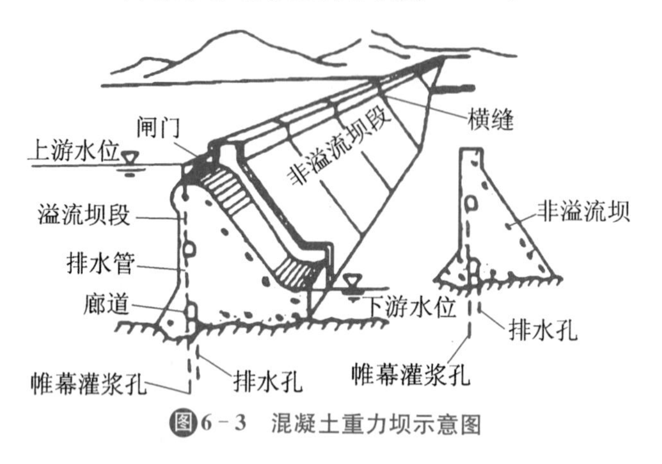

图6－3 混凝土重力坝示意图

（一）重力坝的特点

重力坝的工作原理是：主要依靠自身重量维持坝体稳定和满足强度要求，因此坝的断面较大。与其他坝型比较有以下主要特点：

1. 结构简单、体积大、安全可靠、有利于机械化施工

由于断面尺寸大，材料强度高，耐久性能好，抵抗洪水漫顶、渗漏、地震及战争破坏能力比较强，安全性较高，因此重力坝的失事率是较低的。

2. 泄洪和施工导流比较容易解决

重力坝的断面大，所用材料的抗冲能力强，适于在坝顶溢流和在坝身设置泄水孔。在施工期间可以利用坝体导流。一般不需要在坝体以外另设溢洪道、泄洪隧洞或导流隧洞等工程。在意外情况下，即使从非溢流坝顶溢过少量洪水，一般也不会导致坝的失事，而不像土石坝那样一旦洪水漫顶很快就会溃坝成灾，这是重力坝的一个最大优点。在坝址河谷狭窄而洪水泄量大的情况下，重力坝可较好地适应这种自然条件。

3. 对地形、地质条件的适应性较好

地形条件对重力坝影响不大，几乎任何形状的河谷断面均可建造重力坝。因为重力坝在沿坝轴线方向被横缝分割成若干独立的坝段，能较好地适应岩石物理情况的变化，一般强度的岩基均可满足要求。重力坝的这一特点，是高坝选型中的一个优越条件。

4. 材料强度一般不能充分发挥

重力坝的断面是根据抗滑稳定和无拉应力条件确定的，坝体内的压应力通常不大。对于中、低重力坝，即使低标号混凝土，其材料强度也未能充分利用，这是重力坝的一个主要缺点。

5. 水泥用量多，需要温控散热措施

由于混凝土重力坝的体积大、水泥用量多、水化热大、散热条件差，一般均需温控散热措

施。许多工程因温度控制不当而出现裂缝，有的甚至形成危害性裂缝。为避免裂缝影响坝的耐久性、抗渗性、内应力和外观，在浇筑混凝土时，需要有较严格的温度控制措施。

(二) 重力坝的类型

(1) 按坝的高度分为高坝、中坝、低坝三类。坝高大于 70 m 为高坝；坝高在 30～70 m 之间的为中坝；坝高小于 30 m 的为低坝。坝高系指坝基最低点(不含局部有深槽或井、洞部位)至坝顶路面的高度。

(2) 按泄水条件，可分为溢流坝和非溢流坝。坝体内设有泄水底孔的坝段和溢流坝段可统称为泄水坝。非溢流坝段也叫挡水坝段。

(3) 按坝的结构形式分，有实体重力坝[如图 6－4 (a)]、宽缝重力坝[如图 6－4 (b)]、空腹重力坝[如图 6－4 (c)]等。

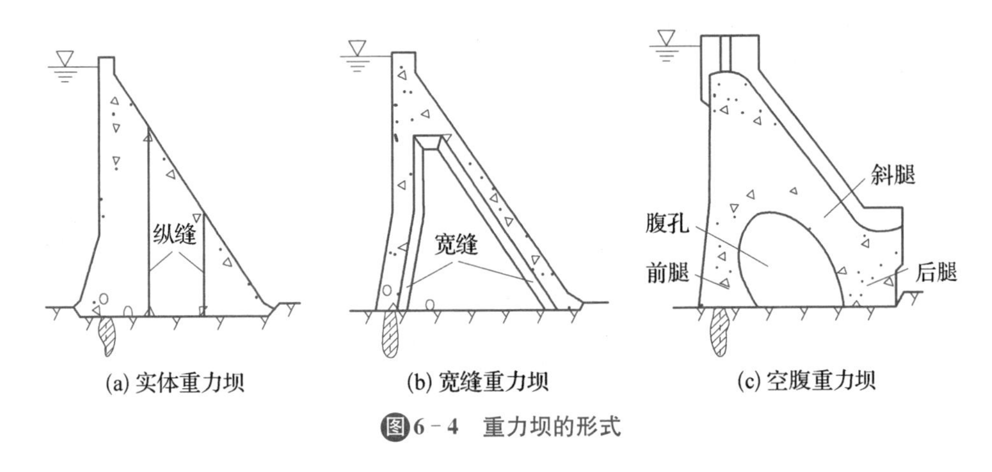

(a) 实体重力坝　(b) 宽缝重力坝　(c) 空腹重力坝

图6－4　重力坝的形式

(三) 非溢流重力坝剖面

重力坝剖面设计的任务是在满足强度和稳定的条件下，求得一个施工简单、运用方便、体积最小的剖面。由于重力坝所承受的主要荷载是呈三角形分布的静水压力，为满足稳定和强度要求，坝的基本剖面应该是一个三角形。通过计算，满足强度条件和稳定条件的基本剖面是上游面近于铅直的三角形。在满足施工、运用和管理要求的前提下，坝顶应有一定的高程和宽度，将基本剖面修改为如图 6－5 所示的几种常用剖面。

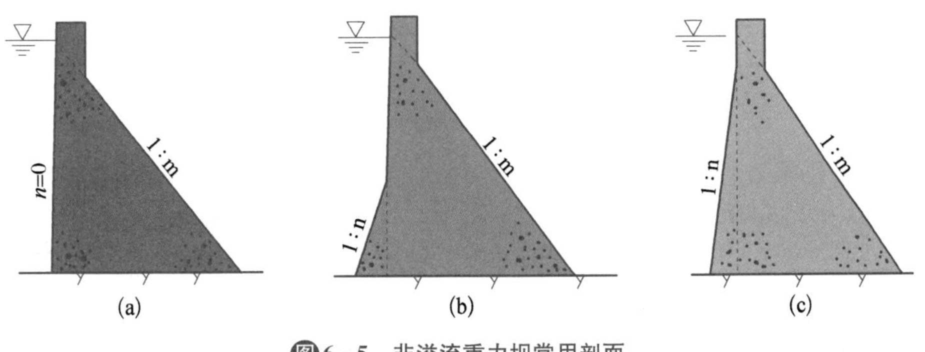

(a)　(b)　(c)

图6－5　非溢流重力坝常用剖面

(四) 溢流重力坝

溢流重力坝既能挡水，又能通过坝顶泄水，其剖面形状不仅要满足稳定和强度要求，还要满足泄水要求。溢流重力坝基本剖面的确定原则与非溢流坝相同，但实用剖面是以泄水安全为设计条件，即溢流坝应具有足够的泄水能力，泄水时水流顺畅，坝面无空蚀破坏现象。

1. 溢流坝的布置

溢流坝通常布置在河床较低处，使下泄水流平顺地流入下游河道。溢流坝应布置在坚固岩基上，以抵抗下泄水流的冲刷。为使下泄水流不妨碍水电站和通航建筑物等的工作，一般设有横墙与电站尾水渠隔开。溢流坝两侧用边墙与非溢流坝分开，以免水流横溢。

为简化工程，便于管理，中小型水库的溢流坝顶常不设闸门，蓄水只能到溢流坝顶。大型水库需有较大库容时，则在溢流坝顶设置闸门，溢流坝顶低于正常蓄水位，如图 6-6 所示。设置闸门时，需将溢流坝用闸墩分成若干孔，由闸墩支撑闸门，在闸墩上设工作桥以装置和操纵启闭机。

2. 溢流重力坝剖面

溢流坝的剖面由四部分组成，即上游直线段、堰顶曲线段、下游直线段、下游反弧段，如图 6-7所示。一般溢流坝的上游面做成直线形，有的也做成折线形，具体由重力坝的强度和稳定条件确定。溢流坝面的顶部做成曲线形，曲线的形状对泄水能力、水流条件和坝面是否遭受空蚀破坏有很大影响，是设计溢流重力坝剖面的关键。堰顶曲线段的下游为一直线段，其坡度大小由重力坝的基本剖面确定。溢流坝面的最下游端做成圆弧形，称为反弧段，其作用是使水流平顺地泄入下游，减小动水压力。

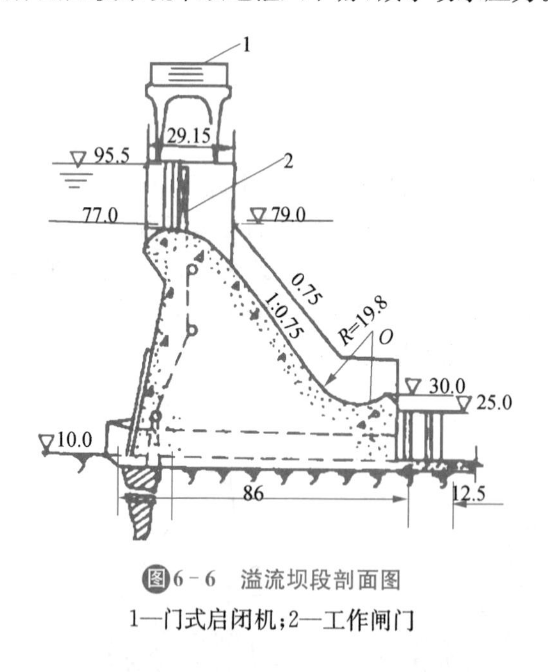

图6-6 溢流坝段剖面图

1—门式启闭机；2—工作闸门

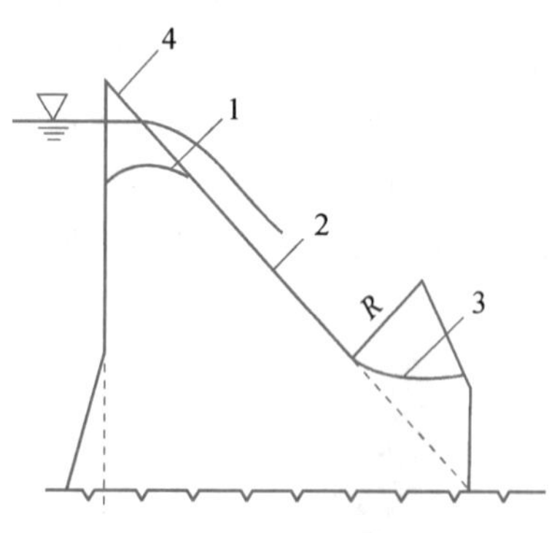

图6-7 溢流曲面组成

1—顶部曲线段；2—直线段；3—反弧段；4—基本剖面线

3. 溢流坝的下游消能措施

经过溢流坝下泄的水流，具有很大的动能，如不采取有效的措施进行消能，必将冲刷下游河床，破坏坝址下游地基，威胁建筑物的安全或其他建筑物的正常运行。因此，必须采取妥善的消能防冲措施，确保大坝安全运行。

混凝土溢流坝下游的消能方式以挑流式消能最为常见。挑流消能是利用挑流鼻坎，将下泄的高速水流挑射到空中，然后自由跌落到距下游坝脚较远的位置与下游水流相衔接的消能方式，图 6－6 所示即为挑流消能方式。水流能量通过水舌在空中与空气摩擦、掺气、扩散及落入下游尾水中淹没、紊动、扩散等方式消耗。挑流消能有结构简单，工程造价低，检修及施工方便等优点，但会造成下游冲刷较严重、雾化及尾水波动较大等。挑流消能适用于坚硬岩基上的中、高坝。

（五）重力坝的泄水孔

1. 泄水孔的用途

重力坝的泄水孔，一般位于深水之下，故又称深孔或底孔。泄水孔的用途是多方面的，如配合溢流坝泄放洪水；预泄水库以利调洪；放空水库进行大坝检修或满足人防的要求；排泄泥砂以延长水库寿命和保证其他建筑物正常运行；向下游放水，供发电、灌溉、航运、城市供水之用；施工导流等。为了简化布置，方便施工，在不影响正常运行的条件下，尽量考虑一孔多用，如灌溉、发电相结合及放空、排砂相结合，放空、导流相结合等。

2. 泄水孔的类型

按孔内水流状态分为有压泄水孔和无压泄水孔两种类型。发电孔为有压孔，其他类型的泄水孔或放水孔可以是有压或无压的。有压泄水孔的工作闸门一般都设在出口，孔内始终保持满水有压状态（见图 6－8）。为改善受力状况和防渗，常用钢板衬砌孔壁。

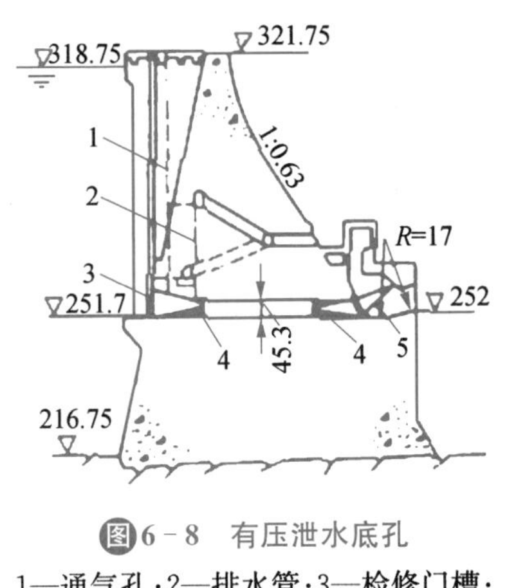

图6－8　有压泄水底孔

1—通气孔；2—排水管；3—检修门槽；4—渐变段；5—工作闸门

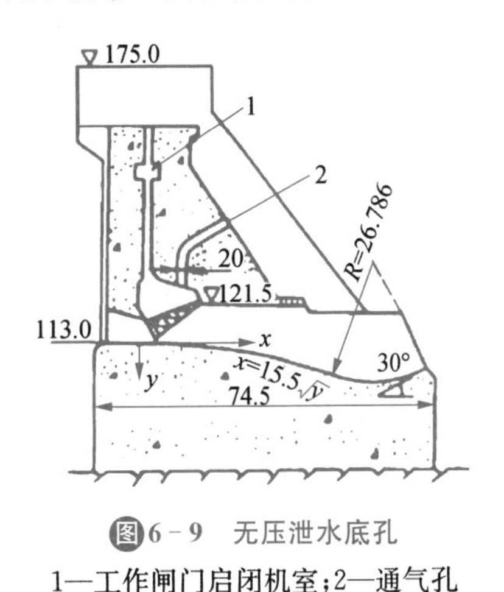

图6－9　无压泄水底孔

1—工作闸门启闭机室；2—通气孔

无压泄水孔的工作闸门和检修闸门都设在进口，工作闸门后的孔口断面顶部抬高，使水流不能接触泄水孔顶部，形成无压明流（见图 6－9）。除工作闸门前一段压力短管外，其他部分均为无压状态。

(六) 重力坝的构造

1. 重力坝的分缝

为了防止坝体因温度变形和地基不均匀沉陷而产生裂缝，并适应混凝土的浇筑能力和散热要求，在坝体内需要进行分缝。

在岩石地基混凝土重力坝上设置的缝可分为横缝、纵缝和水平施工缝三种。

(1) 横缝

横缝垂直于坝轴线布置，沿坝体的整个高度将坝体分成若干独立的坝段(如图 6-10 所示)，以减少坝的纵向约束，控制裂缝的发生。横缝对坝体的安全运行并无影响，故一般是永久性的，又称为永久缝。横缝的间距由地形、地质条件、坝的高度和施工条件确定。混凝土重力坝横缝间距一般为15～20 m，间距过大仍会产生裂缝，过小又无必要。缝宽一般为 1～2 cm。为了防止漏水，永久缝内须设止水设备并充填有伸缩性的沥青麻刀以保证缝的宽度。

(2) 纵缝

为适应混凝土的浇筑能力和施工期的混凝土散热要求而设置的临时缝(如图 6-10 所示)。纵缝在水库蓄水前，混凝土充分冷却后进行灌浆，使坝成为整体。纵缝间距一般为15～30 m。中小型坝浇筑面积不大，可以不设纵缝。

(3) 水平施工缝

混凝土是自下而上分层浇筑的，在上下层浇筑块之间形成水平施工缝(如图 6-11 所示)。水平层的厚度与施工能力、气候条件等因素有关，应用最多的薄层浇筑法，层厚为1.5～3.0 m。

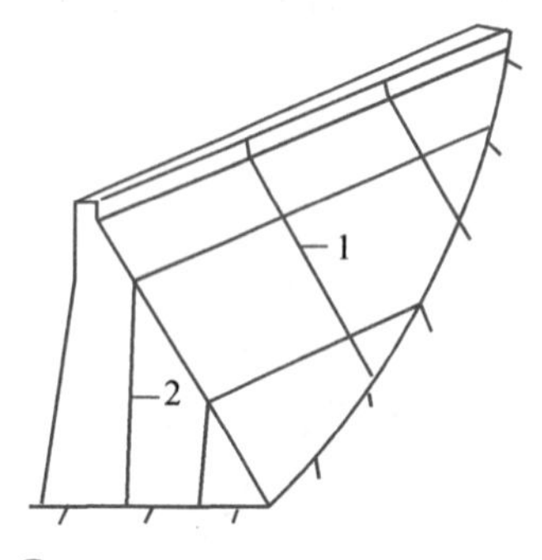

图6-10 重力坝的横缝及纵缝
1—横缝；2—纵缝

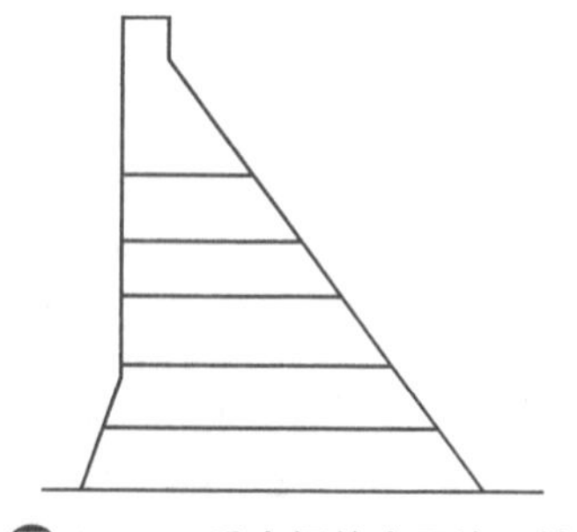

图6-11 重力坝的水平施工缝

2. 坝体排水

坝体排水一般是在上游防渗层之后，沿坝轴线方向布置一排竖向排水管。透过坝面的渗水，大部分通过排水管汇集于设在廊道内的排水沟(管)，再经横向排水沟(管)排出坝外(如图 6-12 所示)。

排水管一般采用无砂混凝土管埋在坝内，管径为 15～25 cm。竖向排水管应布置成垂直或接近垂直方向，不宜有弯头。排水管施工时，必须防止被混凝土和杂物等堵塞。

3. 廊道

为了进行帷幕灌浆、排泄渗漏积水、安装观测仪器、检查维修坝体等，应在坝内设置各种

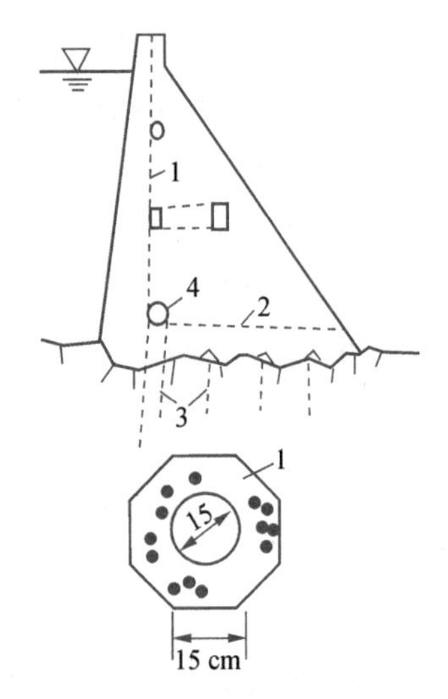

图6－12　重力坝的排水管及廊道
1—坝体排水管；2—横向排水管；
3—坝基排水孔；4—纵向廊道

廊道（如图6－12所示）。廊道内必须有良好的排水条件，以及适宜的通风和足够的照明设备。

沿坝底布置的灌浆廊道为基础灌浆排水廊道，距坝基岩石不得小于 4～5 m，上游侧距上游坝面不得小于作用水头的 0.05～0.1，其断面尺寸应能满足安置和操作钻机的要求，一般宽为 1.5～3.0 m，高为3.0～ 4.0 m。其断面形状，一般采用上圆下方的标准廊道断面。

为了检查和排水设置的廊道，一般沿坝高每隔15～30 m 设置一层。纵向廊道的上游侧距上游坝面的距离，不应小于坝面作用水头的 0.07～0.1，且不得小于 3.0 m。各层廊道在两岸均应有进出口，并应设门。如廊道较长，沿廊道应每隔 200～300 m 用竖井连通各层廊道。大型工程的高坝应设置 1～2 座电梯连通各层廊道。检查排水廊道的断面形状，一般也多采用上圆下方的标准廊道。廊道的最小宽度为 1.2 m，最小高度为 2.2 m。

二、土石坝

土石坝

土石坝是利用坝址附近的土石料填筑压实而成的挡水建筑物，又称当地材料坝。土石坝具有对地基的适应性强、可就地取材、机械化程度高等特点，在国内外应用广泛。

（一）土石坝的特点和类型

1. 土石坝的特点

土石坝是一种散粒体结构，具有与其他坝型不同的特点。

土石坝在实践中之所以被广泛采用并得到不断发展，与其自身的优越性是密不可分的。与混凝土坝相比，它的优点主要体现在以下几方面：

（1）筑坝材料来源直接、方便，能就地取材，材料运输成本低，还能节省大量的钢材、水泥和木材等建筑材料。

（2）土石坝适应变形的能力较强，对地基的要求低，几乎在任何地基上都可以修建。

（3）构造简单，施工技术容易掌握，便于组织机械化施工。

（4）运用管理方便，工作可靠，寿命长，维修加固和扩建均较容易。

同其他的坝型一样，土石坝自身也有其不足的一面：

（1）土石坝的抗冲能力低，不允许水流漫顶，因此应具有超泄能力强的溢洪道。

（2）土石坝挡水后，在坝体内形成由上游到下游的渗流，不仅使水库损失水量，还容易引起渗透变形，所以土石坝必须采取防渗措施。

（3）施工导流不如混凝土坝方便，因而相应地增加了工程造价。

（4）坝体填筑工程量大，且土料填筑质量受气候条件的影响较大。

土石坝体积较大，一般不会产生整体滑动。失稳的形式是坝坡滑动或连同部分地基一起滑动。其剖面应是梯形，要有足够的坡度以保持稳定。

土石料存在较大的孔隙，在自重及水压力作用下，会有较大的沉陷，使坝的高度不足和导致土石坝裂缝，在施工时应严格控制碾压标准并按坝高的1%～2%预留沉陷量。

2. 土石坝的类型

(1) 按坝高分

土石坝按坝高分为高坝、中坝、低坝。坝高在70 m以上的为高坝；在30～70 m之间的为中坝；低于30 m的为低坝。

(2) 按施工方法分

按施工方法可分为碾压式土石坝、水力冲填坝、水中填土筑坝和定向爆破筑坝。应用最多的是碾压式土石坝。根据坝体横断面的防渗材料及其结构，碾压式土石坝可分为以下三类：

① 均质坝

坝体的绝大部分基本上是由均一的土料筑成，坝体的整个断面用以防渗并保持稳定[图6－13(a)]。

② 黏土心墙坝和黏土斜墙坝

坝体由土质防渗体和若干透水性不同的土石料分区筑成。其中，土质防渗体设在坝体中央或稍向上游的称为心墙[图6－13(b)，(e)]或斜心墙坝[图6－13(g)]，坝体上游面或接近上游面有薄土质防渗体的称为斜墙坝[图6－13(c)，(d)，(f)]。此外，还有其他形式的分区坝。

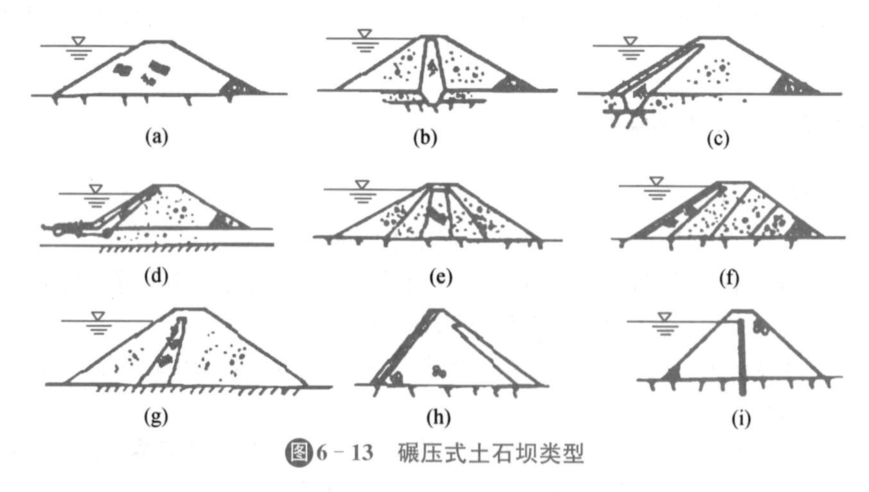

图6－13 碾压式土石坝类型

③ 人工材料心墙坝和斜墙坝

坝体的防渗体由沥青混凝土、钢筋混凝土或其他人工材料制成，其余部分用土石料筑成。其中防渗体在上游面的称防渗面板坝[图6－13(h)]，防渗体在坝体中央的称工人材料心墙坝[图6－13(i)]，沥青混凝土防渗体也可做成斜心墙坝。

(二) 土石坝的剖面尺寸

土石坝的剖面尺寸是指坝坡大小、坝顶宽度和坝顶高程。

1. 坝坡

土石坝的坝坡与坝型、坝高、坝基地质条件、坝的施工条件及坝体的运用条件等因素有关。坝体较低时，上下游坝坡一般做成直线形，坝体较高时采用折线形，一般每隔 10～20 m 变一个坡度，上部坡度较陡，下部坡度较缓，相邻坡率差值为 0.25 或 0.5。在上下游变坡点处，设一条宽为 1.5～2.0 m 的平台，叫作马道，其作用是截取雨水，防止坝坡冲刷；便于对坝坡进行检修、观测；增加坝坡稳定性和便于施工交通。

初步拟定坝坡时，可参考表 6 - 3 中的经验数值，然后通过有关计算确定。

表 6 - 3　土坝经验坝坡

坝高/m	上游坝坡	下游坝坡
<10	1∶2.00～1∶2.50	1∶1.50～1∶2.00
10～20	1∶2.25～1∶2.75	1∶2.00～1∶2.50
20～30	1∶2.50～1∶3.00	1∶2.25～1∶2.75
>30	1∶3.00～1∶3.50	1∶2.50～1∶3.00

2. 坝顶宽度

土石坝的坝顶宽度主要根据交通、防汛抢险、坝高、施工等因素确定。重要工程需要考虑战备的要求。坝顶设置公路或铁路时，应按有关交通要求确定。一般坝顶最小宽度不得小于 5 m。坝高超过 50 m 时，最小坝顶宽度可取坝高的 1/10。当坝高超过 100 m 时，坝顶最小宽度一般为 10 m 左右。

3. 坝顶高程

因为土石坝为挡水建筑物，因此坝顶高程应在水库的静水位以上，并必须有足够的超高。按土石坝设计规范规定，超高 Δh 由下式确定：

$$\Delta h = R + e + A \tag{6-1}$$

式中，R——波浪在坝坡上的爬高(m)，具体计算可参考《碾压式土石坝设计规范》(SL 274—2001)；

e——风壅水面高度，即风壅水面超出原库水位的高度(m)，具体计算可参考《土石坝设计规范》；

A——安全加高(m)，可根据坝的等级和运用条件按表 6 - 4 确定。

表 6 - 4　土石坝坝顶安全加高 A 值　(单位：m)

运用情况		坝的级别 1	2	3	4,5
设计情况		1.50	1.00	0.70	0.50
校核	山区、丘陵区	0.70	0.50	0.40	0.50
校核	平原、滨海区	1.00	0.70	0.50	0.30

(三) 土石坝的构造

1. 坝顶构造

坝顶一般都做护面。护面的材料可采用单层砌石、碎石、沥青碎石等，Ⅳ级以下的坝体也可采用草皮护面。坝顶上游边缘应设坚固不透水的防浪墙或其他安全挡护设备，下游侧宜设缘石。

为了排除雨水，坝顶应做成向一侧或两侧倾斜的横向坡度，坡度值为1%～3%。有防浪墙的坝顶，宜采用单向的向下游倾斜的横坡，在坝顶的下游侧设纵向排水沟，将汇集的雨水经坝面排水沟排至下游。

防浪墙可用混凝土或浆砌石修筑。墙的基础应牢固地埋入坝内，土石坝有防渗体时，防浪墙墙基要与防渗体可靠地连接起来，以防高水位时漏水。防浪墙的高度一般为1.2 m左右(图6-14)。坝面布置与坝顶结构应力求经济、实用、美观。

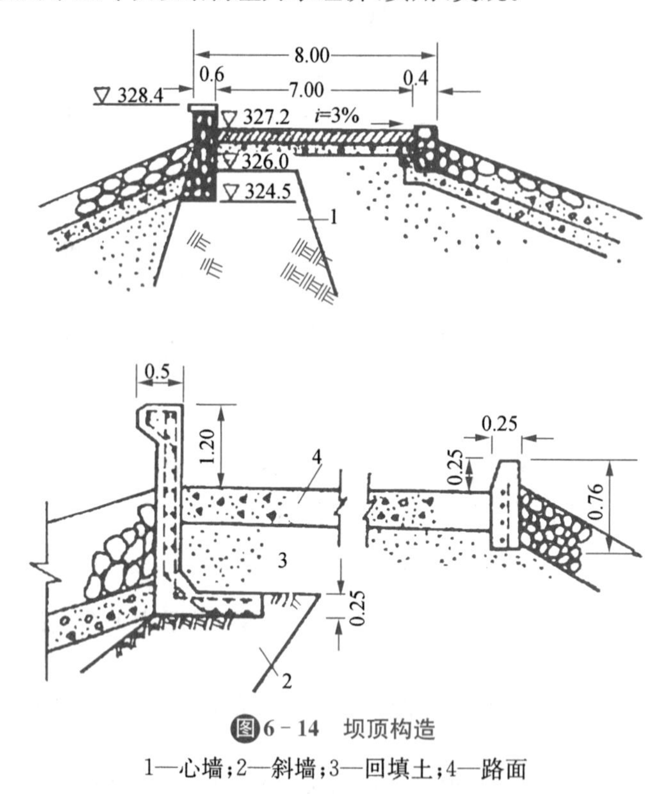

图6-14 坝顶构造

1—心墙；2—斜墙；3—回填土；4—路面

2. 防渗体

为了防渗，土石坝必须设有防渗体(均质坝不需专门的防渗设备)。土石坝的防渗体按材料分有塑性材料防渗体与人工材料防渗体。

塑性材料防渗体以黏土心墙坝居多。黏土心墙位于坝体中央或稍偏上游。心墙顶部在设计洪水位上的超高不小于0.3～0.6 m，且不低于校核洪水位。心墙顶部厚度按构造和施工要求不小于2.0 m。心墙为梯形断面，边坡常为1∶0.15～1∶0.3。底部厚度根据允许渗透坡降计算，具体数值与土壤性质有关，且不小于3.0 m。

为了防冻抗裂，心墙顶部应设置砂土保护层，层厚应大于冰冻深度，且不得小于1.0 m。

人工材料的防渗体常见的是沥青混凝土心墙、钢筋混凝土心墙、钢筋混凝土面板。沥青混凝土心墙厚度可以较薄，常取0.4～1.25 m，对于中低坝，其底部厚度可采用坝高的1/60～1/40，顶部可以减小，但不得小于0.3 m。钢筋混凝土心墙常与黏土心墙结合使用，钢筋混凝土面板常用于堆石坝中。

3. 坝体排水设备

土石坝虽有防渗设备，但仍有一定水量渗入坝内。设置坝体排水设备可以将渗入坝内的水有计划地排出坝外，以降低浸润线及孔隙水压力，增加坝坡稳定性和保护坝坡土，防止渗透变形和冻胀破坏。

排水设备应具有充分的排水能力，不致被泥砂堵塞，确保在任何情况下都能自由地排出全部渗水，在排水设备与坝体和土基接合处，都应设置反滤层，以保证坝体和地基土不产生渗透变形，并应便于观测和检修。常用的坝体排水有以下几种形式：

(1) 贴坡排水

贴坡排水是在下游坝坡底部用块石、卵石、砂料等分层筑成的排水设备，如图 6－15 所示。当坝体为黏性土时，排水设备的总厚度应大于当地冰冻厚度，以保证渗透水流不遭冻结。其顶部高程应超过浸润线逸出点 1.5～2.0 m，并要求坝体浸润线在该地区冻结深度以下。当下游有水时，还应满足波浪爬高的要求。

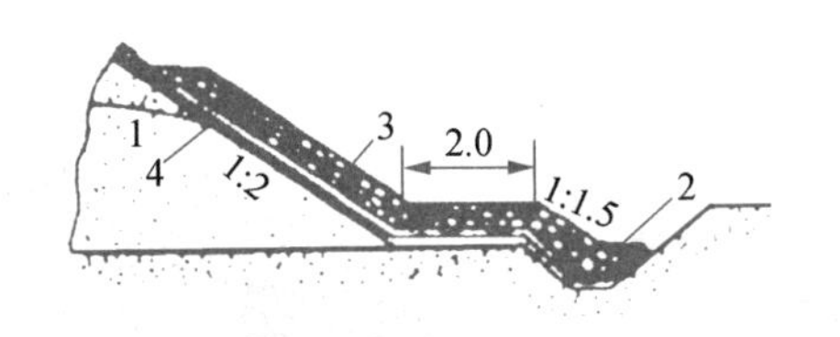

图6－15　贴坡排水

1—浸润线；2—排水沟；3—排水体；4—反滤层

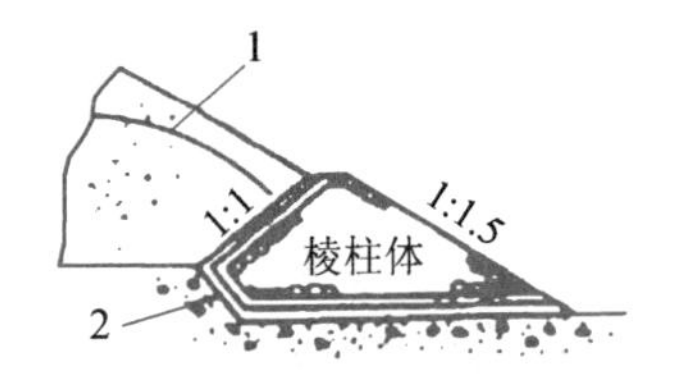

图6－16　棱柱排水体

1—浸润线；2—反滤层

在贴坡排水层基础处，必须设置排水沟或排水体，其深度应使水面结冰后，沟(体)的下部仍有足够的排水断面。

这种排水的优点是：用料较少，便于检修，能够防止渗流逸出处的渗透变形，并可以保护下游坝坡不受尾水冲刷；缺点是：不能降低浸润线。这种排水设备适用于浸润线较低的坝型和下游无水的中小型土石坝。

(2) 堆石棱体排水

棱体排水是在下游坝脚处用块石堆成棱体(图 6－16)，顶部高程应保证使浸润线距下游坝面的距离大于该地区的冻结深度，其顶高程应高出下游水位 0.5～1.0 m。棱体排水的顶宽一般为 1.0～2.0 m。但棱体的内坡由施工条件确定，一般为 1∶1.1～1∶1.5；外坡一般为 1∶1.5～1∶2.0。

棱柱体排水体的优点是可以降低浸润线，防止坝坡冻胀和渗透变形，保护下游坡脚不受尾水淘刷，且有支撑坝体增加稳定的作用，排水效果较好，因此，应用较多。但造价较高，与坝体的施工干扰较大。适用于较高的坝或石料较多的地区。

(3) 褥垫式排水

褥垫式排水是伸入坝体内部的一种平铺式排水，在坝基面上平铺一层厚 0.4～0.5 m 的块石，并用反滤层包裹。其构造如图 6－17 所示。

其优点是降低浸润线的效果显著，但当坝基产生不均匀沉陷时，排水层易断裂，且检修困难，对坝体的施工干扰较大。常适用于下游无水且对浸润线要求较高的坝段。

(4) 综合式排水

为发挥各种排水形式的优点，实际工程中常根据具体情况采用几种排水形式组合在一起的综合式排水。例如，若下游高水位持续时间不长，为节省石料可考虑在下游正常高水位以上采用贴坡排水，以下采用棱体排水，还可以采用褥垫与棱体排水组合，贴坡、棱体与褥垫排水组合等综合式排水体(图 6-18)。

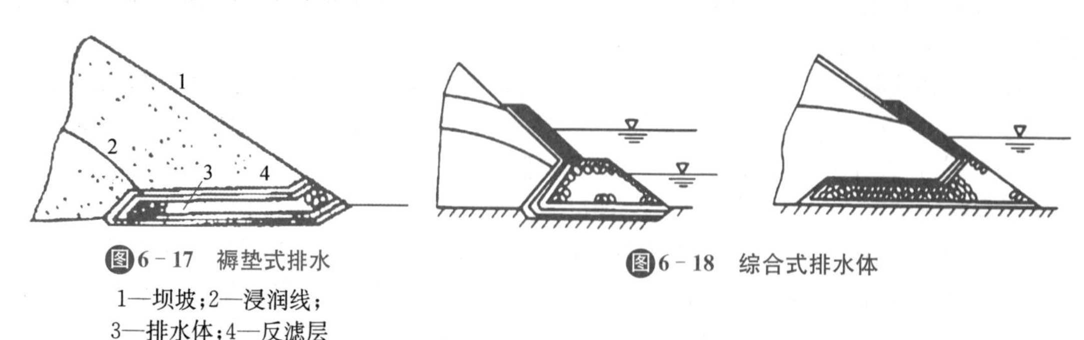

图6-17 褥垫式排水

1—坝坡；2—浸润线；3—排水体；4—反滤层

图6-18 综合式排水体

4. 土石坝的护坡

土石坝设置护坡的目的：防止波浪淘刷，避免雨冲、风扬、冻胀、干裂以及动植物的破坏。除由堆石、卵石、碎石筑成的下游坝坡外，均应设置护坡。

(1) 上游护坡

上游护坡的形式有：抛石、干砌石、浆砌石、混凝土、钢筋混凝土、沥青混凝土或水泥土等。采用最多的是干砌石护坡，如图 6-19 所示。干砌石下面要设碎石或砾石垫层，以防波浪淘刷坝坡。

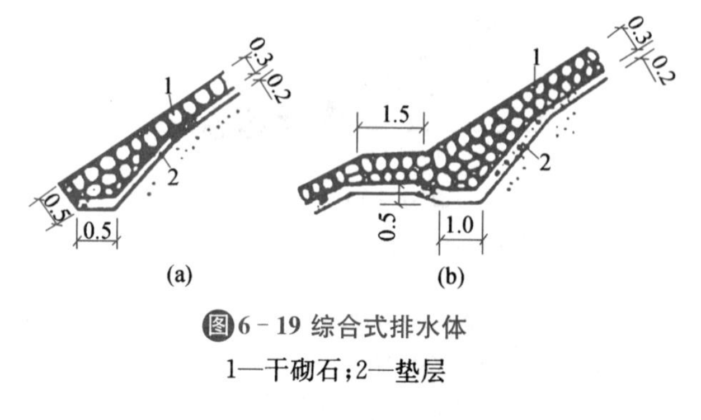

图6-19 综合式排水体

1—干砌石；2—垫层

护坡的范围：通常上至坝顶，下至最低库水位以下 1.0～1.5 倍浪高处，不高的坝常护至坝底。护坡在马道及护坡的最下端应适当加厚，嵌入坝体或坝基内，以增加护坡的稳定性。

(2) 下游护坡

下游护坡可采用干砌石、堆石、卵石、碎石、草皮、钢筋混凝土框格填石或土工合成材料等形式。护坡范围从坝顶到排水棱体，无排水棱体时应护至坡脚。

三、拱坝

平桥石坝

亚洲最大的浆砌石拱坝

拱坝是固接于基岩上的空间壳体结构，在平面上呈凸向上游的拱形，其立剖面呈竖直的或向上游凸出的曲线形(如图 6-20、图 6-21 所示)，坝体结构既有拱作用又有梁作用，其所承受的水平水压力大部分通过拱的作用传给两岸岩体，小部分通过梁的作用传至坝底基岩，坝体的稳定主要依靠两岸拱端岩体来支承，并不是靠坝体自重来维持，是一种经济性和安全性均较优越的坝型。我国于 2010 年建成的小湾水坝，位于云南省临沧市与大理白族自治州，保山市交界处，是一座混凝土双曲拱坝。

(一) 拱坝的特点

(1) 利用拱结构特点，充分利用材料强度。拱坝是一种推力结构，在外荷载作用下，只要设计得当，拱圈截面上可主要承受轴向压力，弯矩较小，有利于充分发挥混凝土或浆砌石材料抗压强度高的特点。拱作用发挥得愈大，材料的抗压强度愈能充分利用，坝体的厚度可设计得愈薄。对适宜修建拱坝和重力坝的同一坝址，建拱坝比建重力坝工程量节省1/3～2/3。

(2) 利用两岸岩体维持稳定。与重力坝利用自身重量维持稳定的特点不同，拱坝将外荷载的大部分通过拱作用传至两岸岩体，主要依靠两岸坝肩岩体维持稳定，坝体自重对拱坝的稳定性影响不大。但是，拱坝对坝址地形地质条件要求较高，对地基处理的要求也较为严格。

(3) 超载能力强，安全度高。拱坝通常属周边嵌固的高次超静定结构，当外荷载增大或某一部位因拉应力过大而发生局部开裂时，坝体拱和梁的作用将会自行调整，使坝体应力重新分配，不致使坝整体丧失承载能力。结构模型试验成果表明，拱坝的超载能力可以达到设计荷载的5～11倍。

(4) 抗震性能好。由于拱坝是整体性空间壳体结构，厚度薄，弹性较好，因而其抗震能力较强。

(5) 坝身泄流布置复杂。拱坝坝体单薄，坝身开孔或坝顶溢流会削弱水平拱和顶拱作用，并使孔口应力复杂化；坝身下泄水流的向心集中易造成河床及岸坡冲刷。但随着修建拱坝技术水平的不断提高，通过合理的设计，坝身不仅能安全泄流，而且能开设大孔口泄洪。

(二) 拱坝的类型

1. 按厚高比(T/H)分类

拱坝最大坝高处的坝底厚度 T 与坝高 H 之比，称为拱坝的厚高比。

(1) 薄拱坝：$T/H<0.2$；

(2) 中厚拱坝：$T/H=0.2\sim0.35$；

(3) 厚拱坝(重力拱坝)：$T/H>0.35$。

2. 按其坝体形态的特征分类

(1) 定圆心、等半径拱坝

圆心的平面位置和外半径都不变，这种拱坝的上游面是垂直的圆弧面，下游面为一倾斜的圆弧面，从坝顶向下拱厚逐渐增加，拱的内弧半径随之相应减小。这种拱坝设计和施工均相对比较简单，但坝体工程量较大，适用于U形河谷，如图6-20所示。

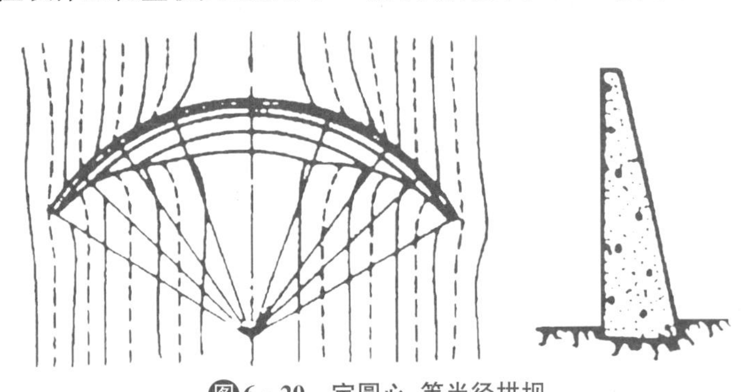

图6-20　定圆心、等半径拱坝

(2) 等中心角变半径拱坝

在V形河谷，若用等半径布置拱坝，则坝下部拱圈的中心角偏小，对拱坝应力不利，改进的办法是将其改为等中心角变半径布置，即自上而下保持圆弧的中心角基本不变，而半径则相应逐渐减小，如图 6－21 所示。这种体型的拱坝应力情况较好，也较为经济，但两岸坝段剖面有倒悬，在施工和库空运行条件下会产生拉应力。

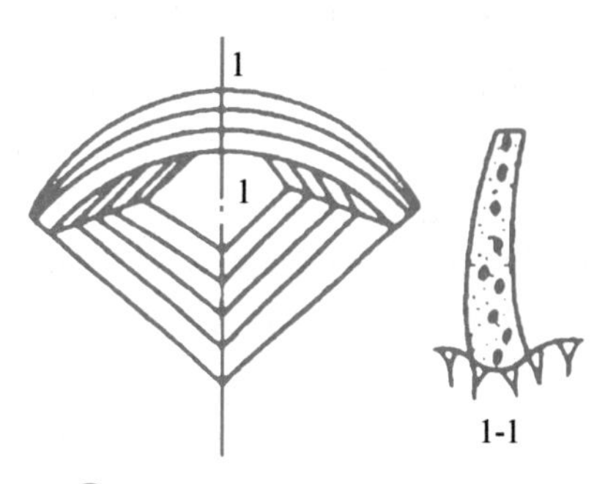

图6－21　等中心角变半径拱坝

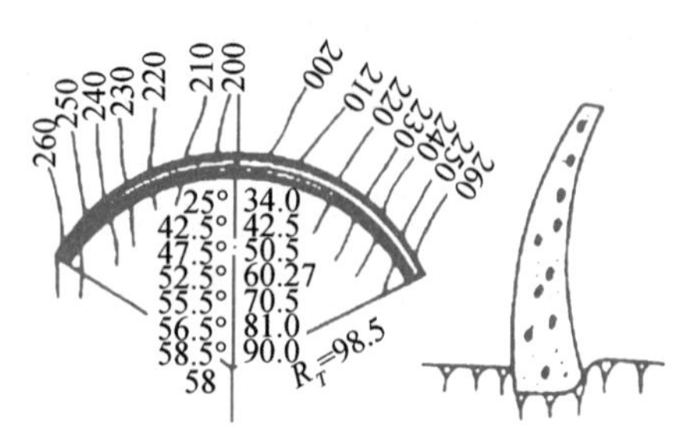

图6－22　变圆心变半径双曲拱坝

(3) 变圆心变半径双曲拱坝

这是一种圆心平面位置、半径和中心角均随高程而变的坝体类型，如图 6－22 所示。这种体型同时具有水平向和垂直向双向曲率，梁的作用减弱，而整个坝体保持有足够的刚度。各高程拱圈的参数可根据需要进行调整，以尽量改善应力状态和节省坝体的工程量。所以，尽管在设计和施工方面比较复杂，这种体型还是被广泛采用。

(三) 拱坝的坝身泄水

拱坝不仅是挡水建筑物，同时也可根据实际情况及需要设置有泄水形式。拱坝的坝身泄水按其设置的位置不同可分为坝顶自由跌流式、坝顶鼻坎挑流式、坝面泄流、滑雪道式和坝身孔口泄流等形式。

1. 坝顶自由跌流式

水流经过坝顶自由跌入河床，其溢流坝顶通常采用非真空的标准堰型，如图 6－23 所示。这种溢流形式具有结构简单和施工方便的优点，但水舌落水点距坝脚较近，冲刷坑的位置靠近坝基，冲刷严重时会威胁大坝安全。适用于下游河床基岩良好，下游坝坡较陡或向下游倒悬的双曲拱坝。对于高拱坝的坝顶跌流，为了防止发生严重的冲刷，常需采用消能防冲设施，如采用跌流消力池，或在下游设两道坝抬高水位形成水垫消能。

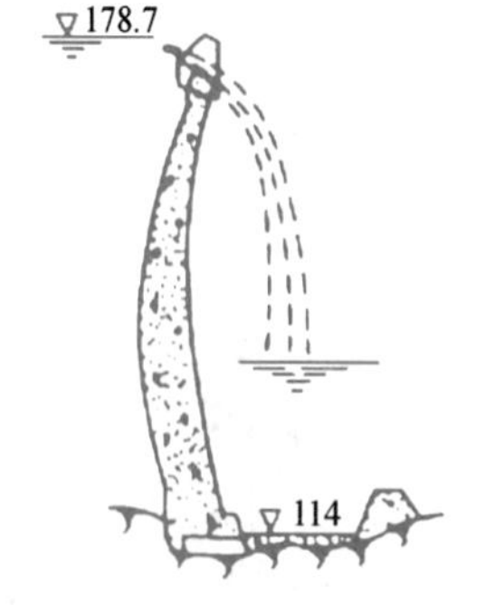

图6－23　自由跌流式拱坝剖面

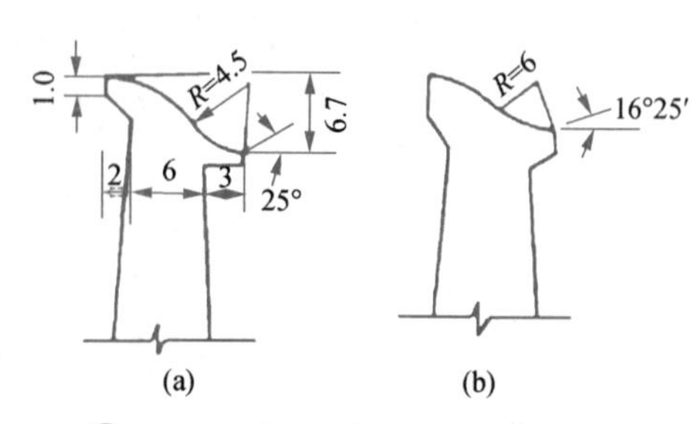

图6－24　鼻坎挑流式拱坝坝头剖面

2. 坝顶鼻坎挑流式

为了加大下泄水流的挑距，常在溢流堰顶曲线末端设置挑流鼻坎。挑流鼻坎多采用连续式结构，如图 6－24 所示。挑坎末端与堰顶之间的高差一般不大于 6～8 m，大致为堰顶设计水头的 1.5 倍，反弧半径与堰顶设计水头相近。

3. 坝面泄流

坝面泄流是指将水流顺坝面下泄至底部后，经挑流鼻坎或消力池消能的泄水方式（如图 6－25所示）。一般只适用于断面较厚，而且下游面有一个比较规则坡度的重力拱坝。

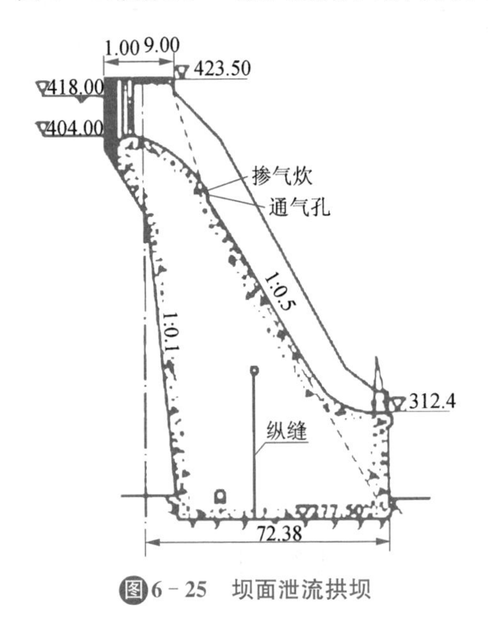

图6－25　坝面泄流拱坝

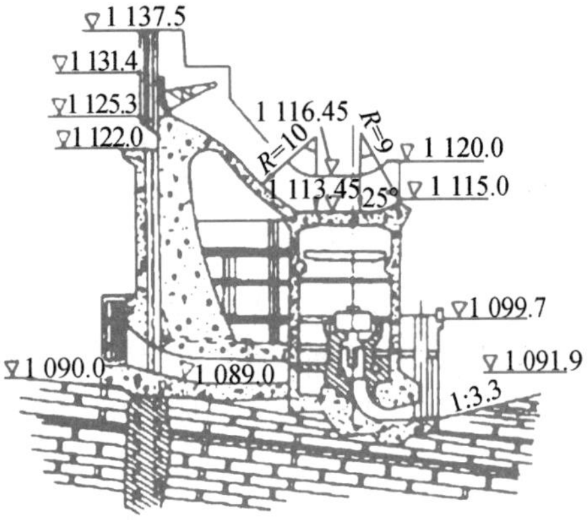

图6－26　电站厂房滑雪道式泄流

4. 滑雪道式

滑雪道式的溢流面由坝顶曲线段、泄槽段和挑流鼻坎段 3 部分组成。泄槽常为坝体轮廓以外的结构部分，可以是实体结构，也可做成架空或利用电站厂房顶构成，如图 6－26 所示。水流过坝后，流经滑雪道式泄槽，由槽末端的鼻坎挑出，使水流在空中扩散，下落到距坝较远的地点，以保证大坝的安全。滑雪道可布置在河床中央或拱坝两端，两侧溢流可使两股水舌互相撞击消杀能量，减轻冲刷。这种形式适用于流量大，河床较窄或河床基岩条件较差需要水流挑至更远处的情况。

5. 坝身孔口泄流

在拱坝的中部、中高部或低部开设孔口用来辅助泄洪、放空水库或排砂的均属坝身孔口泄流，如图 6－27 所示。位于拱坝坝体中部偏上的泄孔称为中孔，位于坝体中部偏下的称为深孔，位于底部附近的称为底孔。

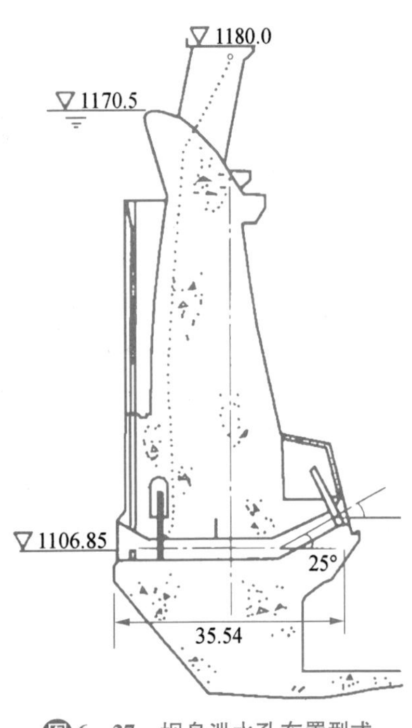

图6－27　坝身泄水孔布置型式

如果拱坝坝身设有多个泄水孔，为了取得下游消能的效果，各泄水孔的出口高程可以相互错开。例如我国二滩拱坝有 6 个中孔，出口就分布在三个不同的高程。

坝身开孔泄流的优点是能够将射出水流送得很远，同时也可以做到对水流落点、挑射轨迹的人为控制；高速水流流道短；初泄流量大，对调洪有利。

四、水闸

水闸

水闸是一种利用闸门的启闭来调节水位、控制流量的低水头水工建筑物，既能挡水又能泄水，常与堤坝、船闸、鱼道、水电站、抽水站等建筑物组成水利枢纽，以满足防洪、灌溉、发电、排涝、航运等要求。

(一) 水闸的类型

1. 按照水闸所承担的任务分类

(1) 进水闸

常在河道、湖泊的岸边或渠道的首部建造，用于引水灌溉或满足其他用水需要。位于干渠首部的进水闸又称渠首闸；位于支渠首部的进水闸常称为分水闸。位于斗、农渠首部的进水闸，常称为斗、农门。

(2) 节制闸

横跨河道或渠道，并位于干、支、斗渠分水口的下游，用以调节水位和流量，以满足上游引水或航运的要求。拦河建筑的节制闸也叫拦河闸。

(3) 冲沙闸

多建在引水枢纽进水闸附近或渠系中沉沙池的末端。用于排除进水闸、节制闸前河道或渠系中沉积的泥沙，以防淤积。也可利用泄水闸排沙。

(4) 分洪闸

建在泄洪能力不足的河段上游的适当地点，用于将超过下游河道安全泄量的洪水泄入湖泊、洼地等滞洪区，削减洪峰，保证下游河道的安全。进入滞洪区的水，待外河水低落时，再经排水闸流入原河道。

(5) 排水闸

多建在排水渠出口处，用以排除河岸附近低洼地区的积水，使农田不受涝渍。当汛期外河水位较高时，可以关闸防止倒灌，避免洪灾；外河水位较低时开闸排涝，防止涝害。因此，排水闸具有双向挡水的作用。

(6) 挡潮闸

沿海地区为了防止海潮倒灌入河，需在海岸稳定的河口修建挡潮闸。挡潮闸还可以用来抬高内河水位，满足蓄淡灌溉的需要。内河感潮河段两岸受涝时，可利用挡潮闸在退潮时排涝。挡潮闸建有通航孔的，可在平潮时开闸通航。

各闸的具体布置如图 6－28 所示。

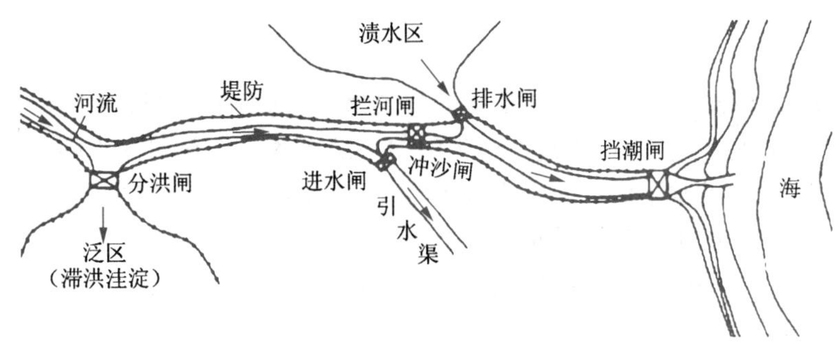

图6-28　各类水闸布置图

2. 按照闸室的结构形式分类

(1) 开敞式水闸

开敞式水闸的闸室上面是开敞的，没有填土，是水闸中广为采用的形式。有排冰、过木要求的水闸，应采用开敞式水闸，泄洪闸也宜采用这种形式[图6-29(a)]。

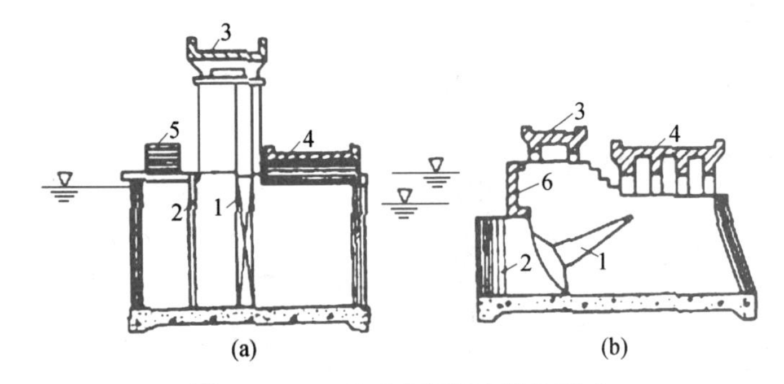

图6-29　开敞式水闸闸室结构型式

1—工作闸门；2—检修闸门；3—工作桥；4—交通桥；5—便桥；6—胸墙

当上游水位变幅较大而过闸流量不很大时，可采用胸墙式水闸。它是开敞式水闸加设胸墙形成的一种水闸[图6-29(b)]。胸墙式水闸可降低闸门高度，并减小启门力。

(2) 涵洞式水闸

水闸修建在河(渠)堤之下时，则成为涵洞式水闸。它的适用条件基本上与胸墙式水闸相同。涵洞式水闸的填土顶部高程，应不低于两侧堤顶高程。根据水流条件的不同，涵洞式水闸分为有压式和无压式两类(图6-30)。

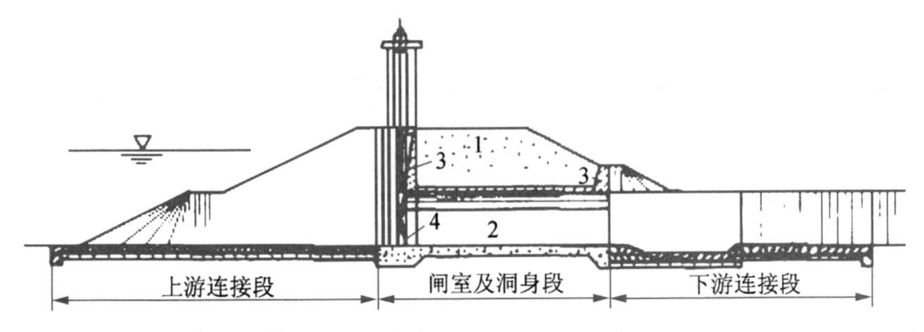

图6-30　开敞式水闸闸室结构型式

1—堤坝；2—涵洞；3—挡土墙；4—工作闸门

(二)水闸的工作特点

水闸多修建在土基上,是既挡水又泄水的建筑物。当水闸挡水时,在上下游水位差的作用下,闸基和两岸均易产生渗流,渗流所产生的向上的渗透压力会削减水闸的有效重量;上下游水位差较大,产生的水平向水压力也较大,有可能使水闸向下游滑动,降低了水闸的抗滑稳定性。因此,水闸必须有足够的重量维持自身的稳定。

渗流还可能引发闸基和两岸的管涌和流土等渗透变形,严重时会使闸基和两岸的土壤被淘空,危及水闸的安全。因此,水闸应有妥善的防渗设施,防止产生渗透变形。

水闸过水时,过闸水流具有较大的动能,对下游会产生严重的冲刷,引起水闸失事。因此,水闸下游必须采取有效的消能防冲设施,防止产生冲刷破坏。

土基上的水闸,由于地基的抗剪强度低,压缩性较大,在自重和外荷载的作用下,可能产生较大的沉陷,导致水闸倾斜,严重的会引起水闸断裂。因此,必须选择合理的水闸形式、施工程序及地基处理的方法等,以减小过大沉降和不均匀沉降。

(三)水闸的组成

水闸由闸室段、上游连接段和下游连接段三部分组成,如图 6-31 所示。

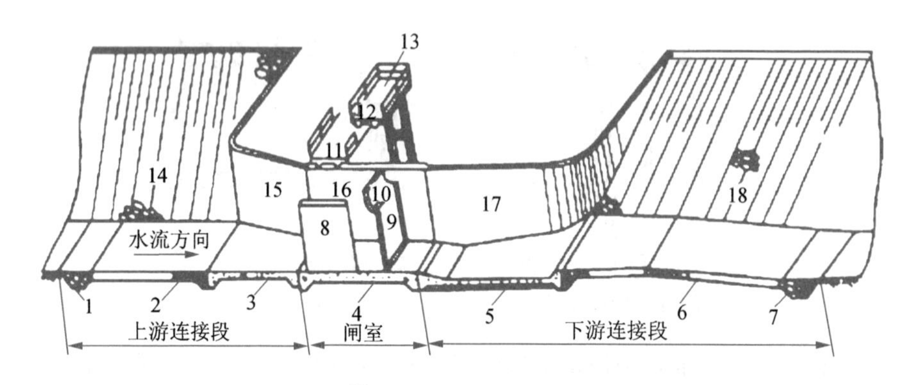

图6-31 水闸的组成

1—防冲槽;2—护底;3—铺盖;4—闸室底板;5—消力池;6—海漫;7—防冲槽;
8—闸墩;9—闸门;10—胸墙;11—交通桥;12—工作桥;13—启闭机;14—护坡;
15—上游翼墙;16—边墩;17—下游翼墙;18—下游护坡

1. 闸室段

是水闸的主体,作用是调节水位和控制流量。包括底板、闸墩、闸门、胸墙、工作桥和交通桥等。底板是闸室的基础,承受闸室的全部荷载,并传递给地基。水闸利用底板与地基间的摩擦力维持闸室的稳定,底板还兼起防渗和防冲的作用。闸墩的作用是分隔闸孔,支撑闸门和上部的桥梁。工作桥供布置启闭设备和工作人员操作、检修之用。交通桥用于连接两岸交通。

2. 上游连接段

主要作用是将上游来水平顺地引进闸室,防止冲刷。包括防渗铺盖、上游护底、上游防冲槽、上游翼墙和护坡等。铺盖起防渗和防冲作用;上游护底、防冲槽和两岸护坡主要是防止进闸水流冲刷上游河床及岸坡，以免引起闸室破坏。

3. 下游连接段

主要作用是消能防冲。包括消力池、海漫、下游防冲槽、下游翼墙、下游护坡等。消力池紧接闸室布置，主要作用是消能，兼起防冲的作用；海漫的作用是进一步消除水流余能，均匀扩散水流，防止河床产生冲刷破坏；防冲槽是防止下游河床产生的冲坑向上游蔓延的防冲加固措施；下游翼墙的作用是引导过闸水流均匀扩散，保护两岸免受冲刷；在海漫和防冲槽范围内，两岸应做护坡，防止岸坡受到冲刷。

（四）水闸的构造

1. 消力池

水闸过水时，易产生多种不利的水流形态，会对下游产生有害冲刷，必须采取相应的消能措施。水闸的消能方式，一般都采用底流式消能。底流式消能通常要设置消力池。消力池构造组成（如图 6－32 所示）：消力池护坦，其作用为形成消力池底，并保护河道底不产生冲刷；斜坡段，其作用为将水流平稳引入池内；护坦末端处的尾槛，主要作用是促成底流式流态的形成并与下游侧的海漫连接；护坦的中后部一般应设排水孔，在护坦底部铺设反滤层。排水孔孔径一般为 5～25 cm，间距约为 1.0～3.0 m，呈梅花形布置。

消力池底板同闸室底板和下游翼墙之间，均应设缝，以适应地基的不均匀沉陷和混凝土温度变形。

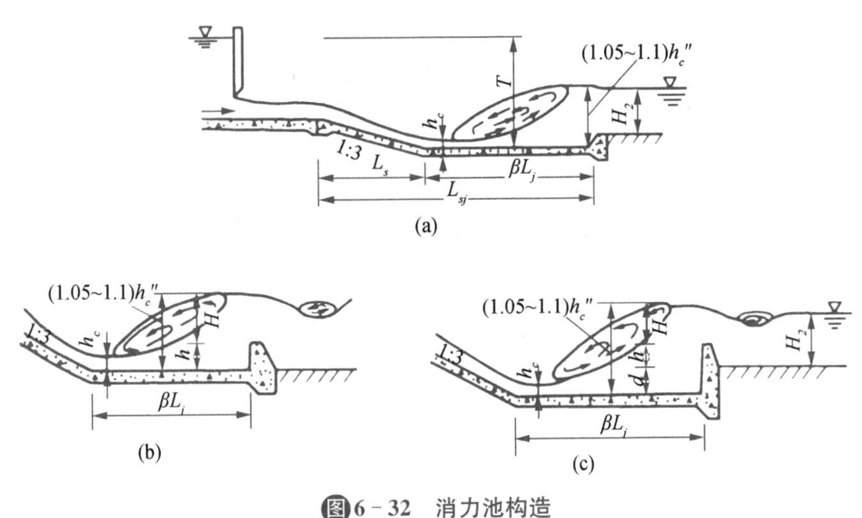

图 6－32　消力池构造

2. 海漫

过闸水流经消力池消能后，仍有部分剩余能量，对河床和岸坡产生冲刷。因此，在消力池的后面仍应采取防冲加固措施，进一步消除水流余能。土基上水闸采用的下游防冲加固措施，通常是设置海漫和防冲槽（如图 6－33 所示）。

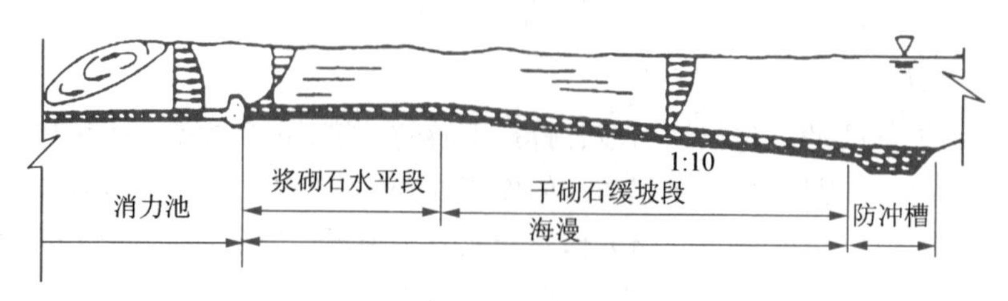

图6-33 海漫布置示意图

海漫的长度取决于水流剩余能量的大小，水流扩散情况及河床土质的防冲能力。海漫的材料要求有一定的柔性、粗糙度和透水性。常用的海漫形式有：

(1) 干砌石海漫

如图6-34(a)所示，块石直径应大于30 cm。厚度为0.3～0.6 m，下面铺设厚度各为10～15 cm的粗砂、碎石垫层。其抗冲流速为2.5～4.0 m/s。干砌石海漫多设置在海漫中、后段。

(2) 浆砌石海漫

常以粒径大于30 cm的块石，用强度等级M5或M8的水泥砂浆砌筑而成，厚度为0.3～0.5 m。其抗冲流速为3.0～6.0 m/s。一般设于海漫前端5～10 m的范围内，因为此处水流流速较大，紊动剧烈。浆砌石海漫透水性差，因此其上多设有排水孔，下面铺设滤层[图6-34(b)]。

(3) 混凝土、钢筋混凝土海漫

缺少石料地区或流速较大时，可用边长为2～5 m，厚度为0.2～0.3 m的混凝土或钢筋混凝土板做海漫。如图6-34(c)，(d)所示。其抗冲流速可达6.0～10.0 m/s。为增加粗糙度，可采用斜面或城垛拼铺形式。

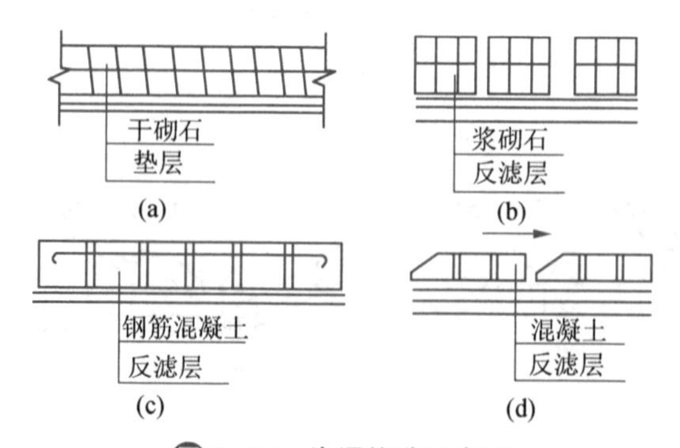

图6-34 海漫构造示意图

海漫的布置：在紧接消力池的一段，因流速较大，水流紊动剧烈，可设成水平的，宜采用混凝土海漫、浆砌块石海漫或用较大块石铺砌，下面铺设反滤层；接下来的斜坡段，可用干砌石铺筑，下设垫层。

3. 防冲槽

海漫虽然可以进一步消除水流余能，但仍不能完全避免冲刷。为使下游河床不产生冲刷破坏，在海漫末端设防冲槽，槽内填以块石。当海漫后河床发生冲刷时，槽内块石自动塌下保护冲刷坑的上游斜坡，防止冲刷坑向上游扩展。防冲槽多做成梯形断面，槽内块石量稍多于冲刷坑形成后上游坡护面所需要的块石量。为便于施工，实际工程中多采用宽浅式断面的防冲槽，槽深约为 1.5～2.0 m，梯形断面的两腰按河床土质的安全坡度确定(如图 6－35)。

距河床不深处有坚硬土层时，可在海漫末端将板桩打入或深齿墙做到坚硬土层中去，形成截断式防冲槽。如坚硬土层很深，应将齿墙或板桩打到可能的冲坑深度以下，在墙或板桩后再用堆石保护(如图 6－36)。

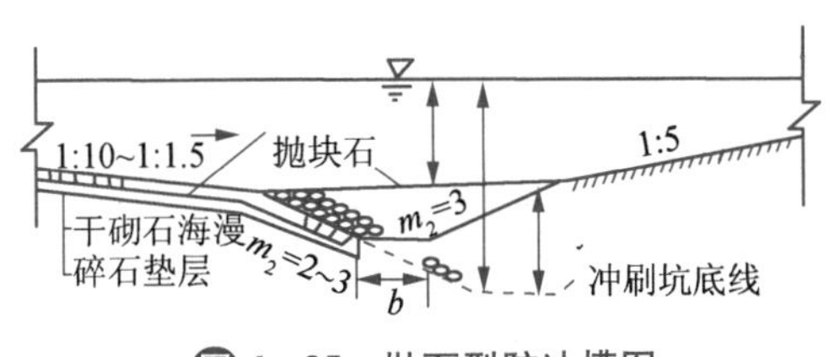

图6－35　抛石型防冲槽图

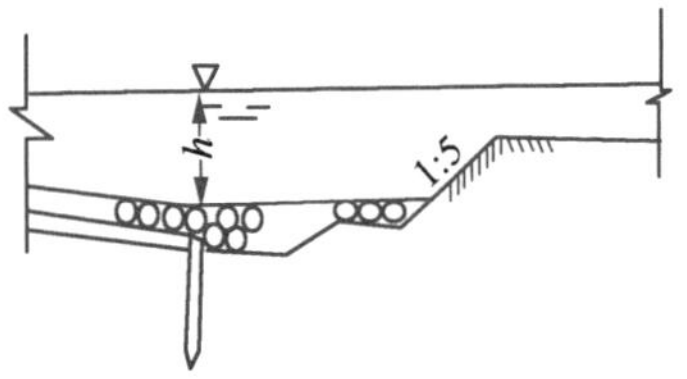

图6－36　板桩结合抛石型防冲槽

4. 上游河床和上下游岸坡的保护

水流自上游河床流向闸室，流速逐渐加大，对河床和岸坡可能造成冲刷。因此，应在上游靠近铺盖的一段河床和岸坡用砌石保护一定的长度。其顺水流方向的长度，一般约为 3～5倍上游水深。愈靠近铺盖的一段，流速愈大，可用浆砌块石护底护坡；愈向上游，流速渐进正常状态，可用干砌块石保护。土质抗冲能力较低时，护底的上游端还应设置厚度约为 1.0 m 的防冲槽。块石保护的厚度通常取 0.3～0.5 m，其下应铺设垫层。

下游岸坡因受较大流速和水面波动的影响，应设护坡。护坡的长度应大于河底防护长度。护坡下应铺设垫层，以防止水流淘刷或水位降落时河岸土粒被渗流带走。护坡末端应设置深度较大的砌石齿墙一道。

为了增加护砌的稳定性，把护砌(特别是干砌块石)可能发生破坏的面积限制在一定的范围内，在块石护砌段，纵、横向每隔 8～10 m 设置浆砌块石石埂一道，断面尺寸约为 0.3 m× 0.5 m 左右。

(五) 水闸的两岸连接建筑物

水闸与两岸连接处应设置连接建筑物，它们包括上、下游翼墙，边墩或岸墙，刺墙和导流墙等。连接建筑物的作用是导流、挡土、防渗、防冲和改善闸室受力状况，是水闸中比较重要的组成部分，工程量一般占总工程量的 15%～40%，孔数越少，所占比重越大。

1. 两岸连接建筑物的布置

(1) 上、下游翼墙的布置

上、下游翼墙顺水流方向的投影长度，应分别大于或等于铺盖、消力池的长度。平面上上游翼墙的收缩角可适当大一些，下游扩散角应有所限制，不宜大于 7°～12°。翼墙顶高程，一般均应高于最不利的上、下游最高水位。

翼墙的布置形式有以下几种：

① 反翼墙

翼墙自闸室向上、下游延伸一段距离，然后垂直流向插入河岸。为改善水流条件，可在转角处做成圆弧形，如图 6－37(a)，或者将上、下游翼墙都做成圆弧形。如为单向水头水闸，下游翼墙尽量采用八字墙，如图 6－37(a)。小型水闸的翼墙自闸室处即垂直插入堤岸，叫作一字墙，如图 6－37(b)所示。

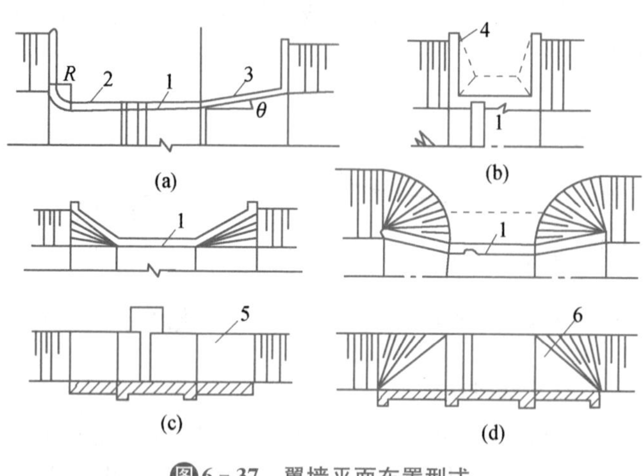

图6－37 翼墙平面布置型式

1—边墩；2—反翼墙；3—八字墙；4—扭曲面；5，6—斜降墙

② 扭曲面翼墙

翼墙迎水面是由与闸室连接处的铅直面，向上、下游逐渐变为倾斜面，与河岸的护坡同坡度并相连。断面形式在闸室端为重力式挡土墙断面，另一端则为护坡形式，如图6－37(c)所示。这种布置形式的水流条件好，工程量小，但施工复杂，墙身易断裂。

③ 斜降墙

翼墙在平面上布置成八字形，随着翼墙向上、下游延伸，其高度逐渐降低，最后与河底相连，如图 6－37(d)。这种布置形式防渗条件差，泄流时闸孔附近易产生立轴漩涡，但工程量较省，施工简单，故水头差较小的小型水闸多采用。

(2) 边墩或岸墙的布置

边墩或岸墙是闸室段的两岸连接建筑物。边墩一般是靠近岸边的闸墩，岸墙则是一种挡土结构。工程中常见的有以下几种布置形式。

① 边墩连接式

当闸室不太高或地基承载力较大时，可利用边墩直接与两岸或土坝连接。边墩和闸室底板可以连成整体也可分开(图 6－38)。此时，边墩除起支承闸门及上部结构、防冲、防渗、导水作用外，还要起挡土作用。

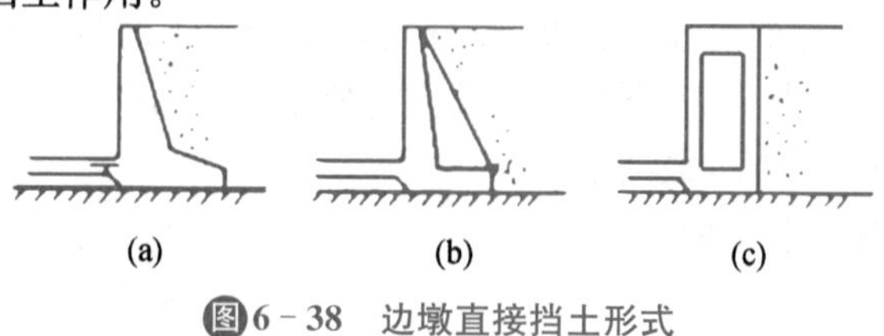

图6－38 边墩直接挡土形式

② 边墩之后岸墙连接式

当闸室较高或地基软弱时，在边墩后面另设置岸墙，起挡土作用，边墩只起闸墩作用。这种布置可以减小边墩和底板的内力，减少不均匀沉陷。如图 6－39 所示，其优点是可大大减轻边墩负担，改善闸室受力条件。

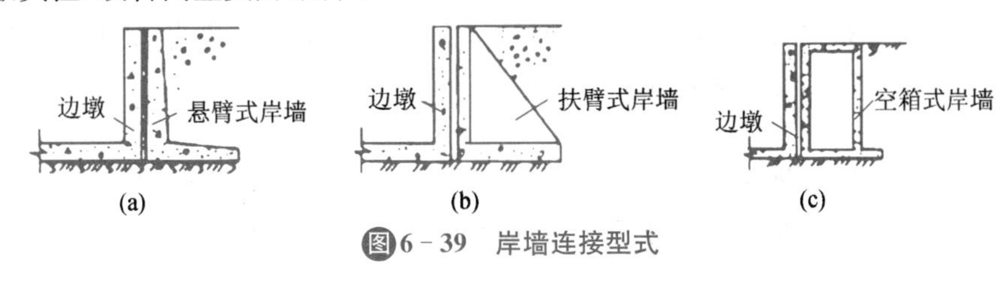

图6－39 岸墙连接型式

③ 护坡连接式

当地基承载力过低时，还可采用保持河岸的原有坡度或将土坝修整成稳定边坡，用钢筋混凝土挡土墙连接边墩与河岸或土坝，边墩不挡土的形式，如图 6－40 所示。

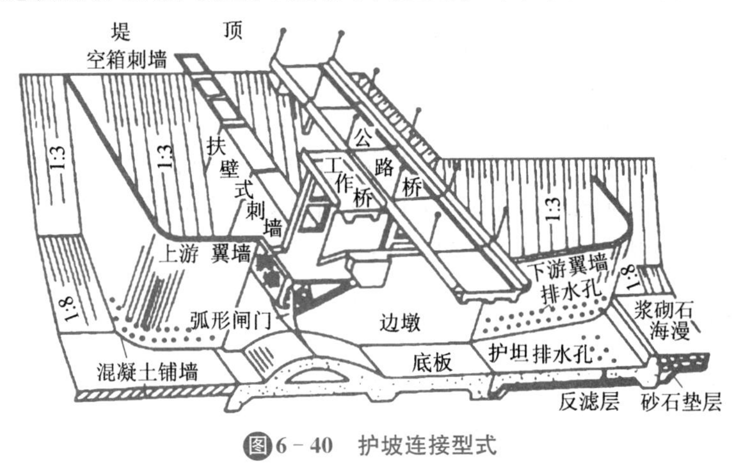

图6－40 护坡连接型式

2. 边墩、岸墙和翼墙的结构形式

两岸连接建筑物的结构形式，主要有重力式、悬臂式、扶壁式和空箱式等。

(1) 重力式

墙身用混凝土或浆砌石建造，高度一般不大于 5～6 m，底板常用混凝土浇筑，厚约0.4～0.6 m，如图 6－41(a)所示。为减小土压力，重力式挡土墙可做成衡重式[图 6－41(b)]。

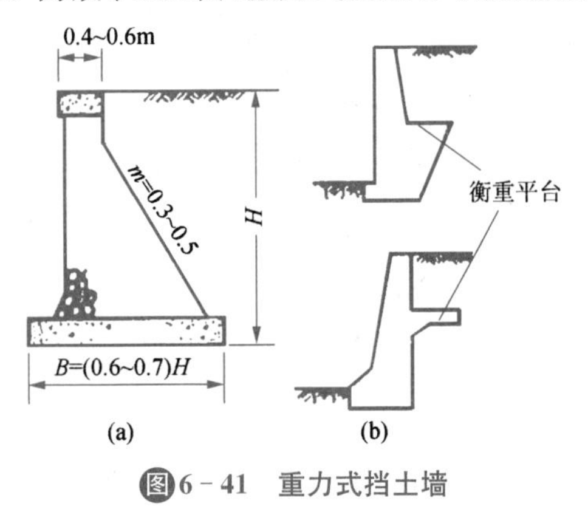

图6－41 重力式挡土墙

(2) 悬臂式

用钢筋混凝土建造，由直墙和底板组成的一种轻型挡土结构[图 6 - 41(a)]。直墙高度一般不大于 6～9 m。用作翼墙时，断面为倒 T 形；用作岸墙时，则为 L 形。

(3) 扶壁式

由直墙、底板和扶壁(或称扶垛)三部分组成[图 6 - 41(b)]，利用直墙和扶壁共同挡土。可采用钢筋混凝土结构，也可采用浆砌石结构。

(4) 空箱式

当挡土高度较高，且地基承载能力较低时，可采用空箱式[图 6 - 41(c)]。空箱式多用钢筋混凝土结构，也有用浆砌块石建造墙身，而底板为钢筋混凝土材料。

五、河岸溢洪道

溢洪道是水库枢纽中的主要建筑物之一，它承担着宣泄洪水，保护工程安全的重要作用。

溢洪道可以与拦河坝相结合，做成既能挡水又能泄水的溢流坝式(河床式溢洪道)；也可以在坝体以外的河岸上修建溢洪道(河岸式溢洪道)。当拦河坝的坝型适用于坝顶溢流时，采用前者是经济合理的；但当拦河坝是土石坝时，几乎都采用河岸溢洪道；在薄拱坝或轻型支墩坝的水库枢纽中，当水头高、流量大时，也应以河岸溢洪道为主；在重力坝的水库枢纽中，河谷狭窄、布置溢流坝和坝后电站有矛盾，而河岸又有适于修建溢洪道的条件时，也应考虑修建河岸溢洪道。因此，河岸溢洪道的应用是很广泛的。

(一) 正常溢洪道

1. 正槽式溢洪道

这种溢洪道的形式如图 6 - 42 所示。它的泄水槽与堰上水流方向一致，故水流平顺，超泄能力大，结构简单，运用安全可靠，是一种采用最多的溢洪道形式。通常所称的河岸溢洪道即指这种溢洪道。适用于各种水头和流量，当枢纽附近有适宜的马鞍形垭口和有利的地质条件时，采用这种溢洪道最为合理。

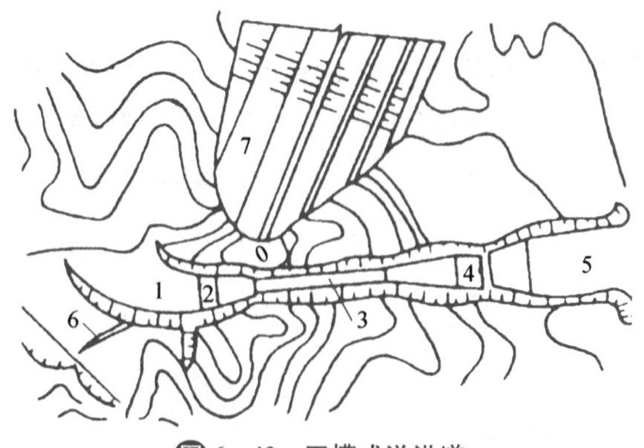

图 6 - 42　正槽式溢洪道

2. 侧槽式溢洪道

这种溢洪道的特点是水流过堰后约转 90°弯经泄水槽流入下游，如图 6 - 43 所示。因而水流在侧槽中的紊动和撞击都很强烈，且距坝头较近，直接关系到大坝的安全。侧槽溢洪道适用于坝址两岸地势较高，岸坡较陡的中小型水库。

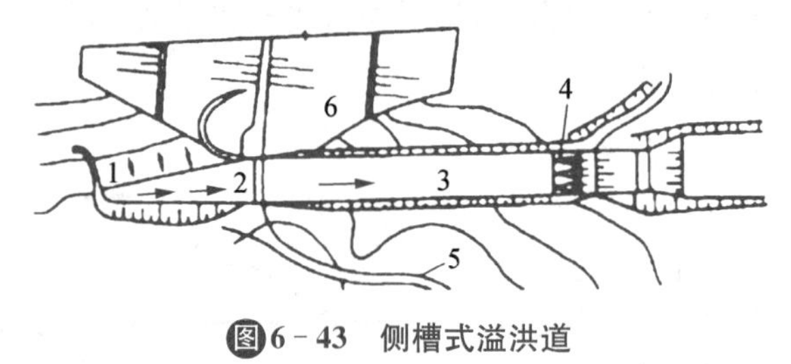

图6-43　侧槽式溢洪道

1—溢流堰；2—侧槽；3—泄槽；4—消能段；5—上坝公路；6—土石坝

3. 井式溢洪道

井式溢洪道的形式如图 6-44 所示。它由进水喇叭口、渐变段、竖井和泄水隧洞等部分组成。进水喇叭口是一个环形的溢流堰，水流过堰后，经竖井和泄水隧洞流入下游。泄水隧洞如能利用施工导流隧洞，则可使溢洪道的造价大为降低。井式溢洪道适用于岸坡较陡峻、地质条件好、地形条件适宜的情况。其缺点是水流条件复杂，超泄能力低。应用较少。

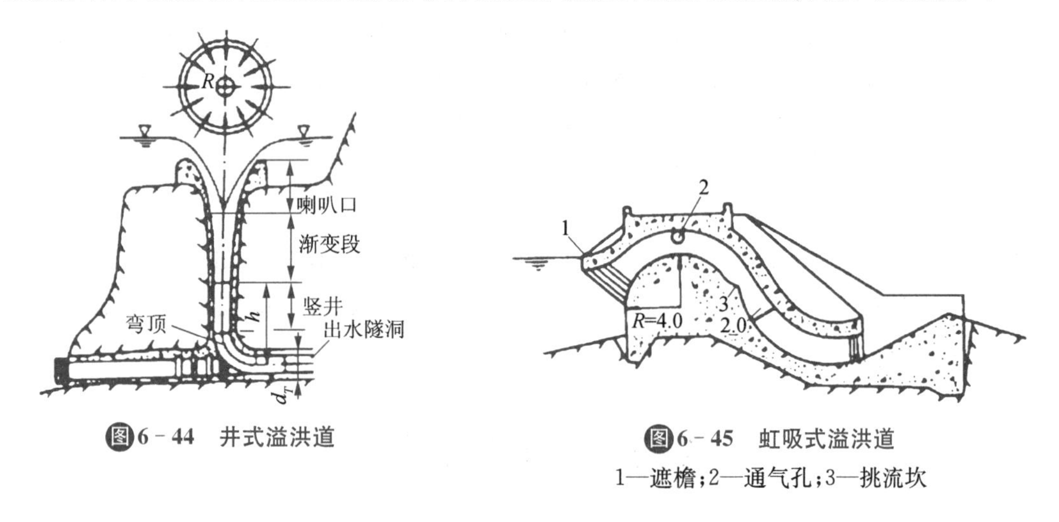

图6-44　井式溢洪道

图6-45　虹吸式溢洪道

1—遮檐；2—通气孔；3—挑流坎

4. 虹吸式溢洪道

由具有虹吸作用的曲管和淹没在上游水位以下的进口（又叫遮檐）所组成。如图 6-45 所示。在水库正常高水位以上设有通气孔，当上游水位超过正常高水位时，淹没通气孔，水流溢过曲管顶部经挑流坝下泄，虹吸作用发生而自动泄水。当水库水位下降至通气孔以下时，由于进入空气，虹吸作用自动停止。这种溢洪道的优点是可自动调节水位，缺点是构造复杂，超泄能力较小，且易堵塞，应用较少。

由于正槽溢洪道和侧槽溢洪道的整个流程是完全开敞的，故又称为开敞式溢洪道。而把井式溢洪道和虹吸式溢洪道叫作封闭式溢洪道。

(二) 非常溢洪道

溢洪道是水库安全运行的保证，但它只在遇洪水时才启用。一般常遇洪水只需启用正常溢洪道。但当遇有超过设计标准的洪水时，正常溢洪道不能及时宣泄超标准洪水情况下，应启用非常溢洪道。由于超标准洪水出现机会极少，所以可用构造简单的非常溢洪道来宣泄。非常溢洪道较常用到的有漫顶自溃式、引冲自溃式和爆破引溃式三种。

1. 漫顶自溃式非常溢洪道

这种溢洪道由自溃式土石坝、溢流堰和泄槽组成，如图6-46所示。正常情况下可以拦蓄洪水，当水位超过一定高程时，水流漫顶自动冲开土石坝泄洪。这种形式的优点是结构简单、造价较低、施工方便，但需要有合适的地形地质条件；缺点是运行的灵活性较差，无法进行人工控制，溃坝可能提前或延迟，一般只适用于自溃坝高度较低，分担泄洪比重不大的情况。

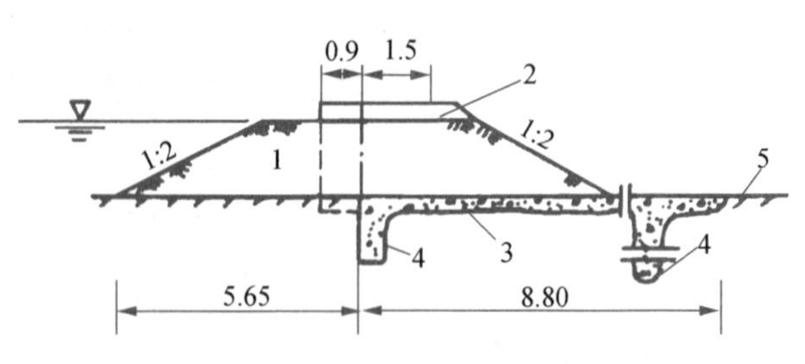

图6-46 漫顶自溃式非常溢洪道

1—土堤；2—隔墙；3—混凝土护面；4—混凝土截水墙；5—草皮护面

2. 引冲自溃式非常溢洪道

这种溢洪道是在自溃坝顶部设置低于坝顶的引冲槽，当水位上升时，水流经引冲槽冲开缺口，而后向两侧扩展，使土石坝在较短的时间内自行溃决。该种自溃坝的优点是溃决过程中泄量逐渐增加，对下游防护较有利。当设置较长的自溃坝时，可采用分段形式，并在不同坝顶高程设引冲槽，泄洪效果更好。

3. 爆破引溃式溢洪道

这种溢洪道是利用炸药的爆炸能量，使非常溢洪道进口的副坝坝体形成一定尺寸的爆破缺口，起引冲槽作用使整个副坝溃决来泄放库区里多余的水量。其优点是引爆破坝可靠程度较高，因此，保护主体大坝安全度较高。

课题三 输水建筑物

主要介绍渠道以及渡槽、隧洞、倒虹吸等几种主要的输水建筑物。

一、渠道

(一) 渠道及渠系建筑物

渠道是用来输送水流以满足灌溉、发电、排水或通航等要求而开挖或填筑的人工河槽。

灌溉渠道一般可分为干、支、斗、农、毛五级，构成灌溉系统，如图6-47所示。

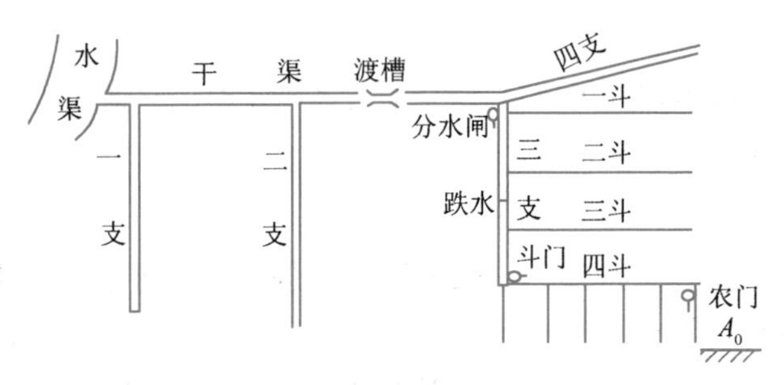

图6-47　灌区渠系布置示意图

其中，前四级为固定渠道，最后一级多为临时性渠道。一般干、支渠主要起输水作用，称为输水渠道；斗、农渠主要起配水作用，称为配水渠道。

当渠道越过障碍时，需要在渠系上修建各种类型的建筑物，统称为渠系建筑物。渠系建筑物的种类较多，按其主要作用可分为以下几种：

(1) 控制建筑物，也称配水建筑物，主要用以控制渠道的水位和分配流量，以满足用水要求，如进水闸、节制闸、分水闸等，如图6-28所示。

(2) 泄水建筑物，是为了保护渠道及建筑物的安全，用以泄放多余水量或放空渠水的建筑物，如溢流堰、泄水闸、退水闸等。

(3) 交叉建筑物，是指渠道与山冈、河谷、洼地、道路、桥梁等交叉时所修建的建筑物，用以跨越障碍，输送水流，有渡槽、倒虹吸管、涵洞、隧洞、桥梁等。

(4) 落差建筑物，也称衔接建筑物，是指渠道通过地面坡度较大的地段时，为使渠底纵坡符合设计要求，避免深挖高填，调整渠底比降，将渠道落差集中所修建的建筑物，如跌水、陡坡等。

(5) 量水建筑物，是指用以计量输水或配水的专门设施，如量水堰、量水槽、量水喷嘴等。工程中常利用水闸、渡槽、陡坡、跌水、倒虹吸等建筑物进行量水。

(6) 冲沙和沉沙建筑物，为防止渠道淤积，在渠首或渠系中设置冲沙和沉沙设施，如冲沙闸、沉沙池或沉沙条渠等。

(二) 渠道的选线

渠道的线路选择，关系到灌区合理开发、渠道安全输水及降低工程造价等关键问题，应综合考虑地形、地质、施工条件、便于管理养护等各因素。

1. 地形条件

在平原地区，渠道路线最好选为直线，并力求选在挖方与填方相差不大的地方。如不能满足这一条件，应尽量避免深挖方和高填方地带，转弯也不应过急，对于有衬砌的渠道，转弯半径应不小于2.5倍的渠道水面宽度，对于不衬砌的渠道，转弯半径应不小于5倍渠道水面宽度。

在山坡地区，渠道路线应尽量沿等高线方向布置，以免过大的挖填方量。当渠道通过山谷、山脊时，应对高填、深挖、绕线、渡槽、穿洞等方案进行比较，从中选出最优方案。

2. 地质条件

渠道线路应尽量避开渗漏严重、流沙、泥泽、滑坡以及开挖困难的岩层地带。必要时，可采用多种方案进行比较，如采取防渗措施以减少渗漏；采用外绕回填或内移深挖以避开滑坡地段；采用混凝土或钢筋混凝土衬砌以保证渠道安全运行等。

3. 施工条件

为了改善施工条件，确保施工质量，应全面考虑施工时的交通运输、水和动力供应、机械施工场地、取土和弃土垢位置等条件。

4. 管理要求

渠道的线路选择要与行政区划分、土地利用规划相结合，确保每个用水单位均有独立的用水渠道，以便于运用和管理维护。

总之，渠道的线路选择必须重视野外踏勘工作，从技术、经济等方面仔细分析比较，才能使渠道运用方便、安全可靠、经济合理。

（三）渠道的纵、横断面设计

渠道的设计包括纵断面设计和横断面设计。在实际设计中，纵断面和横断面设计应交替并且反复进行，最后经过分析比较，确定合理的设计方案。

1. 渠道的纵断面

渠道纵断面设计的任务是根据灌溉水位要求确定渠道的空间位置，主要内容包括确定渠道纵坡、正常水位线、最低水位线、渠底线和最高水位线。确定渠道纵坡时，主要考虑地面坡度、地质情况、流量大小、水流含沙量等因素。

2. 渠道横断面

渠道横断面尺寸，应根据水力计算确定。梯形土渠的边坡应根据稳定条件确定，土渠的边坡系数 m 一般取 1～2。对于挖深大于 5 m 或填高超过 3 m 的土坡，必须进行稳定计算，计算方法与土石坝稳定计算相同。为了管理方便和边坡稳定，每隔 4～6 m 应设一平台，平台宽 1.52 m，并在平台内侧设排水沟。渠道的糙率应尽量接近实际值，主要依据渠道有无护面、养护、施工情况加以选定。渠道的比降应根据纵断面设计要求进行确定。当渠道的流量、比降、糙率及边坡系数已定时，即可根据明渠均匀流公式确定渠道断面尺寸。

渠道横断面的形状，一般采用梯形，它便于施工，并能保持渠道边坡的稳定，如图 6-48(a)，(c)所示。在坚固的岩石中开挖渠道时，宜采用矩形断面，以节省工程量，如图 6-48(b)，(d)所示。当渠道通过城镇工矿区或斜坡地段，渠宽受到限制时，可采用混凝土等材料予以砌护，如图 6-48(b)，(d)所示。

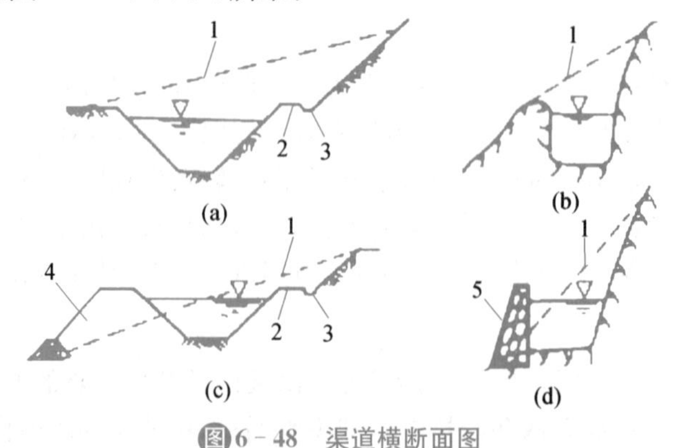

图 6-48 渠道横断面图

1—原地面线；2—马道；3—排水沟；4—填方堤；5—浆砌石堤

渠道的断面尺寸，一般应根据使用要求，通过水力计算确定。设计时应根据设计流量设计，按照加大流量校核。

二、渡槽

渡槽是渠道跨越河渠、道路、山谷等而修建的过水的桥，如图 6－49 所示。

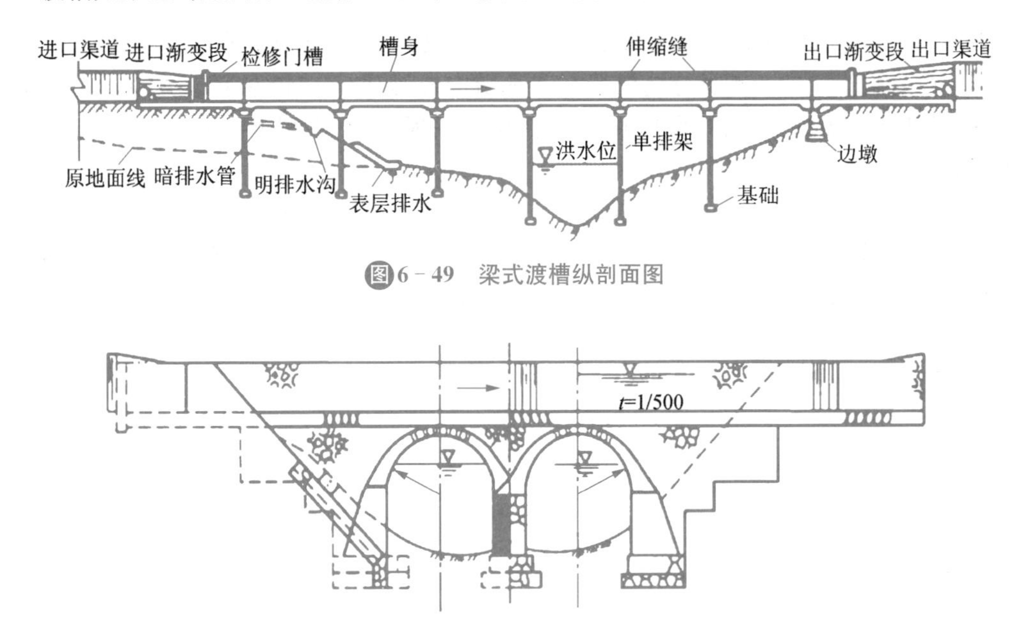

图 6－49　梁式渡槽纵剖面图

图 6－50　板拱式渡槽

渡槽由槽身、支承结构、基础及进出口建筑物等部分组成。渠道通过进出口建筑物与槽身相连，槽身置于支承结构上，槽身重及槽中水重通过支承结构传给基础，再传至地基。

（一）渡槽的类型

南水北调
沙河渡槽

按渡槽的支承结构分类，主要有梁式渡槽（图 6－49）、拱式渡槽（图 6－50）等。

按槽身断面分类，常见的有矩形槽[图 6－51(a)为有拉杆矩形槽身，(b)为无拉杆矩形槽身]和 U 形槽[如图 6－51(c)]两大类。

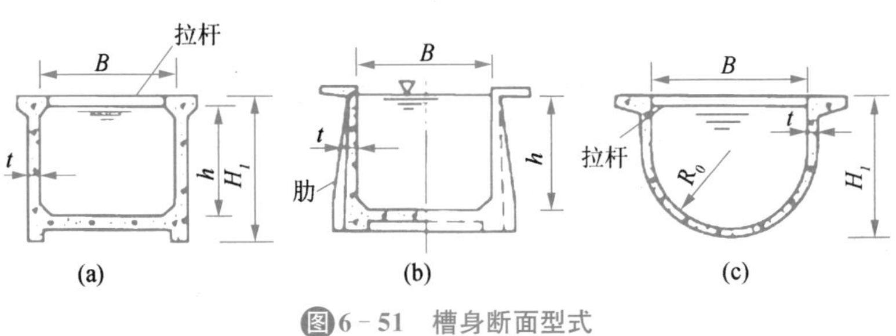

图 6－51　槽身断面型式

按所用材料分类，有木渡槽、砖石渡槽、混凝土渡槽、钢筋混凝土渡槽、钢丝网水泥渡槽等。

（二）梁式渡槽

梁式渡槽介绍

梁式渡槽的槽身置于槽墩或槽架上，因其纵向受力与梁相同，故称为梁式渡槽。

1. 梁式渡槽的类型

根据支承位置的不同，可分为简支梁式、双悬臂梁式、单悬臂梁式和连续梁式。

（1）简支梁式渡槽。槽身分缝位置在支承结构处，如图 6－49 所示。其特点是结构形式简单，施工吊装方便，但跨中弯矩较大，整个槽身底板受拉，不利于抗裂防渗，因此限制了渡槽的跨度。

（2）双悬臂梁式渡槽。槽身分缝位置在支承结构之外的跨间，如图 6－52(a)所示。与简支式相比，其跨中最大弯矩较小，因此可选用较大的跨度，但其缺点是：由于重量大，施工吊装较困难，当悬臂顶端变形时，接缝处止水容易被拉裂。

（3）单悬臂梁式渡槽。如图 6－52(b)所示。一般用在靠近两岸的槽身，或双悬臂梁向简支梁式过渡时采用。

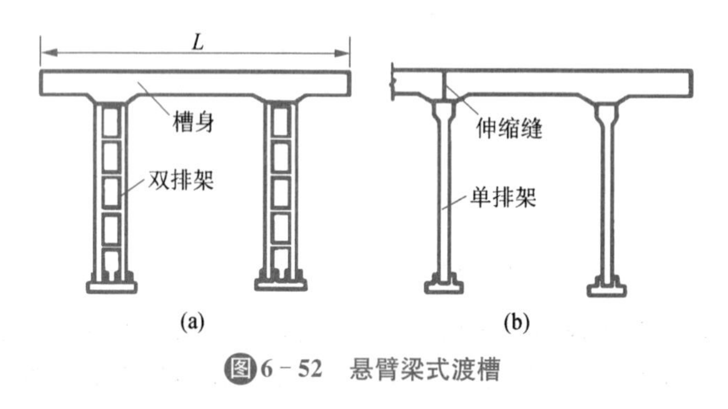

图 6－52 悬臂梁式渡槽

（4）连续梁式渡槽。其为超静定结构，弯矩较小，但是适应不均匀沉陷的能力较差。

2. 梁式渡槽的槽身

（1）槽身断面形状

梁式渡槽的槽身横断面形状多为矩形，小流量一般采用矩形，也可采用 U 形断面。槽深多为钢筋混凝土结构，U 形槽还可采用钢丝网水泥结构。中小型渡槽无通航要求时，可在槽顶设拉杆，增加稳定性，拉杆间距为 1～2 m。

（2）槽身构造

为适应变形，各节槽身之间及渡槽与进出口建筑物之间应设变形缝，缝宽一般为 3～5 cm，缝内设止水。梁式渡槽的槽身搁置在墩架上，跨径在 10 m 以内时，一般不设专门的支座，直接支承在油毡或水泥砂浆的垫层上，垫层厚度不应小于 10 mm。跨径较大时，在支点处设置两块支座钢板。

3. 梁式渡槽的支承结构

梁式渡槽的支承结构一般有槽墩式和排架式两种：

（1）槽墩式

槽墩一般为重力式，包括实体墩和空心墩，如图 6－53 所示。

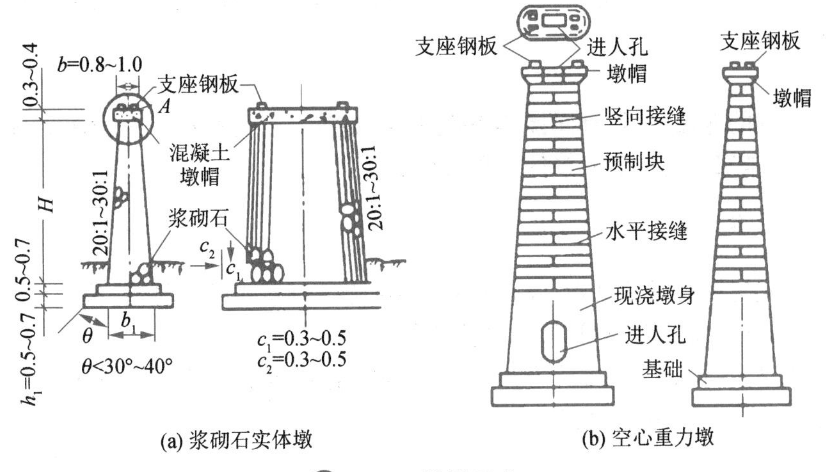

(a) 浆砌石实体墩　　(b) 空心重力墩

图6-53　槽墩形式

渡槽与两岸连接时，常用重力式边槽墩，简称槽台，因其形式与桥梁基本类似，所以在此不再赘述。

(2) 排架式

排架式一般为钢筋混凝土排架结构，有单排架、双排架、A字型排架和组合式槽架等形式，如图6-54所示。

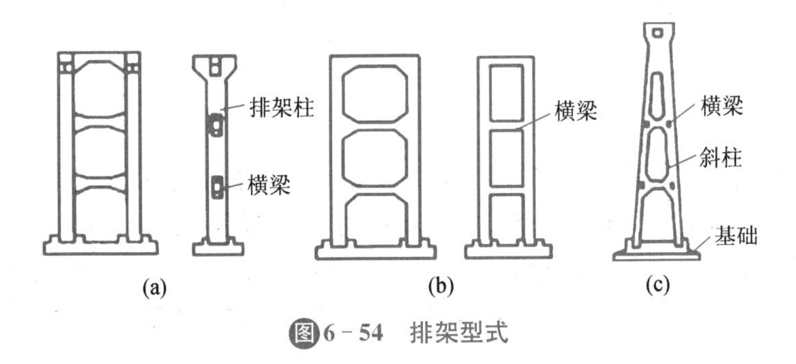

(a)　(b)　(c)

图6-54　排架型式

单排架是由两根支柱和横梁组成的多层刚架结构。具有体积小、重量轻、可现场浇筑或预制吊装等优点，在工程中被广泛采用。双排架由两个单排架及横梁组合而成，属于空间框架结构。在较大的竖向及水平向荷载作用下，其强度、稳定性及地基应力均较单排架容易满足要求。适用高度通常为15～25 m。A字型排架由两片A字型单排架组成，其稳定性能好，适用高度较大，但施工较复杂，造价也较高。组合式槽架适用于跨越河道主河槽部位，在最高洪水位以下为重力墩，其上为槽架，槽架可为单排架，也可为双排架。

4. 梁式渡槽的排架基础

(1) 基础形式

渡槽的基础与桥梁基本相同，不过由于渡槽上部结构相对较轻，其支承结构选用排架式的情况较多，因此，除刚性基础、深基础之外，对应于排架式支承结构常见的还有整体板式基础(如图6-55所示)。此种基础基底面积较大，采用钢筋混凝土梁板结构建造。由于设计时考虑其弯曲变形而按梁计算，故又称柔性基础。这种基础可在较小埋置深度下获得较大的底面积，具有体积小、施工方便、适应变形能力强等特点，一般适用于地基较差、不均匀沉陷较大情况。

(2) 排架与基础的连接

排架与基础的连接形式，有固接和铰接两种，如图 6－55 所示。一般现浇时，排架与基础常整体结合，排架竖向钢筋直接伸入基础内。

(三) 拱式渡槽

拱式渡槽是指槽身置于拱式支承结构上的渡槽。与梁式渡槽相比，拱式渡槽的支承结构除槽墩之外，又增加了主拱圈、拱上结构两部分。

按照主拱圈的结构形式，可分为板拱、肋拱和双曲拱等拱式渡槽；按材料又可分为砌石、混凝土和钢筋混凝土等拱式渡槽。

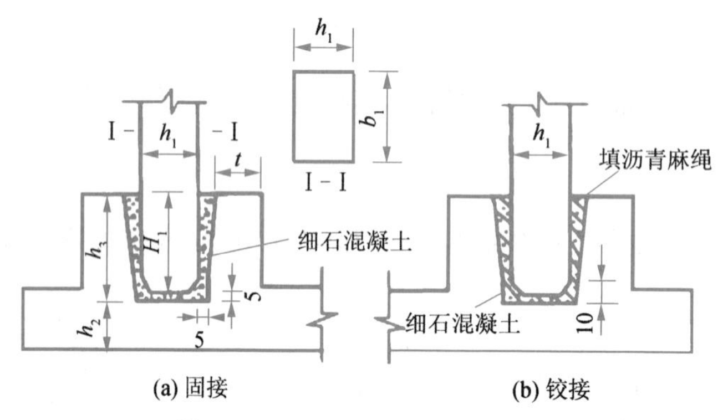

图 6－55 排架与基础的连接型式

板拱渡槽的主拱圈横截面形状为矩形，主拱圈为一块拱形的板，多为砌石或混凝土实体结构，如图 6－50 所示，故常称石拱渡槽。小型渡槽主拱圈也可采用砖砌。

肋拱渡槽的主拱圈由几根拱肋组成，拱肋间每隔一定距离设置一道横系梁连接，以增加整体性和稳定性，拱上结构一般为排架，如图 6－56 所示，肋拱渡槽一般为钢筋混凝土结构。

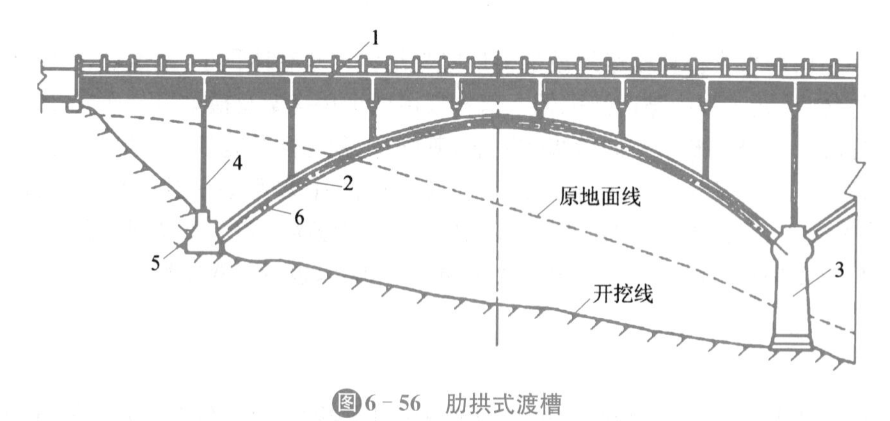

图 6－56 肋拱式渡槽

1—槽身；2—肋拱；3—槽墩；4—排架；5—拱座；6—横系梁

双曲拱渡槽主要由拱肋、拱波、横系梁(或横隔板)等部分组成，其主拱圈纵横向截面均为拱形，如图 6－57 所示。

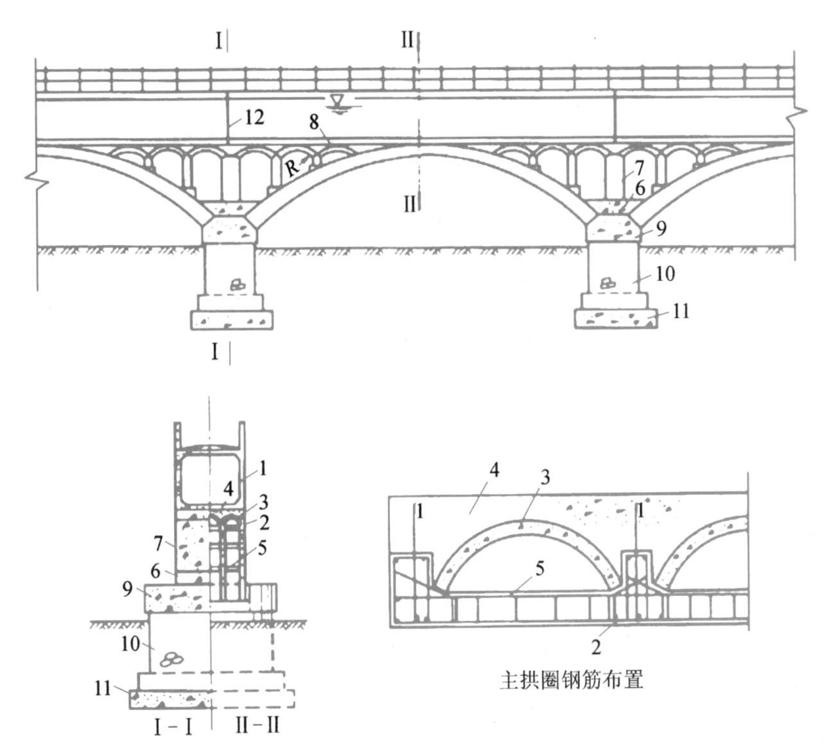

图6－57　双曲拱式渡槽及构造

1—槽身；2—拱肋；3—顶制拱波；4—混凝土填平层；5—横系梁；6—护拱；7—腹拱横墙；8—腹拱；9—混凝土墩帽；10—槽墩；11—混凝土基础；12—伸缩缝

拱式渡槽主拱圈的拱轴线形式有圆弧形、悬链线形和二次抛物线形三种。

三、水工隧洞

水利工程中为输送水流而在山体或地下开凿的隧洞称为水工隧洞。

(一) 水工隧洞的类型

1. 按用途分类

(1) 导流隧洞。水利工程施工阶段，用于施工导流。

(2) 泄洪隧洞。宣泄洪水，保证工程安全。

(3) 排沙隧洞。排放泥沙，避免淤积而损失库容。

(4) 放空隧洞。必要时放空水库里的水，以方便检修或满足人防要求。

(5) 发电引水隧洞。集中落差，引水发电。

(6) 输水隧洞。穿越山体，为灌溉或城镇供水输送水流。

就其工作性质，前四类隧洞可归纳为泄水隧洞，洞内水流流速较高；后两类属引水隧洞，洞内水流流速较小。

图6－58所示为我国甘肃白龙江上的碧口水利枢纽布置图，拦河坝为101 m的心墙坝，左右两岸建有泄洪洞，与右岸坝肩处溢洪道共同泄洪；其中右岸泄洪洞在施工期兼做导流洞；左岸排沙洞，在运用期用以排除库内部分泥沙；左岸还设有发电引水隧洞。

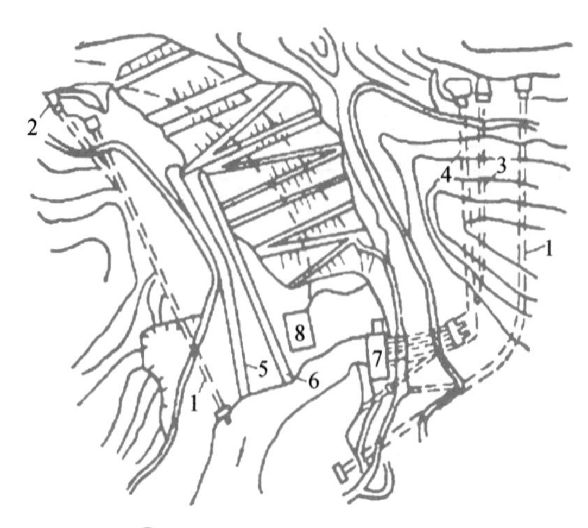

图6-58 碧口水利枢纽布置

1—泄洪洞；2—导流洞；3—排沙洞；4—发电引水洞；5—溢洪道；6—过木道；7—电站；8—开关站

2. 按洞内水流状态分类

(1) 无压隧洞。洞内为明流，有稳定的自由水面，水面上有一定的净空。一般工作闸门在进口处(图6-59)。

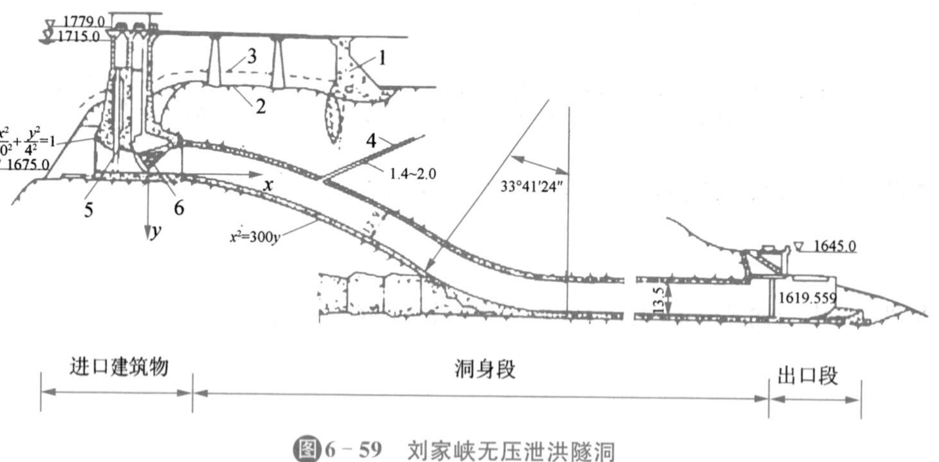

图6-59 刘家峡无压泄洪隧洞

1—混凝土副坝；2—岩面线；3—原地面线；4—通风洞；5—检修闸门；6—弧形工作闸门

(2) 有压隧洞。水流充满整个隧洞断面，洞内水压力的大小主要取决于洞口之上水的深度。一般工作闸门在出口处(图6-60)。

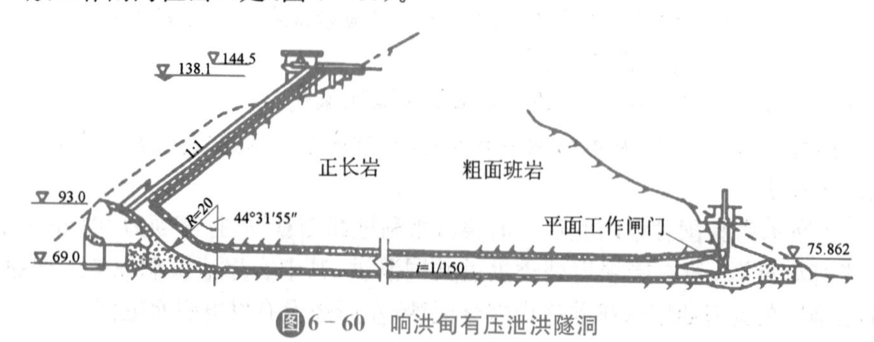

图6-60 响洪甸有压泄洪隧洞

(二) 水工隧洞的进口建筑物(取水建筑物)

水工隧洞的组成有进口建筑物、洞身段、出口建筑物三部分。

水工隧洞进口的构造组成有:进水口(曲线段)、拦污栅、闸室段、渐变段、通气孔和平压管等。按其结构形式及闸门操纵方式分类有:竖井式、塔式、岸塔式和斜坡式等。

1. 竖井式

在隧洞进口处的岩体中开挖竖井,井壁用钢筋混凝土衬护,井下设闸门,启闭设备及操纵室布置在井顶,如图 6-61 所示。

竖井式进口的优点是结构简单,不需设工作桥,不受风浪、冰冻的影响,抗震性和稳定性好;缺点是竖井开凿困难,闸前部分隧洞常处于水下,检修不便。适用于岩石条件好的情况。

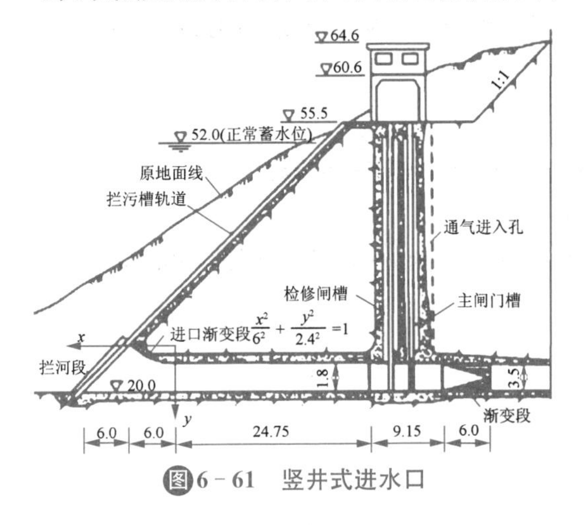

图6-61　竖井式进水口

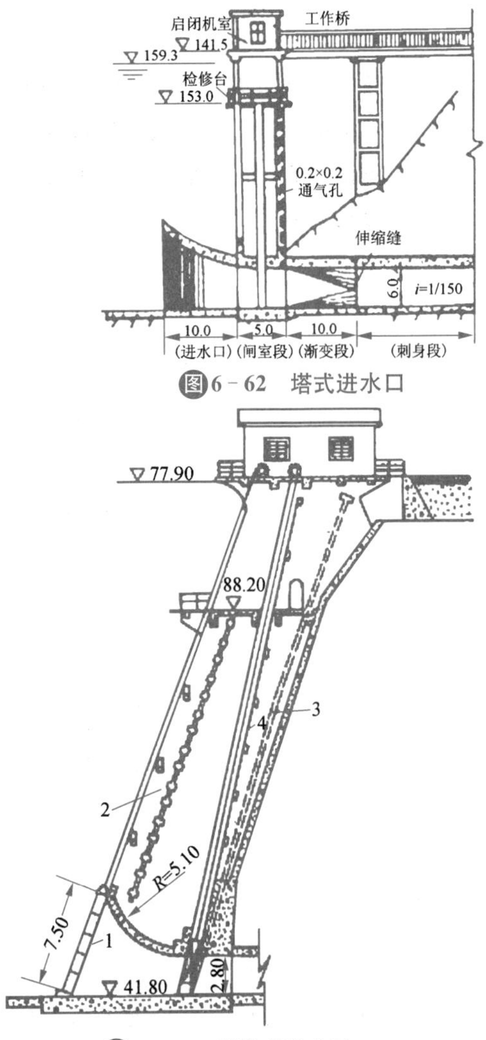

图6-62　塔式进水口

图6-63　岸塔式进水口

1—拦污栅;2—固定式拦污栅;3—通气孔;4—闸门轨道

2. 塔式

在隧洞进口建造不依靠岸坡的塔,塔底设闸门,塔顶设操纵平台和启闭机室,通过工作桥与岸坡相连,如图 6-62 所示。塔式进水口常用于岸坡岩石较差,覆盖层较厚,不宜采用靠岸设置进水口的情况。其缺点是:受风、浪、冰、地震影响大,稳定性较差,需较长的工作桥。

3. 岸塔式

靠在开挖后洞脸的岩坡上修建的直立或倾斜的进水塔,如图 6-63 所示。塔身依靠在岸坡上,其稳定性比塔式好,对岸坡还有一定的支撑作用。这种形式施工、安装都比较方便,不需工作桥。适用于岸坡较陡且岩石坚硬稳定的情况。

4. 斜坡式

直接在岩坡上进行平整开挖、护砌而修建的进水口,闸门和拦污栅的轨道直接安装在斜坡的护砌上，如图 6-60 所示。结构简单，施工方便、造价低。缺点是：闸门不易靠自重下降，检修困难。一般只用于中小型工程或仅作为安装检修闸门的进口。

（二）洞身的断面形状和构造

1. 洞身的断面形状和尺寸

（1）无压隧洞的断面形状和尺寸

无压隧洞的断面形状通常采用圆拱直墙形（城门洞形），如图 6-64(a)所示。当地质条件较差时，可采用马蹄形或卵形[图 6-64(b)，(c)]，也可采用圆形断面。

（2）有压隧洞的断面形状和尺寸

有压隧洞的断面多为圆形。因为圆形的水力条件好，适于承受均匀内水压力。

有压隧洞的断面尺寸，根据水力计算确定，同时不小于施工和检修要求的最小尺寸。

2. 隧洞衬砌

（1）衬砌的作用

① 承受山岩压力、内水压力和其他荷载，使围岩保持稳定，不致坍落；

② 减小糙率，改善水流条件，减少水头损失；

③ 防止水流、空气、温度变化和干湿变化等因素对岩石的冲刷、风化、侵蚀等破坏；

④ 防止渗漏。

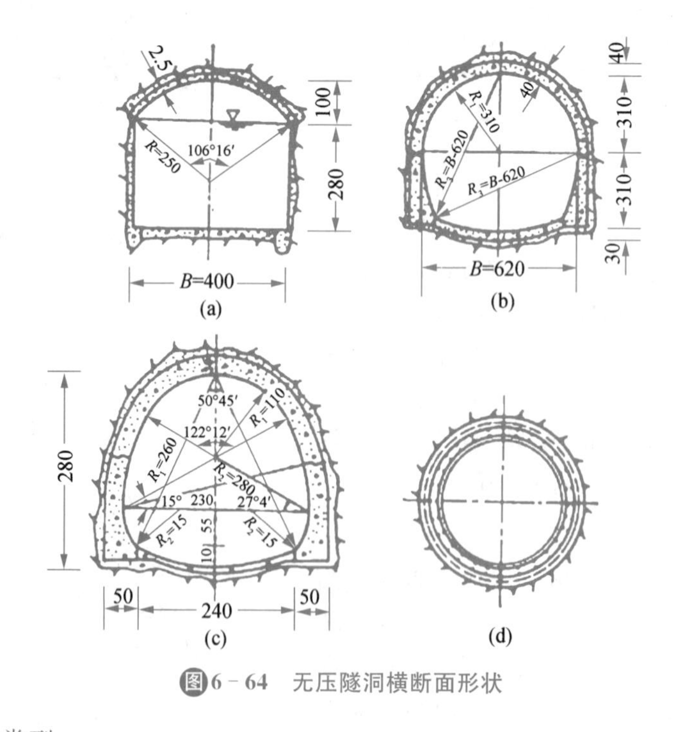

图 6-64 无压隧洞横断面形状

（2）衬砌的类型

按设置衬砌的目的可分为平整衬砌和受力衬砌两类；按衬砌所用的材料分为混凝土衬砌、钢筋混凝土衬砌、浆砌石衬砌等。此外，还有预应力衬砌、装配式衬砌和喷锚衬砌等。

(3) 衬砌的分缝和止水

在混凝土及钢筋混凝土衬砌中一般设有施工缝和永久横向变形缝。

变形缝的缝面不凿毛，分布钢筋不穿过，有防渗要求的，缝内应设止水片及充填沥青油毛毡或其他填料(图 6-65)。

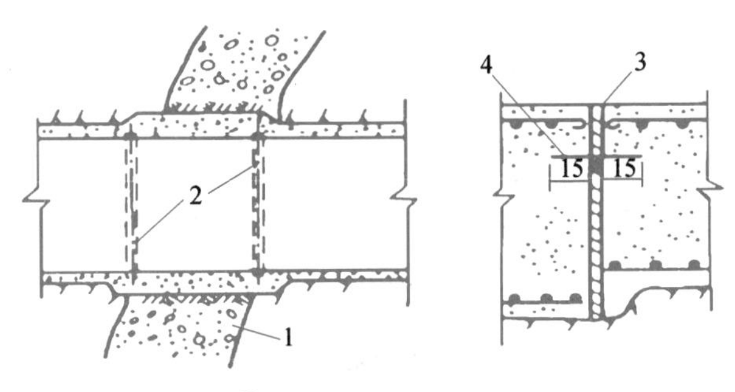

图6-65　永久性横缝

1—断层破碎带；2—沉陷缝；3—沥青油毛毡 1～2 cm；4—止水片或止水带

3. 隧洞灌浆

隧洞灌浆有回填灌浆和固结灌浆两种。

(1) 回填灌浆

回填灌浆的目的是填充衬砌与围岩之间的空隙，使之结合紧密，共同受力，改善传力条件和减少渗漏。回填灌浆的范围一般在顶拱中心角 90°～120°以内，孔距和排距一般为 2～6 m，灌浆孔应深入围岩 5 cm 以上，灌浆压力一般为 200～300 kPa。隧洞衬砌在顶拱砌筑时，预留灌浆管，待衬砌完毕后通过预埋管进行灌浆，如图 6-66 所示。

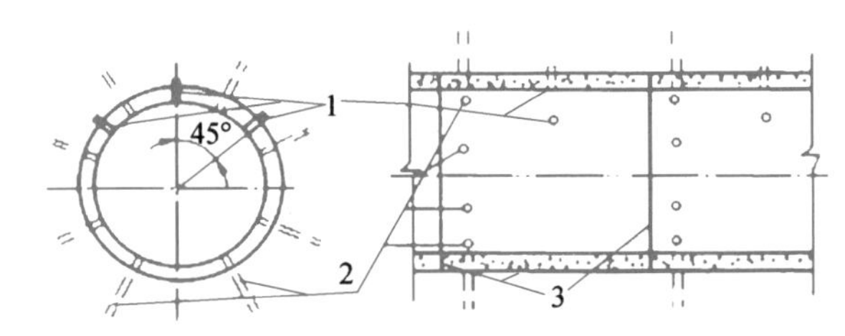

图6-66　灌浆孔布置

1—回填灌浆孔；2—固结灌浆孔；3—伸缩缝

(2) 固结灌浆

固结灌浆的目的是为了提高围岩的强度和整体性，改善结构的受力条件，并减少渗漏。固结灌浆孔排距一般为 2～4 m，每排不宜少于 6 孔，对称布置。深入围岩的孔深约为 1 倍隧洞半径。灌浆压力为 1.5～2.0 倍的内水压力。

4. 隧洞排水

排水的目的是为了降低作用在衬砌外壁上的外水压力。对于无压隧洞，在洞底设纵向排水管将外水排向下游，或在洞内水面线以上，通过衬砌设置径向排水孔，将地下水直接引入洞内，如图 6-67 所示。排水孔间距、排距以及孔深一般为 2～4 m。

对于有压圆形隧洞，外水压力一般不起控制作用，可不设排水设备。当外水压力很大时，可在衬砌底部外侧设纵向排水管，通至下游，纵向排水管由无砂混凝土管或多孔瓦管做成。必要时，可沿洞轴线每隔 6～8 m 设一道环向排水槽，可用砾石铺筑，将渗水汇入纵向排水管。

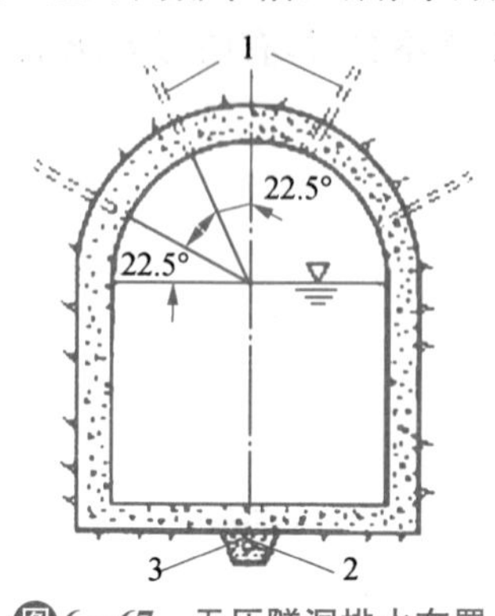

图6－67 无压隧洞排水布置

1—径向排水孔；2—纵向排水孔；3—小石子

（三）出口建筑物的构造

有压泄水隧洞的出口常设有工作闸门及启闭机室，闸门前设有渐变段，闸门后设有消能设施（图 6－68）。无压泄水洞的出口构造主要是消能设施。

泄水隧洞出口水流的特点是单宽流量集中，所以常在隧洞出口外设置扩散段，使水流扩散，减小单宽流量，然后再以适当的方式进行消能。

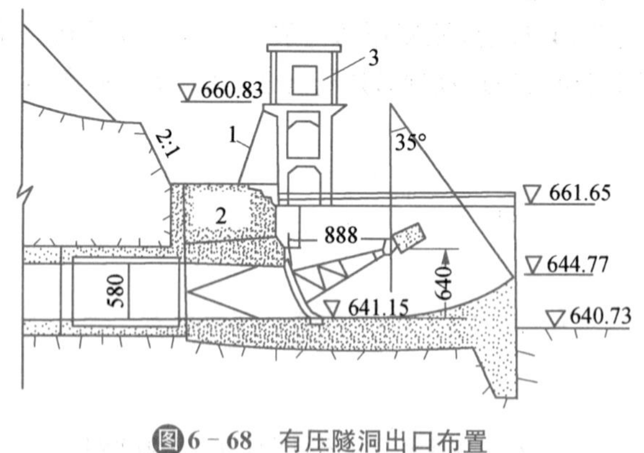

图6－68 有压隧洞出口布置

1—钢梯；2—混凝土块压重；3—启闭机塞

四、倒虹吸管

倒虹吸管属于交叉建筑物，是指设置在渠道与河流、山沟、谷地、道路等交叉处的压力输水管道。

（一）倒虹吸管的特点和使用条件

倒虹吸管的特点是两端与渠道相接，而中间向下弯曲。与渡槽相比，它具有结构简单、造价较低、施工方便等优点。但是，输水时水头损失较大，运行管理不如渡槽方便。

倒虹吸管一般适用于以下几种情况：① 渠道跨越宽深河谷，修建渡槽、填方渠道或绕线方案困难或造价较高时；② 渠道与原有渠、路相交，因高差较小不能修建渡槽、涵洞时；③ 修建填方渠道，影响原有河道泄流时；④ 修建渡槽，影响原有交通时等。

(二) 倒虹吸管的类型

根据管路埋设情况及高差的大小，倒虹吸管通常可分为竖井式、斜管式、曲线式和桥式四种类型。

1. 竖井式

由进出口竖井和中间平洞组成，如图 6－69 所示。一般适用于流量不大、压力水头小于 3～5 m 穿越道路的倒虹吸。

竖井的断面为矩形或圆形，并在底部设置 0.5 m 深的集沙坑，以便于清除泥沙及检修管路时排水。平洞的断面一般为矩形、圆形或城门洞形。

该类型倒虹吸管，构造简单、管路较短、占地较少、施工较容易，但水力条件较差。

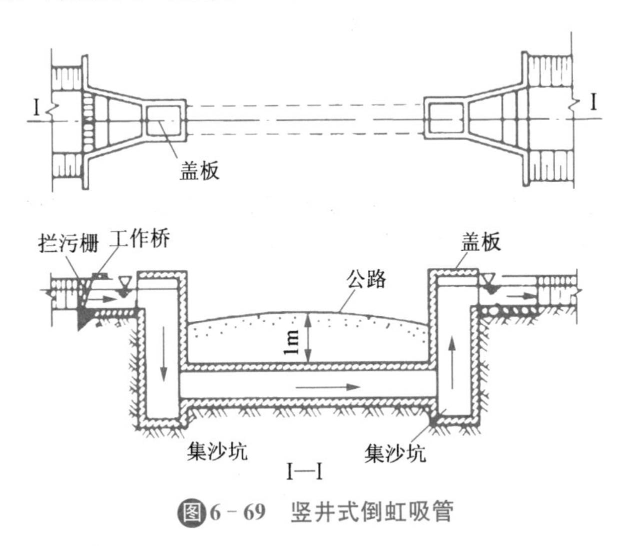

图6－69　竖井式倒虹吸管

2. 斜管式

该形式管道进出口段为斜管段，而中间为平直段，如图 6－70 所示。一般用于穿越渠道、河流而与之高差不大，且压力水头较小、两岸坡度较平缓的情况。与竖井式相比，其特点是水流顺畅、水头损失较小，构造简单，但斜管施工不便。

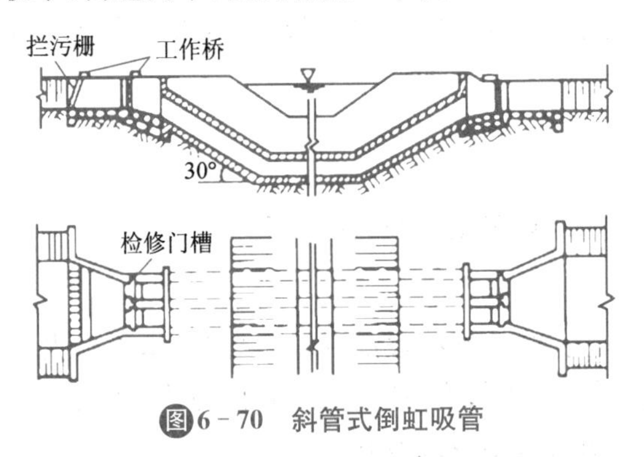

图6－70　斜管式倒虹吸管

3. 曲线式

该种形式的管道，一般是沿坡面的起伏爬行铺设而成为曲线形，如图 6－71 所示。主要适用于跨越河谷或山沟，且两者高差较大的情况。为了保证管道的稳定性，并减少施工的开挖量，铺设管道的岸坡应比较平缓。

管身断面一般为圆形。管身材料为混凝土或钢筋混凝土，可现场浇筑也可预制安装。管身一般设置管座，当管径较小且土基很坚实时，也可直接设在土基上。在管道转弯处，应设置镇墩，并将圆管接头包在镇墩之内。

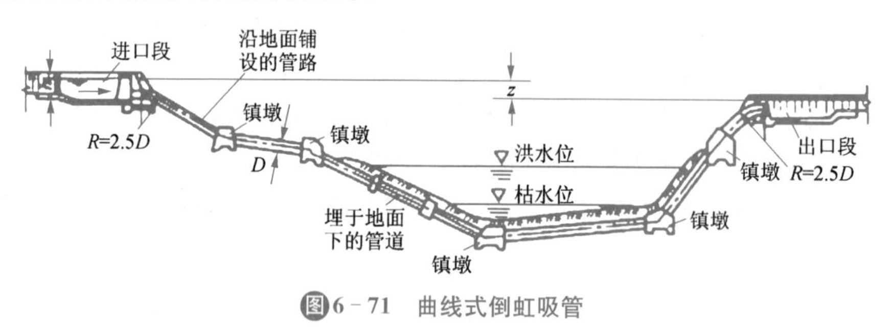

图6－71　曲线式倒虹吸管

4. 桥式

与曲线式倒虹吸相似，在沿坡面爬行铺设曲线形的基础上，在深槽部位建桥，管道铺设在桥面上或支承在桥墩等支承结构上，如图 6－72 所示。

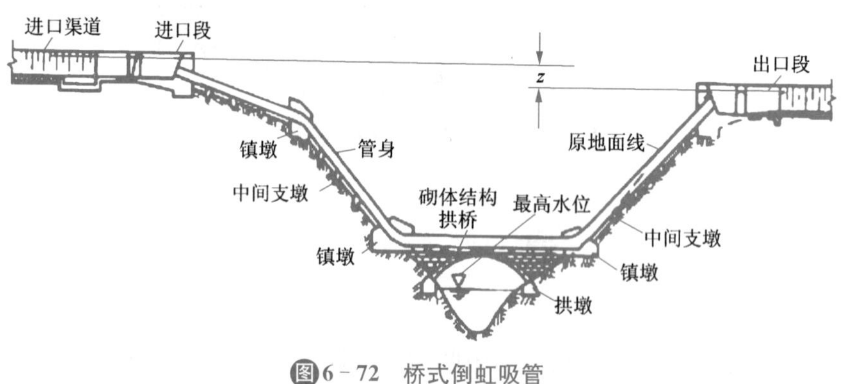

图6－72　桥式倒虹吸管

这种形式多用于渠道与较深的复式断面或窄深河谷交叉的情况。主要特点是可以降低管道承受的压力水头，减小水头损失，缩短管身长度，并可避免在深槽中进行管道施工的困难。

（三）倒虹吸管的组成及构造

倒虹吸管由进口段、管身段和出口段三部分组成。

1. 进口段

进口段要与渠道平顺连接，一般都设渐变段，以减少水头损失。首部设铺盖、护底等防渗、防冲措施；为防止漂浮物进入管内，进口段设有拦污栅，并设检修闸门，以便对管道进行检修；有时还在进口前设置沉沙池或沉沙井。

2. 管身段

(1) 管身的断面

管身断面形状常为矩形或圆形，矩形管可用混凝土或钢筋混凝土砌筑，适用于低水头或地基较差的工程；圆形管多采用钢筋混凝土管，高低水头均可采用。

(2) 管身材料

倒虹吸管的材料应根据压力大小及流量的多少、就地取材、施工方便、经久耐用等原则综合分析选择。常用的材料主要有混凝土、钢筋混凝土、预应力钢筋混凝土、铸铁和钢材等。

对于水头小于 3 m 的矩形或城门洞形小型管道，也可采用砖、石等材料砌筑。

① 混凝土管。适用于水头较低、流量较小的情况，一般用于水头为 4～6 m 的管道，有时也可达千余米。为了防止管身裂缝以及接缝处严重漏水现象经常发生，应严格把握材料强度、施工技术及质量等因素。

② 钢筋混凝土管。适用于较高水头，一般为 30 m 左右，可达 50～60 m，管径通常不大于 3 m。

③ 预应力钢筋混凝土管。适用于高水头，与钢筋混凝土管相比，弹性较好，不透水性和抗裂性好，能够充分发挥材料的性能。预应力钢筋混凝土管与金属管相比，可以节省钢材用量 80%～90%。

④ 铸铁管与钢管。多用于高水头(60 m 以上)地段，为了增强管道的刚度，可在管身的外壁每隔一定的距离设置加劲环和支承环。由于这种形式耗用金属材料较多，所以，应用上受到了较大限制。

(3) 管段长度和分缝止水

为防止管道因地基不均匀沉陷、温度变化以及混凝土的干缩而产生过大的纵向应力，使管身发生横向裂缝，应将管身分段设置沉陷缝或伸缩缝，并在缝内设置止水。

管段长度，即为横缝的间距，应根据地基、管材、施工、气温等条件确定。现浇钢筋混凝土管缝的间距，在土基上一般为 15～20 m；在岩基上一般为 10～15 m。为了减小岩基对管身的收缩约束作用，可采取在管身与岩基之间设置油毛毡垫层等措施。这时，管身采用分段间隔浇筑，缝的间距可以增大到 30 m。

预制钢筋混凝土管及预应力钢筋混凝土管，管节长度可达 5～8 m。

伸缩缝的形式主要有平接、套接、企口接以及预制管的承插式接头等，如图 6-73 所示。缝的宽度一般为 1～2 cm，缝中堵塞沥青麻绒、沥青麻绳、柏油杉板或胶泥等。

现浇管一般采用平接或套接，缝间止水多采用金属止水片。此外，止水的形式还有塑料止水、环氧基液贴橡皮止水等。

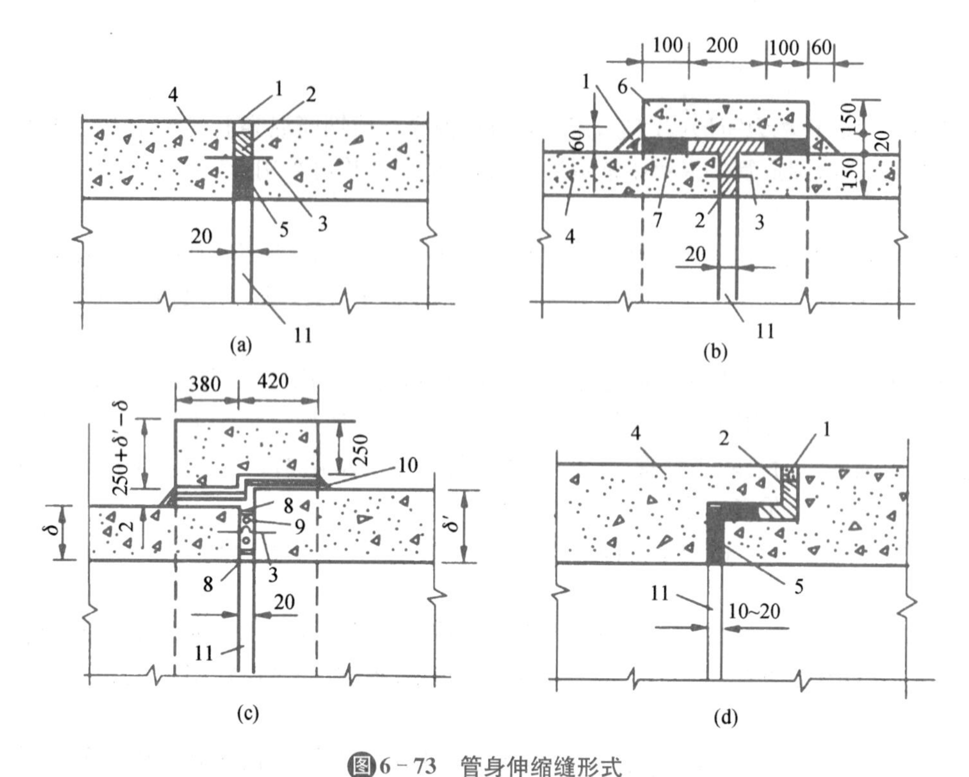

图6－73　管身伸缩缝形式

1—水泥砂浆封口；2—沥青麻绒；3—金属止水片；4—管壁；5—沥青麻绳；6—套管；7—石棉水泥；8—柏油木板；9—沥青石棉；10—油毛毡；11—伸缩缝

(4) 镇墩

镇墩是为了连接和固定管道而专门设置的支承结构。设置镇墩的位置，一般在倒虹吸管的变坡处、转弯处，不同管壁厚度的连接处，管身分段处，或管坡较陡及长度较大的斜管中部。设置个数应结合地形、地质条件而定。

镇墩的材料，主要为砌石、混凝土或钢筋混凝土。对于砌石镇墩，可在管道周围包一层混凝土，多用于小型倒虹吸管。在岩基上的镇墩，为了提高管身的稳定性，也可以加设锚杆与岩基相连接。

镇墩与管道的连接形式，有刚性连接和柔性连接两种，如图 6－74 所示。

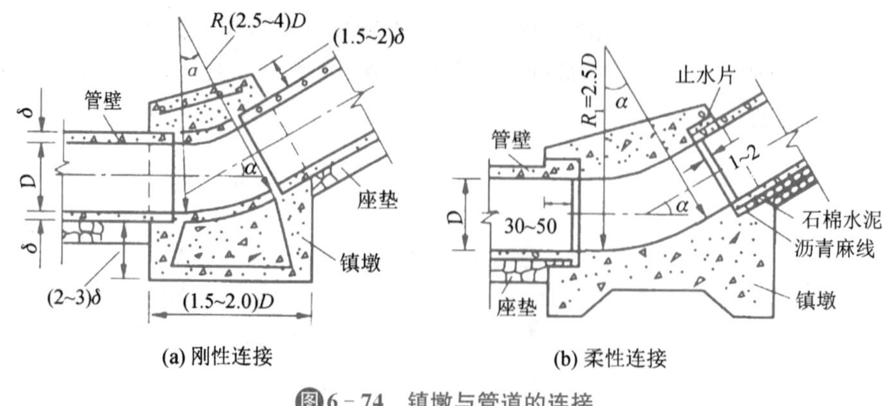

图6－74　镇墩与管道的连接

刚性连接是把管端与镇墩混凝土浇筑在一起，砌石镇墩是将管端砌筑在镇墩内。这种形式的特点是结构简单、施工方便，但适应不均匀沉降的能力较差。一般用于斜管坡度较陡、地基承载能力较大的土基或岩基。

柔性连接是用伸缩缝将管身与镇墩分开，缝中设有止水，以防止漏水。这种连接的特点是适应不均匀沉陷的能力较好，但是施工比较复杂。通常用在斜坡较缓的土基上。

在斜坡段上设置的中间镇墩与管道的连接形式，上部一般为刚性连接，下部多为柔性连接。

3. 出口段

出口段应注意水流与下游渠道的平顺连接。主要包括：出水口、闸门、消力池和渐变段等。

(四) 倒虹吸管的布置要求

倒虹吸管的总体布置应根据形式、地质、施工、水流条件，以及所通过的道路、河道洪水等具体情况经过综合分析比较确定。一般要求如下：

(1) 管身长度最短。管路力争与河道、山谷和道路正交，以缩短倒虹吸管道的总长度。还应避免转弯过多，以减少水头损失和镇墩的数量。

(2) 岸坡稳定性好。进、出口以及管身应尽量布置在地质条件稳定的挖方地段，避免建在高填方地段，并且地形应平缓，以便于施工。

(3) 开挖工程量少。管身应适应地形坡度变化布置，以减少开挖的工程量，降低工程造价。

(4) 进、出口平顺。为了改善水流条件，倒虹吸管进、出口与渠道的连接应当平顺。

(5) 管理运用方便。结构的布置应安全、合理、以便于管理运用。

课题四　治河防洪工程

洪涝灾害是我国大部分地区经常遭受的主要灾害之一，其所造成的损失是第一位的。新中国成立以来，虽然在全国兴建了大量的水利工程，取得了非常显著的防洪效益，但江河洪水威胁仍是社会经济发展的重大隐患。因此，必须对河道进行整治，河道整治与国家建设息息相关，与国民经济发展紧密相连。

一、治河工程

(一) 河道整治的必要性

1. 防洪需要河道整治

通过河道整治可使河道防洪能力加强，河道抵抗洪水破坏的能力得以提高，从而有效地减小或消除洪水造成的损失。

2. 航运需要河道整治

航道、港口、码头要求河道水流平顺，无过度弯曲，无过难卡口，深槽稳定，并要求有一定的航深、航宽及流速，且流速不能过大，跨河建筑物应满足船舶的水上净空要求，这些只有靠河道整治来实现。

3. 引水工程及滩区农业生产需要河道整治

涵闸等引水工程要求有稳定的取水口,滩区群众要求有稳定的河势。

4. 桥渡工程需要河道整治

桥渡处要求上下游水流能平顺衔接,防止因河道摆动冲毁桥头引堤,造成运输中断。其次,桥渡附近必须平缓过渡,以免形成严重的折冲水流,加剧河床冲刷,危及桥墩安全。

(二) 河道整治建筑物的分类

按照建筑材料和使用年限,可将整治建筑物分为轻型(或临时性)和重型(或永久性)整治建筑物。前者是用竹、木、桔、梢、柳等轻型材料修建,抗冲及防腐性能较弱,寿命也较短;后者是用土、石、金属、混凝土等材料筑成,抗冲和防腐朽能力强,且寿命长。

按照建筑物与水位的关系,可将整治建筑物分为非淹没整治建筑物和淹没整治建筑物。在各种水位下均不淹没的称非淹没整治建筑物;在洪水时淹没,而在中水、枯水时不淹没,或在各种水位均被淹没的称淹没整治建筑物。

按照建筑物的作用与其水流的关系,整治建筑物分为不透水、透水、环流整治建筑物。透水和不透水建筑物都是修在水中,对水流起挑流、导流和缓流落淤等作用,其本身透水的称为透水建筑物,本身不允许水流通过的称为不透水建筑物。环流整治建筑物是用人工激起环流,用以调整水、沙运动方向,达到整治的目的。建筑物的选用主要考虑整治目的和建筑材料的来源。

(三) 整治建筑物的结构形式

河道整治工程的形式主要有堤防、险工和控导工程。整治建筑物一般以丁坝为主,垛为辅,坝垛之间必要时修平行于水流的护岸。对一处整治工程来说,上段宜修垛,下段宜修坝,个别地方辅以护岸。

1. 丁坝

丁坝是一端与河岸相连,另一端伸向河槽的坝型建筑扬,在平面上与岸连接如丁字形。

(1) 丁坝的类型

丁坝坝身长度较长,不仅能护岸、护坡,并能将主流挑向对岸,但产生的回流较强,局部冲刷较大,因此较适用于来流方向与坝的迎水面的夹角较小的情况,如图 6-75(a)所示。垛即短丁坝,如图 6-75(b)所示,坝身长度较短,仅起到护坡作用,只能局部地将水流挑离岸边,垛前水流沟刷较浅,产生的回流也弱,对来流的适应性较好,在来流方向与坝(垛)的迎水面的夹角较大时,修垛比较合适。

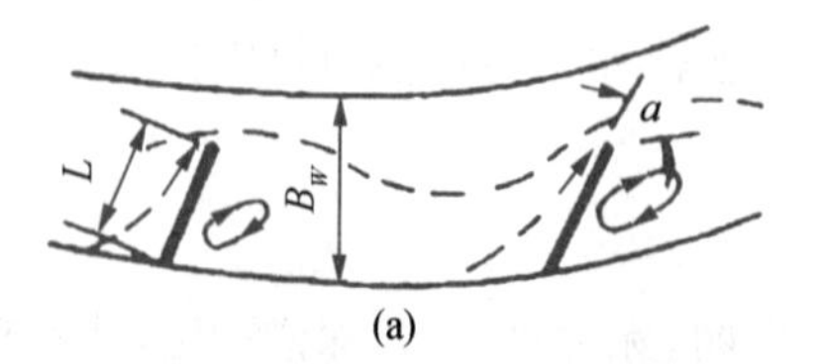

(a)

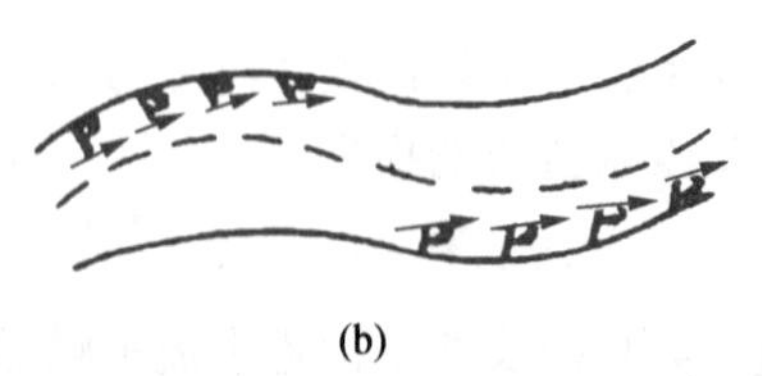
(b)

图 6-75 丁坝示意图

（2）丁坝的布置形式

丁坝的平面形式如图 6－76 所示。坝与堤或滩岸相连的部位称为坝根，伸入河中的前头部分为坝头，坝头与坝根之间称为坝身。在不直接遭受水流淘刷的坝根及坝身的后部，只修土坝即可，在可能被水流淘刷的坝头及坝身的上游面需要围护，以保证坝的安全。坝头的上游拐角部分称为上跨角。从上跨角向坝根进行围护的迎水部分称为迎水面。坝头的前端称前头，坝头向下游拐角的部分称为下跨角。

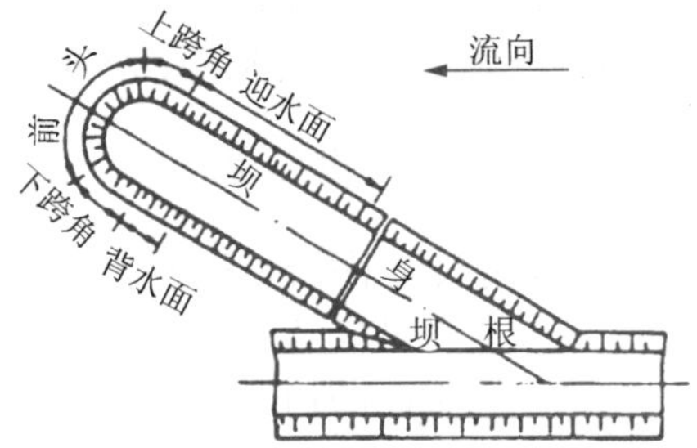

图6－76　丁坝平面图

2. 顺坝

顺坝是坝身顺着水流方向，坝根与河岸相连，坝头与河岸相连或有缺口的整治建筑物，如图 6－77 所示。顺坝的作用主要是导流和束窄河床，有时也做控导工程的联坝。坝顶高程视其作用而异，若是整治枯水河床，坝顶略高于洪水位。

图6－77　多种坝型联合布置

1—整治线；2—大堤；3—丁坝；4—顺坝；5—格坝；6—柳石垛；7—活柳坝

3. 护岸

护岸的外形平顺，是沿着堤防或滩岸的坡面修建的防护性工程。江河湖海岸坡和堤防岸坡的防护主要是防止水流和波浪对岸坡基土的冲蚀和淘刷造成的侵蚀、塌岸等现象。堤岸防护应根据防洪规划和河流治导线的要求，并按因势利导的原则，根据具体条件确定工程布局、形式和适宜的材料。

护岸工程一般是布设在受水流冲刷严重的险工险段，其长度一般应从开始塌岸处至塌岸终止点，并加一定的安全长度。坡式护岸工程一般以枯水位为界分为两部分，枯水位以上称护坡工程，以下称护脚工程。护岸工程的原则是先护脚后护坡。堤岸护坡工程的形式一般可分为以下几种：

（1）坡式护岸，或称平顺护岸，即顺岸坡及坡脚一定范围内覆盖抗冲材料。这种护岸形式对河床边界条件改变和对近岸水流条件的影响均较小，是一种较常采用的形式。

（2）坝式护岸，即修建丁坝，将水流挑离堤岸，以防止水流、波浪或潮汐对堤岸边坡的冲刷。这种形式多用于游荡性河流的护岸。

（3）墙式护岸，即顺堤岸修筑竖直陡坡式挡墙。这种形式多用于城区河流或海岸防护。

（4）复合形式护岸，如护岸与丁坝，墙式与坡式、打桩等相结合的形式。

二、防洪工程

防洪、发电、通航，三峡工程如何做到？

防洪建设首先要进行防洪规划，根据当地流域的地理和社会情况，并考虑洪水规律、洪灾特点、工程现状、地区内经济发展情况及重要性、河流下游情况等，按照国家的方针政策和对防洪工作的要求，制定出合理的防洪标准和防洪方案，以指导以后的防洪工程建设。

防洪方案包括工程措施与非工程措施。工程措施是防洪减灾的基础，是通过工程建筑来改变不利于防洪的自然条件。工程措施包括防洪堤坝、分洪区建设、河道整治、水库建设和水土保持等，通过这些工程措施可以拦蓄洪水，扩大河道泄量，疏浚洪水，从而达到减轻洪水灾害的目的；非工程措施主要指洪水预报与调度、洪水警报、防洪通信系统建设、分洪区管理等，通过这些措施可以预报或避开洪水的侵袭，更好地发挥工程措施的作用，减轻人民群众生命财产的损失。

（一）筑堤防洪工程

筑堤防洪是平原地区历史最悠久的防洪措施，堤防又是现代江河防洪工程体系的重要组成部分，是防止洪水泛滥，增加河道泄量的基本措施。由于一些大江大河至今还没有建成对下游防洪起决定性作用的控制性水库，在这些河道上，堤防在防洪工程体系中仍起着主要作用，也是汛期主要的防守对象。防洪堤的作用是保护河流两岸平原洼地的农村和城市，使它们不受洪水淹没。防洪堤一方面扩大了河道的过水断面，增加了泄水能力；另一方面也增加了河道本身的蓄水容积。此外还有约束水流、稳定河床的作用。

1. 堤防工程的分类

按其作用或功能可分江河堤防、湖泊围堤、圩垸围堤、城市防洪堤。

按堤身材料又可分土堤、石堤、混凝土堤、钢筋混凝土防洪墙。

土堤造价低，便于就地取材，应用最广。土堤按其填筑方法又分为在陆地上用人工或机械填筑和压实的土堤、用挖泥船筑填的土堤。石堤大多用于堤防的面墙，如洪泽湖大堤的石工面墙就是用条石浆砌的，四川鳃江堤防大部分面板是用卵石浆砌的。混凝土堤在我国用得较少，混凝土往往也只用于表层，北京郊区永定河左堤就是混凝土面板护堤。钢筋混凝土防洪墙一般多用于城市防洪墙，以减小堤身断面和减少占地。

堤防工程的形式应按照因地制宜、就地取材的原则，根据堤段所在的地理位置、重要程度、堤址地质、筑堤材料、水流风浪特性、施工条件、运用和管理要求、环境景观、工程造价等因素，经过技术经济比较，综合确定。

2. 堤防工程的防洪标准及级别

GB 50201—2014

防洪标准

堤防工程防护对象的防洪标准应按照现行国家标准《防洪标准》(GB 5021—2014)确定。堤防工程的防洪标准应根据防洪区内防洪标准较高的防护对象的防洪标准确定。

（二）河道整治工程

为扩大河道的过水能力，使洪水能畅通下泄，必须进行河道整治。

1. 疏浚拓宽河道

将过于窄浅的阻水河段疏通、浚深、拓宽，以增加泄洪能力。如因河道两岸的防洪堤间距狭窄，壅阻水流，则需退建堤防，展宽河道，以增加泄洪能力，降低上游壅高的水位，减轻洪水威胁和防洪负担，如图 6-78 所示。

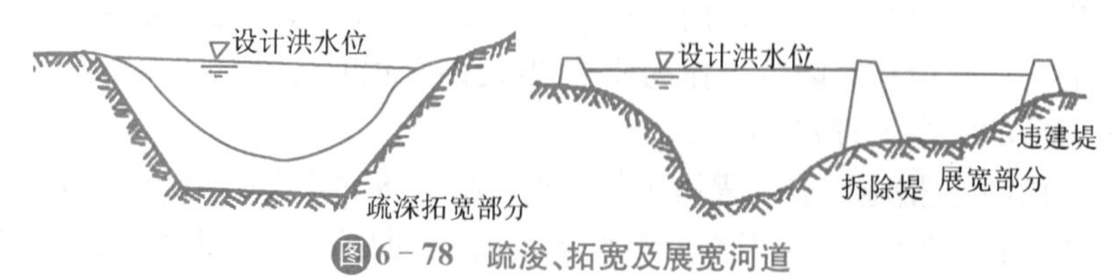

图6-78 疏浚、拓宽及展宽河道

2. 截弯取直

河弯过多和曲率过大，往往泄洪不畅，需要进行人工截弯取直，使洪水下泄畅通，如图6-79所示。对于大型河流的截弯取直，由于影响较大，必须谨慎行事。

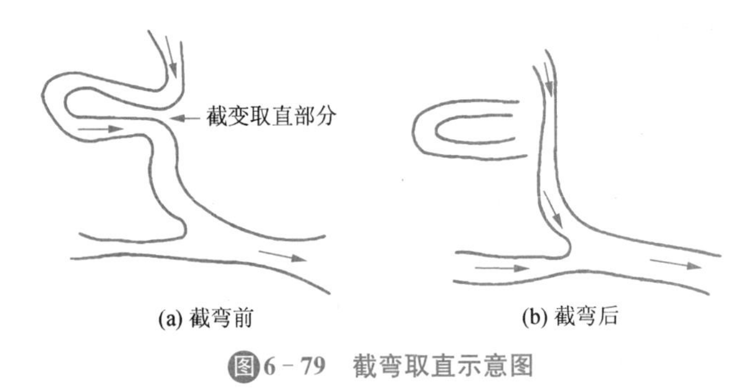

图6-79　截弯取直示意图

3. 护岸工程

为了防止洪水冲刷河道凹岸引起河岸坍塌及堤防崩溃，需做护岸工程。特别是在重要城镇附近，对工厂企业、桥梁、码头等建筑物，更应加强保护。护岸工程还有防止河弯发展及稳定河床的作用，对泄洪有利。

4. 清除障碍

在河床范围内的滩地上种植的芦苇、树木和大大小小建筑物，都会成为泄洪的障碍，需要清除。如桥梁、码头等建筑物阻碍泄洪，需要改建。有些河流为了宣泄特大洪水，除对中、下游阻水河段采取整治措施外，有的还采取行洪区的临时措施。当遇到特大洪水时，在事先预定的河段，将干堤间阻水的圩堤临时拆除，利用圩内的耕地通过洪水，以扩大过水断面，降低行洪区上游的水位，从而减轻洪水的威胁，行洪区在一般年份可照常耕种。

(三) 分洪工程

分洪工程是通过工程建筑物，用调节径流的方法，把超过河道安全泄量的洪峰，分流到其他河流、湖泊或海洋，称为减洪；也可把超过河道安全泄量的洪峰暂时分泄在河道两岸的适当地区，待洪峰过后，再流入原河道，称为滞洪。分洪建筑物有分洪闸、分洪道、泄洪闸、分洪区围堤和整治建筑物。

1. 减洪工程

减洪的形式有减流及改流。

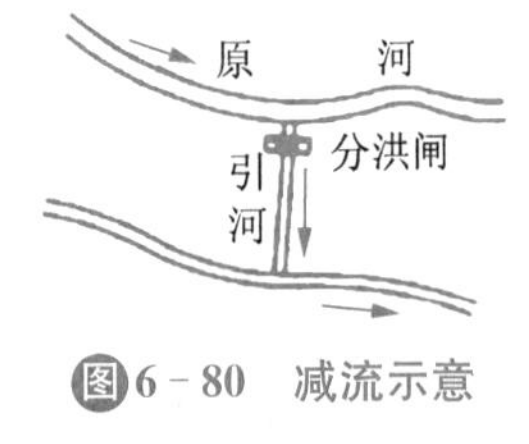

图6-80　减流示意

减流是在平原河道的适当位置建分洪闸，开发新河，使原河道无法安全宣泄的洪水直接入海、入湖，如图6-80所示。这种形式多用于处于河道下游入海口处的地区，特别是当河道上游流域面积大，而入海河道又比较小，洪水溢流出槽，严重威胁下游地区安全时，采用这种形式更为合适。

改流是把原河道无法安全宣泄的洪水，经由引河引入邻近其他河流，而这部分水流不再流入原河道，以减轻原河道下游的负担。这种形式多用于在平原河道附近有泄洪能力较大河道的情况下。

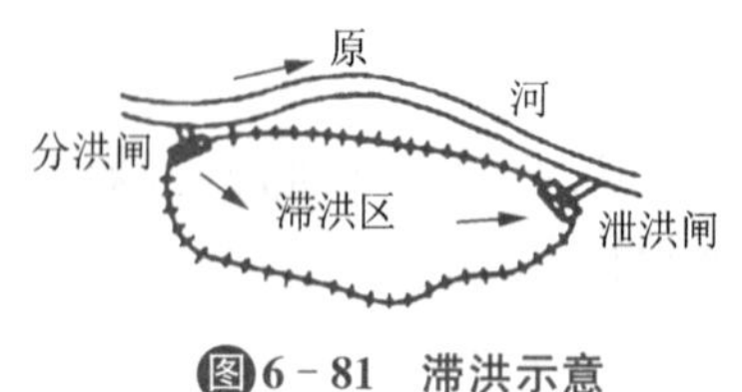

图6－81 滞洪示意

2. 滞洪工程

是在河流上端建闸，由分洪闸或分流渠将洪水引入湖泊、洼地，待洪峰过后，再汇入原河道，如图6－81所示。这种形式应用广泛。

（四）蓄洪工程

利用水库或湖泊洼地来调蓄洪水，防止洪水灾害的措施称为蓄洪。

水库是一种重要的防洪工程。水库一般还具有发电、供水、旅游、养殖等综合效益，但防洪往往是水库的首要任务。根据事先制定的调度办法，水库可以调蓄入库洪水，降低出库洪峰流量，或错开下游洪水高峰，使下游被保护区的河道流量保持在一定的安全限度之内。

山丘区往往是暴雨洪水的主要发源地，水库也大都修建在河道的上中游山丘区，水库库容一般受淹没损失和移民安置的限制。在平原地区修建的水库，大都是在湖泊洼地周围加筑堤防而形成。

许多江河的洪水威胁，必须通过修建水库才能缓解和消除，尤其如是能在河道上找到优越的地理位置，修建控制性水库，就可以对流域防洪起到关键性作用，大大提高下游的防洪标准。

（五）水土保持工程

防治江河洪水，应当保护、扩大流域林草植被，涵养水源，加强流域水土保持综合治理。搞好水土保持，把工程措施与生物措施紧密结合起来，不仅可以保护和合理利用当地水土资源，改变水土流失地区的自然和经济面貌，建立良好的生态环境，而且对下游江河防洪和减少泥沙淤积有积极作用。

江河防洪工程是一个巨大的系统工程。防治江河洪水，应当蓄泄兼施，充分发挥河道行洪能力和水库、洼淀、湖泊调蓄洪水的功能，加强河道防护，因地制宜地采取定期清淤疏浚等措施，保持行洪畅通。河道堤防是江河防洪工程系统中的基础措施；水库可以拦蓄洪水，削减洪峰，对下游防洪有不同程度的控制作用，提高下游防洪能力，除害结合兴利；蓄滞洪区在江河防洪系统中是对付较大洪水的应急措施，在一般常见洪水时并不使用。

单元小结

本单元重点介绍了各类水工建筑物的定义、组成、作用及结构特点，通过学习应重点掌握各类水工建筑物的基本形式及其结构特点。

（1）水利枢纽的组成和建筑物等级划分。

（2）混凝土重力坝、土石坝、拱坝等挡水建筑物的特点、类型及构造；水闸、河岸式溢洪道等泄水建筑物的类型、特点、构造。

（3）渠道及渡槽、水工隧洞、倒虹吸等输水建筑物类型、构造、选址及对地基的要求。

（4）河道整治建筑物的分类及结构形式，常用的防洪工程及其作用。

复习思考题

1. 什么是水利工程？其主要类型有哪些？
2. 水库的几个特征水位具有什么含义？
3. 水工建筑物有哪些类型？什么是水利枢纽？
4. 水利枢纽分几等？是如何分等的？水工建筑物分几级？是如何分级的？
5. 什么是重力坝？其有哪些特点？
6. 什么是土石坝？其有哪些特点？
7. 土石坝的坝体排水设施有哪些？各有什么特点？
8. 什么是拱坝？其有哪些特点？
9. 拱坝的坝身泄水有哪几种形式？各自特点是什么？
10. 什么是水闸？水闸的类型有哪些？其作用是什么？
11. 水闸的组成有哪几部分？各部分的作用是什么？
12. 河岸式溢洪道的作用及其类型有哪些？
13. 水工隧洞的作用是什么？按水流状态分有哪几种？其进口建筑物的类型有哪些？
14. 水工隧洞的衬砌有什么作用？类型有哪些？
15. 渠道的纵断面设计应注意哪些问题？横断面形式有哪几种？
16. 渡槽的作用及类型有哪些？其支承结构有哪些类型？
17. 倒虹吸管的作用及类型是什么？
18. 常见的河道整治建筑物有哪些？各自的作用是什么？
19. 常用的防洪工程有哪些？各自的作用是什么？

单元七　土木工程施工

学习目标

了解现代施工的特点；熟悉人工地基施工技术、基坑施工技术、大体积混凝土施工技术、模板技术、钢筋施工技术和混凝土技术，熟悉盾构法等部分特殊施工技术，了解施工组织设计的内容和编制程序。

学习重点

基础工程施工技术和上部结构施工技术，施工组织设计编制。

课题一　基础知识

土木工程施工是生产建筑产品的活动，建筑产品是指各种建筑物和构筑物。它与其他工业生产相比，具有独特的技术经济特点。

施工是一个复杂的过程，按施工图施工，按规范要求施工，遵从施工工序的先后顺序对保证施工质量是至关重要的。土木工程施工可分为施工技术与施工组织两大部分。

施工技术是以各工种工程（土方工程、基础工程、混凝土结构工程、结构安装工程、装饰工程等）的施工技术为研究对象，以施工方案为核心，结合具体施工对象的特点，选择最合理的施工方案，确定最有效的施工技术措施。

施工组织是以一个工程的施工过程为研究对象，科学编制出指导施工的施工组织设计文件，从而合理地使用人力、物力、空间和时间，着眼于各工种工程施工中关键工序的安排，使之有组织、有秩序地完成整个施工过程。

概括起来，施工的研究对象就是研究最有效地建造各类土木工程的理论、方法和有关的施工规律，以科学的施工组织设计为先导，以先进可靠的施工技术为基础，保证工程项目高质量、安全和经济地顺利建成。

土木工程施工与土木工程材料、材料力学、结构力学、混凝土结构学以及钢结构等课程均有密切的关联，在学完这些课程的基础上才能学习土木工程施工课程。土木工程施工又是一门实践性、应用性强的课程，很多内容直接来自工程施工的经验总结。因此，对国内外最新动态及相关的实践环节，应予以足够的重视。

施工规范、规程是土木工程界进行工程施工的标准。它以科学、技术和实践经验的综合成果为基础，经有关方面协商一致，由国务院有关部委批准、颁发，作为全国土木工程施工必须共同遵守的准则和依据。它分为国家、行业（部）、地方和企业四级。在施工及验收规范中，对施工工艺要求、施工技术要点、施工准备工作内容、施工质量控制以及检验方法等均做了具体、明确或原则性的规定。因此，凡新建、改建、修复等工程，在设计、施工和竣工验收时，均应遵守相应的施工及验收规范。

规程(条例等)一般比规范涉及范围窄一些，内容规定更为具体，一般为行业标准，由各部委或重要的科学研究单位编制，呈报规范的管理单位批准或备案后发布试行。它主要是为了及时推广一些新结构、新材料、新工艺而制定的标准。规程试行一段时间后，在条件成熟时也可以升级为国家规范。规程的内容应与规范一致，若有不同，应以规范为准。随着设计与施工水平的不断提高，规范和规程每隔一定时间就要进行一次修订。

课题二　施工技术

一、现代施工的特点

工程施工是一项非常复杂的生产活动。它涉及的范围十分广泛，需要处理大量的、复杂的技术问题，耗费大量的人力、物资，动用大量的设备。为了保证施工的顺利进行，保证施工在规定的时间内完成，必须对土木工程施工进行有效的科学管理。根据不同的施工工艺进行施工组织，保质、保量、保时、保效益地完成土木工程产品。土木工程产品的生产和一般工业产品比较，有很多自己的特点。

1. 土木工程产品在空间上的固定性及其生产的流动性

超高层建筑

土木工程是根据建设单位的要求，在满足城市规划的前提下，在指定的地点进行建造。土木工程产品基本上是定做的。这就要求土木工程产品及其生产活动需要在该产品固定的地点进行，形成了土木工程产品在空间上的固定性。

由于土木工程产品的固定性，造成施工人员、材料和机械设备等随产品所在地不同而进行流动。每变更一次施工地点，就要筹建一次必要的生产条件。由于施工空间的局限，随着土木工程产品施工部位的不同，需要施工人员流动作业。

土木工程产品由于其具有空间的固定性和生产的流动性，其生产不得不考虑当地的气候、环境而选择相应的施工方法，根据相应的施工方法选择相应的施工方案，而涉及的技术问题、人员资金配备问题等都要具体问题具体分析。所以，土木工程施工作业比一般的产品生产要复杂得多。

2. 土木工程产品的多样性及其生产的单件性

由于使用功能的不同，产品所在地、环境条件的不同，形成了产品的多样性。产品的不同，对施工单位来讲，其施工准备工作、施工工艺、施工方法、施工设备的选用也不相同，因此，导致组织标准化的难度大，形成了生产的单件性。

3. 土木工程产品体形大，生产周期长

土木工程产品同一般的产品比较，生产过程中耗用的人工、材料、机械设备等资源众多。由于其体形大，施工阶段允许在不同的空间施工，形成了多专业化工种、多工序同时生产的综合性活动，这样就需要有组织地进行协调施工和科学管理。

工业产品一般都是在一个固定的生产地点生产或组装成产品后运输、销售给使用者的，

唯独土木工程产品是固定不动的。土木工程施工不能自己设计一个理想空间，选定一套稳定工艺组织生产，而只能服从产品设定地点的需要，不断地按工程要求、流动设备与人员，使自己的生产最有效地适应工程特定的空间，包括环境、交通、气象、地质等。因此，“因地制宜”是土木工程施工的基本原则。

没有一种工业产品可与土木工程产品比体量。一幢大楼几百米高，一座桥几百米长，生产一个产品要动用成百上千台设备与成千上万名员工，从开工到竣工，少则数月，多达几年。其生产过程是通过不断变换的人流将物资有机地凝聚成逐步扩大的产品，而最终产品是一个需要符合一系列功能的统一体。所以，土木工程产品的生产是一个“多维”的系统工程。土木工程施工必须把握施工方案多样性的特点，经过科学论证选取最佳方案。

土木工程产品单一、固定与庞大的特性，决定了土木工程施工的复杂性，没有统一的模式与章法。施工技术必须兼顾天时、地利、人和，因时、因地、因人制宜，充分认识主客观条件，选用最合适的方法，经过科学组织来实现施工。所谓的施工，也就是施工技术加施工管理。施工技术一般指完成一个主要工序或分项工程的单项技术，施工管理则是优化组合单项技术，科学地实施物化劳动与活劳动的结合，最终形成土木工程产品。

JGJ—123—2000

既有建筑地基基础加固技术规范

二、基础工程施工技术

1. 人工地基施工技术

人工地基施工技术包括地基加固、承载桩、钢管桩等技术。

(1) 地基加固有换土、预压、强夯、水泥土旋喷和深层搅拌技术等。

(2) 承载桩有渣土桩、水泥土桩、木桩、混凝土桩(混凝土预制桩、预应力管桩、现浇灌注桩)、钢桩(钢管桩、H 型钢桩)、特殊桩(成槽机施工的巨型桩、扩头桩)等。目前，我国施工的灌注桩最大直径达 3 m，深度达 104 m，工艺上可加注浆。国外有的更大，还可以扩大头部。如果用连续墙成槽机做巨型现浇灌注桩，还可以做得更大更深。例如日本的水平多轴式回转钻机(EM 型)，成桩壁厚 1200～3200 mm，深度达 170 m。

(3) 钢管桩：一般直径 600～900 mm，深度 50～60 m，而上海金茂大厦管桩深度达 83 m，直径 900 mm，最大桩锤 30 t。

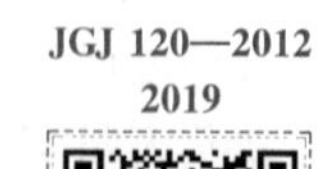

建筑基坑支护技术规程

2. 基坑支护技术

基坑支护广义上包括挡土结构、隔水帷幕、支承技术、降水技术及环境保护技术等方面。

(1) 挡土结构。包括重力坝、钢筋混凝土地下连续墙、劲性水泥土桩等。

① 重力坝：用深层搅拌、旋喷等工艺形成的水泥土重力坝挡土和隔水，可不用支承，上海博物馆工程基坑就采用该类型挡土结构，深度达到 9.8 m。

② 钢筋混凝土地下连续墙：这种工艺在世界上已经有 50 年历史，可以挡土和隔水，有现场浇筑与成槽后插入预制地下墙两种。对于现场浇筑地下墙，我国已做到深度 60 m，有的国家已经在考虑生产成槽能力 200 m 以上的水平多轴式回转钻机，壁厚可达到 4 m，预制地下墙深度可达 30 m。

③ 劲性水泥土桩(SMW 工法)：在水泥土排桩内插入型钢，以型钢受力，水泥土作为隔水帷幕。此法在日本使用较多。

(2) 隔水帷幕。有水泥土排桩、注浆帷幕、薄型地下连续墙等。日本最近制成称之为TRUST－21型的成槽机，成槽最小壁厚仅为0.2 m，深度200 m，采用泥浆固化成壁。

(3) 支承技术。主要包括以下几种支承技术：

① 型钢支撑(图7－1)：传统采用。

② 钢筋混凝土支撑：为适应不规则基坑的体形并使挖土有较大空间，在我国特别是在上海地区创造与发展了一种钢筋混凝土支撑体系，有对撑、角撑、排撑及拱形、环圈形支撑。上海最大环圈直径达92 m，天津施工建成了直径一百余米的大环圈。采用钢筋混凝土支撑体系的优点是一次性投入少，适应性强；最大的缺点是只能一次性使用，社会资源浪费大，爆破拆除时对环境有影响。

图7－1　钢支撑

③ 双向双股复加预应力钢管支撑：双股井字形接头可以解决传统的钢支撑空间小的缺点，以方便挖土。双向施加预应力还可以针对土的流变特性，复加预应力控制变形。在一些重要地段，特别是在地铁隧道边的深基坑施工都采用此法。

④ 土锚杆(土钉)拉锚：在挡土结构处侧向向基坑外土体深部打入锚杆，可以加预应力，以达到锚桩挡土的目的。这种方法一般适用于土质较好的大型深基坑。

(4) 降水技术。地下水位较高的地区和较深的基坑都需要采取降水措施，常用的有：轻型井点，可深至3～7 m；喷射井点，可深至7～15 m；深井及加真空深井，可深至10 m以下；大口径明排水管井，在土质好的北京等地区常有应用。

(5) 环境保护技术。主要包括以下技术：

① 井点回灌技术：目的是控制基坑外的水位，防止坑外管线、道路、建筑物产生固结沉降。

② 堵漏技术：目的是控制向基坑内渗水，有各种即时堵漏及注浆技术。

③ 信息监测与信息化施工技术：基坑支护的应力-应变计算往往由于参数选取不准，计算值有时只能是一个参考值。为保护环境，需在工程进行中监测即时变形，并采取可靠的即时加固措施，以防事故发生。应用计算机，可以提供施工过程中支护体系及环境的受力状态及变形数据，由于信息技术及各种加固技术的提高，已经可以实现毫米级的变形控制。调节变形的技术手段主要有：可以在基坑内外进行双液快硬注浆；可以对支撑施加预应力或增加支撑；也可以调整挖土速度及支撑施工的程序，即充分考虑土体变形的时空效应，以施工速度的变化来减小变形。

3. 大体积混凝土施工技术

大体积混凝土施工规范

土木工程构件三个方向的最小尺寸超过800 mm的混凝土施工，称为大体积混凝土施工。由于水泥在水化过程中发热引起混凝土构件的升、降温，在这一过程中，各部位温差应力加上混凝土本身的收缩等因素，易导致危及结构安全的裂缝。过去，大体积混凝土施工是一个重大技术难题，20多年前，南京梅山铁矿高炉基础浇筑时曾因温度裂缝出现质量问题，但自从宝钢转炉基础7200 m^3 一次浇捣无裂缝获得成功后，大体积混凝土施工技术开始有了新的飞跃，其中主要采取了四类措施：

(1) 减少混凝土本身发热量;

(2) 内降温、外保温,运用信息监测技术,及时调整和控制结构内外温差在 25 ℃之内;

(3) 延长并做好养护工作;

(4) 尽可能科学地组织施工,提高浇筑强度。

目前,上海地区大体积混凝土施工水平为:最大基础厚度 6 m;最高的混凝土强度等级 C50;最大一次浇捣混凝土量为 24 000 m^3;最高浇筑强度 660 m^3/h。上海虹桥世贸商城工程共启用 20 辆泵车、200 辆搅拌输送车、10 个集中搅拌站同时供应商品混凝土,其规模与水平为世界之最。

4. 逆作法施工技术

逆作法施工技术

逆作法是基础与上部结构同时施工的先进工艺,可减少和取消临时支护措施。具有降低成本及大大加快施工进度等优点。20 世纪 70 年代前后被一些发达国家采用,我国于 20 世纪 80 年代进行研究试验,90 年代在广州、上海等地应用。逆作法施工工序如图 7-2 所示。其施工的关键技术是:

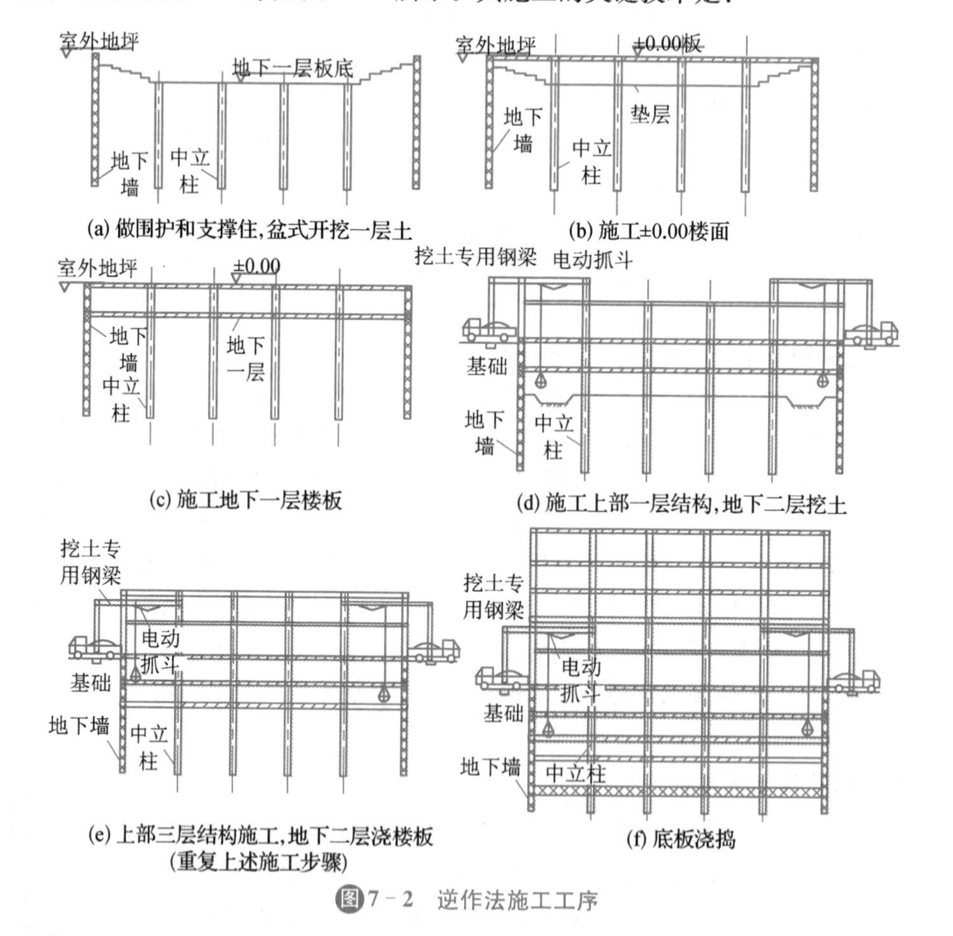

图 7-2 逆作法施工工序

(1) 用地下连续墙作为永久地下室外壁;

(2) 对建筑主体结构柱子下的承载桩,在成桩过程中要预先增加型钢支柱;

(3) 先施工地面板,支承在型钢支柱与地下墙上,此地面板又是在挖土过程中对地下墙的支撑；

(4) 在地下室最下部底板施工前，上部结构施工高度要控制在钢支柱桩的安全承载力之内；

(5) 各支柱及地下墙在施工过程中的沉降差要控制在结构允许范围之内；

(6) 施工有顶盖的地下部分要保证安全与一定的效率。

三、上部结构施工技术

结构施工技术范围很广，包括砖石结构、木结构、钢结构、钢筋混凝土结构及其他特种结构，下面仅介绍当前钢筋混凝土结构中的模板、钢筋、混凝土以及结构吊装的先进水平及先进工艺技术。

1. 模板技术

我国自 20 世纪 70 年代开始引进日本钢管脚手架与组合钢楼板技术，80 年代后期逐步发展成自己的型钢骨架加大型贴面模板。各种新型的平面模板体系，有传统的支架模板以及改进了的台模、飞模、排架式快拆模体系、独塔式快拆模体系等。各种竖向模板与脚手架体系如下：

(1) 爬模体系。直爬模板已大量推广应用于高层建筑。斜爬模为上海黄浦江上 3 座大桥的桥塔及武汉、广东几座斜拉桥所采用。其原理是利用模板与爬架交替支承在结构上，并用简易起重设备交替上升安装支架与模板。

(2) 滑模体系。滑模是相对成熟的比较老的施工技术，在烟囱等筒体上早有应用，之后又在高层建筑的剪力墙、框架上应用。滑模又分直接滑模浇捣与滑框倒模等工艺。北京、天津电视塔为滑模最高的筒体结构；武汉国贸大厦是墙柱梁整体滑升的最大滑模工程，平台面积达 2300 m^2，结构高度为 200 m。

(3) 液压整体提升模板体系。滑模的缺点是每次只能滑升若干厘米，混凝土要连续浇捣，混凝土结构体与模板一直在相对运动，所以混凝土表面容易出现横条纹甚至被拉裂，施工安排也比较繁琐。近年来，对原滑模技术进行改进，原滑模动力体系仅作为提升设备，并加强支柱的力量，将模板做成整体，从而使模板可每层一次整体提升到位，混凝土分层浇筑。

(4) 块提升式大模板。作为一种专用模板体系(如德国的 PERI)，在国外使用得较多。该模板体系支承在已完成的结构上，由专用液压机进行自升，技术较先进，但价格较贵，马来西亚吉隆坡双塔大厦工程就应用了该项技术。

(5) 升板机整体式提升模板脚手体系。这是利用升板机较大的提升能力，借助结构自身强度，提升钢制平台，而模板与脚手架就悬挂在钢平台上，随结构的上升而上升，是一种比较经济高效的模板体系。该技术曾在上海东方明珠电视塔、金茂大厦等工程上采用，最高速度达一个月 13 层，这种体系快速、安全、经济，其成本仅是德国 PERI 液压提升模板的十分之一。

2. 钢筋施工技术

主要包括如下技术：

(1) 钢筋点焊网片。由钢筋工厂生产焊接卷网，在施工现场进行钢筋焊接骨架整体安装。

(2) 钢筋接头。有长度搭接、绑条焊接、对焊、电渣焊、压力焊接、套筒冷压连接、套筒斜螺纹连接、可调螺纹连接等多种方式，特别是直螺纹等强接头，它利用加工过程使钢筋螺纹接头强度提高，可以保证接头强度超过母材，使接头位置与数量不受限制。

(3) 预应力技术。预应力技术早在 20 世纪 30 年代已有方案提出，到 50 年代在世界上开始推广。此项技术使钢筋与混凝土充分发挥各自特性达到结构的最佳组合，以提高结构刚度和抗裂性能，减小结构物断面。现在在一些大型大跨度的钢筋混凝土结构工程上几乎均采用预应力技术。

以上海地区为例，上海东方明珠电视塔竖向预应力连续长度为 300 m，南浦大桥大梁的水平方向预应力一次张拉长达 100 m，上海国际航运大厦基础地下室采用了无粘结钢绞线预应力结构等。

3. 混凝土技术

近百年来，混凝土结构主宰了土木工程业，没有一个重大工程可以离开混凝土。混凝土技术随土木工程业的发展而发展，特别是近年发展得更快。

(1) 混凝土组分的发展。混凝土已在一般的水泥(胶凝料)、砂子(细骨料)、石子(粗骨料)加水的组分基础上，增加了很多新的品种。比如增加掺和料：粉煤灰(可改善混凝土性能)、磨细矿渣粉(可提高强度，改善性能)等；掺加化学外加剂：可适应减水、快硬、增塑、增稠、缓凝、抗冻、可泵送、自密实等功能的要求；掺加各种纤维：如玻璃纤维、钢纤维、塑料纤维、碳纤维等，以提高混凝土强度与抗裂性。

(2) 混凝土强度的发展。20 世纪 50 年代以前，我国主要以 1∶2∶4 和 1∶3∶6 体积配比的混凝土为主；50 年代主要为 110 号、140 号、170 号、210 号混凝土；60～70 年代主要为 150 号～300 号混凝土；80 年代主要为 200 号、300 号、400 号混凝土；90 年代发展为 C20～C80 高强混凝土。如上海杨浦大桥采用 C50 混凝土，东方明珠电视塔采用 C60 混凝土，新上海国际大厦第 21 层试点采用 C80 混凝土，上海明天广场大量应用 C80 混凝土；辽宁物产大厦下部柱采用 C80 混凝土，北京静安中心大厦地下三层柱采用 C80 混凝土等。我国已能在实验室配制 C100 以上的混凝土，但在实际应用中最高的是 C80 混凝土。

在国外，如美国 ACJ 在 1984 年确定 C50 以上为高强混凝土，马来西亚吉隆坡双塔大厦底层受压结构采用 C80 混凝土；美国芝加哥 South Wacker 大厦底层桩为 C95 混凝土；美国西雅图双联大厦 3 m 直径的钢管混凝土采用 C130 混凝土，为国际上混凝土应用的最高强度等级。虽然理论上可以配制 C200 以上的混凝土，只是由于强度太高带来的脆性问题尚未根本解决，因此，目前在使用高强度混凝土方面仍有一定的限制。

(3) 商品混凝土及泵送混凝土。商品混凝土发展很快，发达国家的一些大城市几乎都采用商品混凝土，占总量的 60%～80%。我国近十几年来发展也很快，1996 年全国预拌混凝土已接近 3000 万立方米，仅上海一地已达 1000 万立方米。泵送混凝土是与商品混凝土一起发展起来的，与此同时，泵送技术也有了很大提高。如上海一次泵送 C60 混凝土达到 350 m 高度，已在东方明珠电视塔与金茂大厦工程上实践成功。但和发达国家相比，我国的预拌混凝土比例仍十分低，美国的这一比例为 84%，瑞典为 83%，日本、澳大利亚也在 60% 以上，而我国目前预拌混凝土所占比例只有 20%。

(4) 高性能混凝土及其发展。高性能混凝土(即 HPC)，国际上提出这个名词尚不过十几年，但不少发达国家早已在这方面投入了大量的人力、物力研究并付诸实施。为实现符合多种要求的特殊功能，如高强、耐久、耐油、抗裂，目前世界各国都有许多研究与实施计划。如日本 1988 年提出新 P.C 计划，并在明石海峡大桥的 2 个桥墩上分别实现 24 万立方米与 15 万立方米不用振捣的自密实混凝土；英国北海油田海上平台的混凝土 28d 抗压强度达 100 MPa，可在海水中耐久 100 年；法国也提出了“混凝土新法”着重解决混凝土的耐久性问题。国外在高性能混凝土方面取得了较大突破，混凝土施工也打破了传统习惯，20 m 高的混凝土墙体已可以实现一次浇捣。

4. 结构吊装技术

目前，国内外的结构吊装技术都有了突飞猛进的发展，开始由传统的机械吊装向大型化与多机组合吊装发展。

(1) 整体提升。整体提升技术分为计算机控制、钢绞线承重、液压整体提升技术等。上海万人体育馆采用整体提升技术，日本某体育馆分 3 次提升就位等。

(2) 平面滑行安装技术。当安装机具无施工位置时，利用已安装的结构单体进行平面滑行安装，也是非常实用的方法。如日本博多饭店大楼就采用此法施工。

5. 房屋工厂的设想与实践

由于房屋建筑固定与庞大的特性，房屋生产没有工厂与流水线，建筑工人露天作业的状况沿袭至今。日本一家建筑公司想改变这种状况，其方案是：在建造高层建筑时，先用一个带各种机具与控制设备的顶盖，套在建设中的房屋结构上，在往上进行房屋结构施工的同时，大屋盖也跟着往上提升，成为一个全天候建筑施工的工厂，目前已由五洋建设与大成建设联合体进行实践。如图 7-3 所示是一幢地下 2 层、地上 20 层的商住大楼，高 85 m，为钢结构，内部大部分采用装配式的构配件。

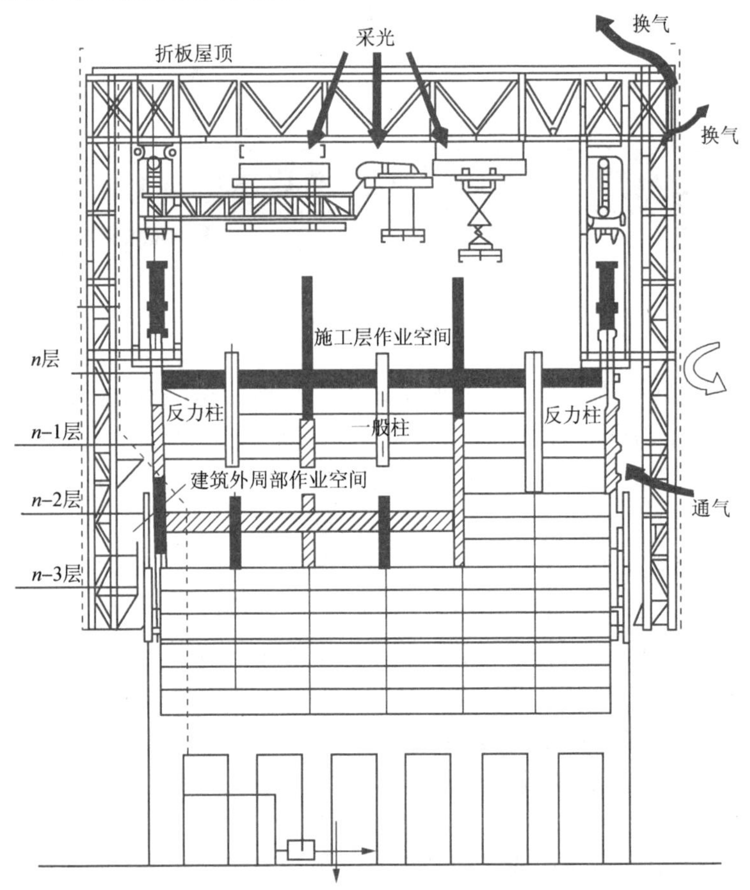

图 7-3　房屋工厂施工方法示意

四、特殊施工技术

在现代土木工程施工中，有大量的特殊施工技术，如水利工程的定向控制爆破、隧道工程的顶管施工等，下面仅将隧道和桥梁列为特殊施工技术进行简要介绍。

1. 地下长距离管沟、隧道施工技术

(1) 盾构法。是一种在地下进行机械化暗挖作业的隧道施工方法，它靠盾构头部掘土，或用大刀盘切削土体，然后拼装预制的混凝土管片建成隧道环。边前进边建环，环环相接，最终形成长距离的隧道，施工既快速又安全(图 7－4)。

我国 1963 年开始在上海试验性地采用盾构法掘进隧道，最初为直径仅 4.2 m 的敞胸干挖法，后逐步发展为干出土的网格式盾构和水力出土的盾构施工法。20 世纪 60 年代末，北京也试验用盾构法建造地铁，以直径 7 m 的半机械化盾构成洞 78 m 长，后由于北京有条件采用明挖法，从经济上考虑而停止试验。

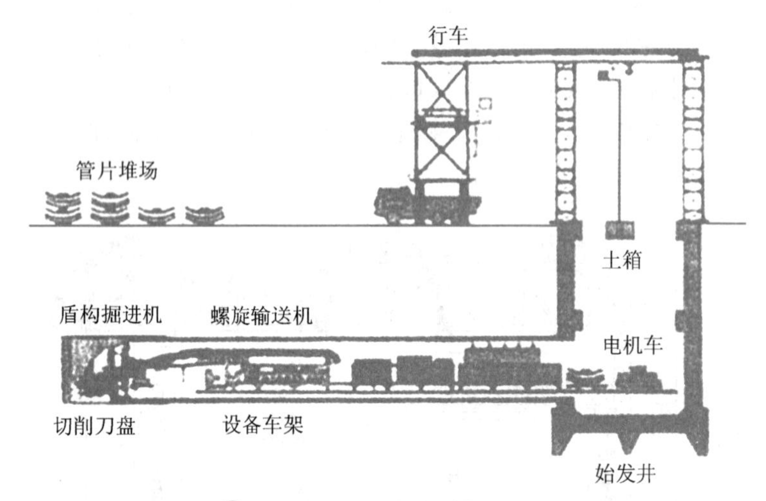

图7－4 土压平衡法盾构作业图

1991 年上海地铁一号线引进 7 台加泥式土压平衡盾构，采用大刀盘开挖、螺旋输送机排土，同时备有同步压浆、计算机控制系统等，性能比较完善。利用这 7 台盾构机完成了 18.5 km 长的隧道施工，建成上海地铁一号线隧道。其直径为 5.5～6.2 m，衬砌混凝土块，厚度 0.35 m，每环 6 块，环宽 1 m，单块最大重 3.75 t，盾构进尺为 4～6 m/d，最高达 18 m/d，地面沉降控制在 10～30 mm。在上海繁华闹市地段南京路、西藏路地下施工时，地面上没有感觉。可以说，我国的盾构法施工技术达到了国际先进水平。

(2) 顶管法。是用千斤顶将预制的钢筋混凝土管道分节顶进，并利用最前面的工具头进行挖土的一项地下掘进技术。以往对直径较小的地下管道可采用顶管法施工，目前随着技术的进步，直径较大的管道也可以用顶管法施工，甚至可与盾构法媲美。在上海黄浦江上游引水工程中，直径 3.5 m 的钢管一次顶进 1743 m，创世界之最。目前，顶管技术最先进的国家是德国。

(3) 沉管法。是在干船坞内或大型驳船上先预制钢筋混凝土管段或全钢管段，将其两头密封，然后浮运到指定的水域，再进水沉埋到设计位置固定，建成需要的过江管道或大型水下空间。沉管法是正在发展中的施工技术，国内外都有许多施工实例，香港过海隧道、广州珠江隧道都采用这种方法施工。珠江隧道工程为我国大型沉管工程开创了成功的先例。

(4) 冻结法。是在含水土层内先钻孔打入钢管，导入循环的液氮，使周边的地层冻结，形成坚硬的冻土壳。它不仅能保证地层稳定，还能起隔水作用，可以进行深基坑的挖土。我国一些煤矿井筒工程用此法施工较多，已有 300 多个井用此法施工完成，最长达 500 m。近年来，此法已推广到其他土木工程中。20 世纪 70 年代北京地铁施工中，遇流砂曾用冻结法解决；90 年代上海延安东路越江隧道盾构在浦西段出口处，遇有大量城市管网，也采用冻结法保护周边环境及施工安全。

2. 桥梁施工技术

斜拉桥是新型的桥梁形式，这种形式的大桥的主桥分两大部分：桥塔及索拉桥面。桥塔的施工与建筑工程相同，但有的呈斜面，施工有一定困难。在采用斜爬模施工技术后，取得了比较经济和快速的效果。由于斜拉桥桥面材料有不同的组合，可分为钢桥、钢与混凝土叠合桥及钢筋混凝土桥。上海杨浦大桥主跨为 602 m，在叠合桥中跨度为世界第一。举世瞩目的世界第一大跨径斜拉桥——苏通大桥于 2007 年 6 月胜利合龙，苏通大桥的合龙贯通刷新了世界桥梁建设最深基础、最高桥塔、最长拉索、最大主跨 4 项记录。

悬索桥是世界上较早出现的桥型之一，跨度可以达到 1 km 以上。世界上较著名的是美国旧金山大桥，施工方法是先建锚墩与桥塔，再在锚墩与桥塔之间拉上工作索，在工作索下设操作平台，并装上机具，然后安装主索，主索分散安装；钢索安装校正后，即可将分段预制的桥面从船上用钢索吊起固定。目前，世界上最大跨度的该类桥梁是日本明石大桥，主跨为1990 m，桥塔高 297 m，主索直径达 1.2 m。我国江阴长江大桥主跨为 1385 m，桥塔高 200 m，主索直径 0.9 m。

21 世纪初，许多国家正在规划超长跨桥，技术问题已经解决，如西班牙至摩洛哥的 Gibraltar 海峡大桥主跨长 5000 m，日本津轻海峡大桥主跨长约 4000 m。

课题三　装配式混凝土建筑施工技术

装配式混凝土建筑在西方发达国家已有半个世纪以上的发展历史，形成了各有特色和较成熟的产业和技术。装配式建筑在国内虽起步较早，但早期的预制混凝土结构也仅仅限于装配式多层框架、装配式大板等结构体系，还没有形成一个完整的、配套的工业生产系统，施工技术也远远满足不了住宅产业化生产需求。

装配式混凝土建筑结构施工技术要点

一、国外装配式混凝土建筑施工技术的发展与现状

20 世纪中叶，欧洲由于受第二次世界大战的影响，建筑受损严重，人们对建筑的需求量非常大。为解决房荒问题，欧洲的一些国家采用了工业化方式建造了大量住宅，工业化住宅逐渐发展成熟，并延续至今。

预制装配式混凝土施工技术最早起源于英国，Lascell 进行了是否可以在结构承重的骨架上安装预制混凝土墙板的构想，装配式建筑技术开始发展。1875 年英国的首项装配式技术专利，1920年美国的预制砖工法、混凝土“阿利制法”(Earley Process)等，都是早期的预制构件施工技术，这些预制装配式施工技术主要应用于建筑中的非结构构件，比如用人造石代替天然石材或者砖瓦陶瓷材料等。由于装配式建筑技术采用的是工业化的生产模式，受到现代工业社会的青睐。此后，由于受到第二次世界大战的影响，人力减少，且战时破坏急需快速大量修建房屋，这一工业化的生产结构更加受到欢迎，应用在了住宅、办公楼及公共建筑中。20世纪50年代，欧洲一些国家用装配式方式建造了大量的住宅，形成了一批完整的、标准的、系列化的住宅体系，并在标准设计的基础上生成了大量工法。日本于1955年设立了“日本住宅公团”，以它为主导，开始向社会大规模地提供住宅，2000年以后，全日本装配式住宅真正意义上得到大面积的推广和应用，施工技术也逐步得到了优化和发展，并延续至今。目前德国推广装配式产品技术、推行环保节能的绿色装配已有较成熟的经历，建立起了非常完善的绿色装配及其产品技术体系，其公共建筑、商业建筑、集合住宅项目大都因地制宜，采取现浇与预制构件混合建造体系，通过策划、设计、施工各个环节精细化优化寻求项目的个性化、经济性、功能性和生态环保性能的综合平衡。德国装配式住宅与建筑目前主要采用双皮墙体系、T梁、双T板体系、预应力空心楼板体系及框架结构体系等。在混凝土墙体中，双皮墙占比70%左右，是一种抗震性能非常好的结构体系，在工业建筑和公共建筑中用混凝土楼板，主要采用叠合板和叠合空心板体系。

二、国内装配式混凝土建筑施工技术的发展与现状

GB/T 51231—2016

装配式混凝土建筑技术标准

我国建筑工业化模式应用开始于20世纪50年代，借鉴苏联的经验，在全国建筑生产企业推行标准化、工厂化和机械化，发展预制构件和预制装配建筑。从20世纪60年代初～80年代中期，预制混凝土构件生产经历了研究、快速发展、使用、发展停滞等阶段。20世纪80年代初期，建筑业曾经开发了一系列新工艺，如大板体系、南斯拉夫体系、预制装配式框架体系等，但在进行了这些实践之后，均未得到大规模推广。到20世纪90年代后期，建筑工业化迈向了一个新的阶段，国家相继出台了诸多重要的法规政策，并通过各种必要的机制和措施，推动了建筑领域的生产方式的转变。近年来，在国家政策的引导下，一大批施工工法、质量验收体系陆续在工程中得到实践应用，装配式建筑的施工技术也越来越成熟。

2016年2月6日，中共中央、国务院印发了《中共中央国务院关于进一步加强城市规划建设管理工作的若干意见》，《意见》指出，力争用10年左右时间，使装配式建筑占新建建筑的比例达到30%。国务院办公厅于2016年9月27日印发了《关于大力发展装配式建筑的指导意见》，要以京津冀、长三角、珠三角三大城市群为重点推进地区，常住人口超过300万的其他城市为积极推进地区，其余城市为鼓励推进地区，因地制宜发展装配式混凝土结构、钢结构和现代木结构等装配式建筑。

当前，全国各级建设主管部门和相关建设企业正在全面认真贯彻落实中央城镇化工作会议与中央城市工作会议的各项部署。大力发展装配式建筑是绿色、循环与低碳发展的行业趋势，是提高绿色建筑和节能建筑建造水平的重要手段，不但体现了“创新、协调、绿色、开放、共享”的发展理念，更是大力推进建设领域供给侧结构性改革，培育新兴产业，实现我国新型城镇化建设模式转型的重要途径。虽然我国建筑工业化市场潜力巨大，但是由于工作基础薄弱，当前发展形势仍不能盲目乐观。当前的建筑行业正在进行顶层设计、标准规范正

在健全、各种技术体系正在完善、业主开发积极性正在提高。新型装配式建筑是建筑业的一场革命，是生产方式的变革，必然会带来生产力和生产关系的变革。

基于目前装配式建筑发展的形势，中建科技集团有限公司结合装配式混凝土建筑特点和 EPC 工程总承包管理的要求提出了适应装配式建筑发展的“三个一体化”的理念，即：满足系统性装配要求的建筑、结构、机电、装修一体化，满足工业化生产要求的设计、加工、装配一体化，满足装配式建筑发展要求的技术、市场、管理一体化。为行业转型发展，向着工业化、绿色化、信息化系统集成的方向迈进提供了理论支持和实践的方法论。中建科技研发形成了中建自主品牌的建筑工业化建筑结构体系、生产制造体系、施工装配体系、绿色建筑体系、未来建筑体系以及新材料工艺体系。中建科技充分融合中建系统各工程局、设计院和专业公司的资源，以“资本入股、技术研发、产品设计”＋“市场经营、工厂管理、现场管理”的方式形成纽带，先后组建了中建科技福建公司、中建科技成都公司、中建科技武汉公司等十余个区域公司和两个建筑工业化研究分院，并先后在上海、武汉、成都、福州、郑州、天津等地投资兴建了十余个 PC 构件生产基地，形成了合理的区位发展布局。公司现进行的装配式建筑项目有：裕璟幸福家园工程项目、成都新型工业园服务中心项目、中建・观湖国际项目、深港新城项目等，这些项目都属于装配式混凝土建筑，预制率和装配率都高于国内同期建设的其他项目，且以 EPC 工程总承包的方式进行建设，建设过程将 BIM 技术和 EPC 工程总承包有机结合，在全国范围内起到了引领示范的作用。

装配式混凝土建筑的建造方式符合国内建筑业的发展趋势，随着建筑工业化和产业化进程的推进，装配施工工艺越来越成熟，但是装配式混凝土建筑还应进一步提高生产技术、施工工艺、吊装技术、施工集成管理等，形成装配式混凝土建筑的成套技术措施和工艺，为装配式混凝土建筑的发展提供技术支撑。在施工实践中，装配式混凝土建筑的设计技术、构件拆分与模数协调、节点构造与连接处理吊装与安装、灌浆工艺及质量评定、预制构件标准化及集成化技术、模具及构件生产、BIM 技术的应用等还存在标准、规程的不完善或技术实践空白等问题，在这方面还需要进一步加大产学研的合作，促进装配式建筑的发展。

建筑业将逐步以现代化技术和管理替代传统的劳动密集型的生产方式，必将走新型工业化道路，也必然带来工程设计、技术标准、施工方法、工程监理、管理验收、管理体制、实施机制、责任主体等的改变。建筑产业现代化将提升建筑工程的质量、性能、安全、效益、节能、环保、低碳等的水平，是实现房屋建设过程中建筑设计、部品生产、施工建造、维护管理之间的相互协同的有效途径，也是降低当前建筑业劳动力成本、改善作业环境的有效手段。

课题四　施工组织设计

一、流水施工概述

流水施工的组织类型

在组织同类项目或将一个项目分成若干个施工区段进行施工时，可以采用不同的施工组织方式，如依次施工、平行施工、流水施工等组织方式。其中，流水施工是组织产品生产的理想方法，也是项目施工最有效的科学组织方法。下面我们将流水施工与依次施工、平行施工进行对比分析。

1. 依次施工

依次施工组织方式是将拟建工程项目的整个施工过程分解成若干个施工过程，按照一定的施工顺序，前一个施工过程完成后，后一个施工过程开始施工；或前一个工程完成后，后一个工程才开始施工。它是一种最基本、最原始的施工组织方式。

2. 平行施工

在拟建工程项目任务十分紧迫、工作面允许以及资源能够保证供应的条件下，可以组织几个相同的工作队，在同一时间、不同的空间上进行施工，这样的施工组织方式称为平行施工组织方式。

3. 流水施工

流水施工工期计算及横道图

流水施工组织方式是将拟建工程项目的整个施工建造过程分解成若干个施工过程，也就是划分成若干个工作性质相同的分部、分项工程或工序。同时，将拟建工程项目在平面上划分成若干个劳动量大致相等的施工段。在竖向上划分成若干个施工层，按照施工过程分别建立相应的专业工作队。各专业工作队按照一定的施工顺序投入施工，完成第一个施工段上的施工任务后，在专业工作队的人数、使用机具和材料不变的情况下，依次、连续地投到第二、三……一直到最后一个施工段的施工，在规定的时间内完成同样的施工任务。不同的专业工作队在工作时间上最大限度地、合理地搭接起来：当第一个施工层各个施工段上的相应施工任务全部完成后，专业工作队依次、连续地投入到第二、三……个施工层，保证拟建工程项目的施工全过程在时间上、空间上有节奏地连续、均衡地进行生产，直到完成全部施工任务。

与依次施工、平行施工相比较，流水施工具有以下特点：

(1) 科学地利用了工作面，争取了时间，工期比较短。

(2) 工作队及其生产工人实现了专业化施工，可使工人的操作技术熟练，更好地保证工程质量，提高劳动生产率。

(3) 专业工作队及其生产工人能够连续作业。

(4) 单位时间投入施工的资源较均衡，有利于资源供应。

(5) 为工程项目的科学管理创造了有利条件。

JGJ/T 121—2015

工程网络计划技术规程

二、工程网络计划技术

20 世纪 50 年代以来，为适应生产发展和科学研究工作开展的需要，国外陆续采用了一些计划管理的新方法。这些方法尽管名目繁多，但内容却大同小异，我国华罗庚教授把它概括成统筹方法。

统筹方法采用网络计划的方法表达各项工作的先后顺序和相互关系，这种方法逻辑严密，主要矛盾突出，有利于计划的优化调整和电子计算机的应用，因此在工业、农业、国防和关系复杂的科学研究计划管理中都得到了广泛应用。

在建筑施工中，应用统筹方法编制建筑安装工程的施工进度计划，首先是绘制工程施工网络图，其次是分析各个施工过程(或工序)在网络图中的地位，找出关键工作和关键线路，然后按照一定的目标不断改进计划安排，选择最优方案，并在计划实施过程中进行有效的控制与监督，保证以最小的消耗取得最大的经济效果。

(一) 工程网络计划的分类

工程网络计划可按如下几种方法分类。

1. 按网络计划的编制对象划分

(1) 总体网络计划

总体网络计划是以整个建设项目为对象编制的网络计划，如一个新建工厂、一个建筑群的施工网络计划。

(2) 单位工程网络计划

单位工程网络计划是以一个单位工程为对象编制的网络计划，如一幢办公楼、教学楼、住宅楼的施工网络计划。

(3) 局部网络计划

局部网络计划是以单位工程中的某一分部工程或某一建设阶段为对象编制的网络计划，如按基础、主体、装饰等不同施工阶段编制或按不同专业编制的网络计划。

2. 按网络计划的性质和作用划分

(1) 控制性网络计划

控制性网络计划的工作划分较粗，其主要作用是控制工程建设总体进度，作为决策层和上级管理机构指导工作、检查和控制工程进度的依据。

(2) 实施性网络计划

实施性网络计划的工作划分较细，其主要作用是具体指导现场施工，应以控制性网络计划为依据编制。

3. 按网络计划的时间表达方式划分

(1) 无时标网络计划

这种网络计划中的各项工作的持续时间通常以数字的形式标注在工作箭线(或工作节点)的下边(也称标时网络计划)，箭线的长短与持续时间无关。

(2) 时标网络计划

这种网络计划是以横坐标为时间坐标，箭线的长度受时间的限制，箭线在时间坐标上的投影长度可直接反映工作的持续时间。

此外，按网络计划的图形表达和符号所代表的含义，可划分为双代号网络计划、单代号网络计划、流水网络计划、时标网络计划等。

(二) 网络图

网络计划技术是采用网络图的形式编制工作进度计划，并在计划实施过程中加以控制，以保证实现预定目标的计划管理技术。

网络图是由箭线和节点组成的有向、有序的网状图形。根据图中箭线和节点所代表的含义不同，可将其分为双代号网络图和单代号网络图。本书以双代号网络图为例进行介绍。

在双代号网络图中，箭线代表工作(工序、活动或施工过程)。通常将工作名称写在箭线的上面(或左侧)，将工作的持续时间写在箭线的下面(或右侧)，如图 7－5 所示。

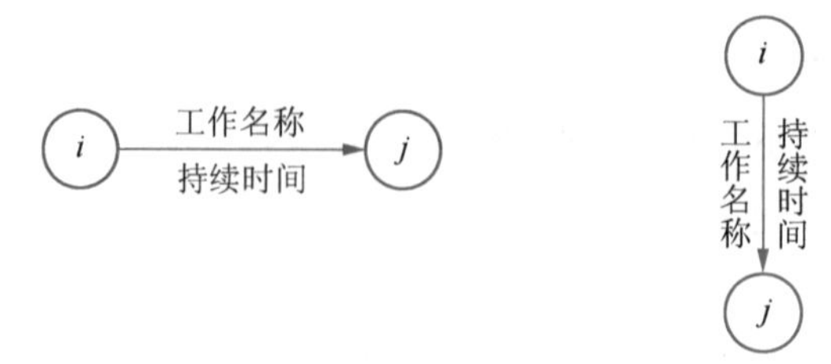

图7-5 双代号网络图中工作的表示方法

在网络计划中，各项工作之间的先后顺序关系称为逻辑关系。逻辑关系又分为工艺关系和组织关系。其中，工艺关系是由生产工艺客观上所决定的各项工作之间的先后顺序关系；组织关系是在生产组织安排中，考虑劳动力、机具、材料或工期的影响，在各项工作之间主观上安排的先后顺序关系。

在网络图中，相对于某一工作（称其为本工作）来讲，紧挨在其前边的工作称为紧前工作，紧挨在其后边的工作称为紧后工作，与本工作同时进行的工作称为平行工作。从网络图起点节点开始到达本工作之前为止的所有工作称为本工作的先行工作，从紧后工作开始到达网络图终点节点的所有工作称为本工作的后续工作。从网络图的起点节点开始，到达网络图终点节点的一系列箭线、节点的通路称为线路。

三、施工组织总设计

施工组织总设计的编制程序

施工组织总设计是以若干个相互联系的单位工程或整个建设项目为对象编制的，用以指导全工地的施工准备和组织施工的技术文件，是实现建筑企业科学管理、保证优质、按期完成施工任务的有效措施。

施工组织总设计的主要内容由五部分组成：工程概况、施工部署、施工总进度计划及资源供应计划、施工总平面图、技术经济指标。

（一）工程概况

工程概况是对该项工程的总说明、总分析，一般包含以下内容：

（1）建设项目的名称、性质、规模、总期限，分期分批投入使用的项目和期限、总占地面积、建筑面积，主要工种工程量、设备安装及其吨数，总投资，建筑安装工程量、生产工艺流程、建筑结构类型、新技术的复杂程度等。

（2）建设地区的自然条件和技术经济条件，如气象、水文、地质情况，能为该工程服务的施工单位、人力、机具和设备情况，工程材料的来源及供应情况，建筑构件的生产能力，交通情况及当地能提供给工程施工用的水、电、建筑物情况。

（3）建设单位和承包合同对施工单位的要求。

（4）施工单位对施工项目经理部的要求。

（二）施工部署

施工部署是用文字来阐述对整个建设工程进行施工的总体设想，是带有全局性的战略意图。在施工部署中，要阐述国家和主管部门对建设项目的要求以及建设项目的性质，并确定好各建筑物总体开工程序，另外要规划有关全工地性的为施工服务的建设项目，如水、电、道路及临时房屋的建设，预制构件厂和其他工厂的数量及其规模，生活供应上需要采取的重大措施等。施工部署主要包括以下内容：

1. 施工任务划分和组织安排

建立施工现场全工地性的统一指挥系统及其职能部门，明确各施工承包单位的任务，确定综合的和专业化的施工组织，划分施工阶段，明确分期分批的主次项目和穿插项目。

2. 安排好主要准备工作

施工准备工作是顺利完成建设项目施工任务的一个重要阶段，要认真做好技术准备和物资准备等工作。首先安排好场内外运输、施工干道、水电源及其引入方案，安排好场地的平整方案；同时，要安排好生产、生活基地，规划混凝土构件预制厂、木结构制品加工厂等。

在进行安排时，应注意充分利用已有的加工厂、基地，若建设地点附近无永久性加工厂，或其生产能力不满足要求，则应考虑新建或扩建生产基地。

3. 拟定主要建筑物施工方案

主要是确定某些重点工程（主要单位工程及特殊的分部、分项工程）的施工方案，其目的是为了进行技术和资源的准备工作，同时也为施工进程的顺利开展和现场的合理布置打下基础。

在施工部署中，重点工程的施工方案只需提出方案性问题（详细的施工方案和措施则到编制单位工程施工规划时再行拟定）。如哪些构件采用现浇，哪些构件采用预制；是现场就地预制还是由预制厂生产；构件的吊装采用什么机械；采用什么新材料、新工艺、新技术等。也就是说，对涉及的全局性问题做原则性的考虑。

4. 建设工程施工程序安排

对于大型建筑工程项目来说，根据产品的生产工艺流程，分为主体生产系统、辅助生产系统及附属生产系统等。

在安排主体工程的施工程序时，应考虑以下几个因素：

(1) 保证各系统工程生产流程的合理性。

(2) 尽量利用已开工生产车间的生产能力。

(3) 确定各系统工程施工所需的合理工期。

(4) 分期建设时，需先期投产系统的主体工程优先安排。

对辅助、附属工程的施工程序安排，既要考虑生产时为企业服务，又要考虑在基建施工时为施工服务的可能性，一般把某些辅助工程安排在主体工程之前，即“辅—主—辅”。“辅”在“主”之前，既可为生产准备服务，又可为施工服务。一般先施工场外的中心设施及干线。

(三) 施工总进度计划及资源供应计划

施工总进度计划是全现场施工活动在时间上的体现，是根据施工部署中建设工程分期分批投产顺序以及主要建筑物的施工方案，将各个单位工程分别列出并做出时间上的安排。

若建设工程的规模不大，可直接安排总进度计划，但编制计划时，必须征求各方意见，使计划现实性尽量得到保证。施工总进度计划的作用在于确定各个系统及其主要工种工程、准备工程和全工地性工程的施工期限及其开工和竣工的日期，从而确定所需劳动力、材料、成品、半成品的数量和调配，附属企业的生产能力，加工区占地面积以及生活区建筑面积等。正确编制及执行施工总进度计划，是保证建设工程按期完成、充分发挥投资效益的重要条件。

1. 施工总进度计划的编制

(1) 分工种工程计算拟建项目及全工地性工程的工程量。分工种工程是指把每个建筑物的主要工种工程分别列出，其中包括为施工服务的全工地性工程，如场地平整、修筑道路、建造临时设施等，并粗略计算其工程量。计算的目的是拟定施工方案，选用主要机械，初步规划主要工程的流水施工，估算劳动力数量以及各种资源需用量。

(2) 确定各单位工程(或单个建筑物)的施工期限。单位工程的施工期限与建筑类型、结构特征、施工方法、施工技术和管理水平以及现场施工条件等因素有关，故确定工期时应综合考虑，也可参考有关的工期定额来确定。

(3) 确定各单位工程开、竣工时间和相互搭接关系。

(4) 编制总进度计划。总进度计划以表格形式表示。目前，表格形式并不统一，项目和进度的划分也不一致。

从总进度计划的目的、作用来看，没有必要搞得过细。总进度计划主要起控制总工期的作用，计划搞得过细，不利于调整。对于跨年度工程，通常第一年进度按月划分，第二年及以后各年按季划分。

2. 编制劳动力、材料、机具需要量计划

根据施工总进度计划，即可编制下列各种需要量计划：

(1) 综合劳动力及主要工种劳动力计划。这是组织劳动力和规划临时设施所需要的。按计算出来的各建筑物分工种的工程量，查预算定额或有关资料，可得该工种的单位工程量所需劳动力数量，与工程量相乘，就得到该工种所需劳动力需要量。经汇总后，可得到综合劳动力需要量。

(2) 构件、半成品及主要建筑材料需用量计划。查找定额或有关资料，即可得出各建筑物所需的建筑材料、半成品及成品的需要量，再根据总进度计划，估算出各个时期的需要量。

(3) 主要机具需要量计划。根据施工部署和主要建筑物施工方案、技术措施以及总进度计划的要求，即可提出必需的主要施工机具的数量及使用时间。

(四) 施工总平面图

施工总平面图是表示整个工程在施工期间所需各项设施和永久性建筑(已建的和拟建的)之间的空间关系，按施工部署、施工总进度计划的要求，对施工用交通道路、材料仓库、附属生产企业、临时建筑、临时水电管线等做出合理规划。它对指导现场进行有组织、有计划的文明施工具有重大意义。

建设项目的施工过程是一个变化的过程，工地上的实际情况随时在变，所以施工总平面图也应随之做必要的修改。施工总平面图的比例尺一般为 1∶1000 或 1∶2000。

1. 设计施工总平面图所需的资料

(1) 设计资料。建筑总平面图、竖向设计、地形图、区域规划图及建设项目范围内已有的和拟建的地下管网位置等。

(2) 建设地区的自然条件和技术经济条件。

(3) 施工总进度计划和主要建筑物的施工方案。

(4) 各种建筑材料、构件、半成品、施工机械和运输工具需要量一览表，以便规划施工场地内的运输线路。

(5) 为全工地施工服务的临时性设施一览表。

2. 施工总平面图的内容

(1) 原有地形等高线、测量基准点，作为安排运输、排水、工程定位等工作的依据。

(2) 一切已有的和拟建的地上和地下的房屋、构筑物及其他设施的位置和尺寸。

(3) 为施工服务的一切临时设施的布置。

3. 施工总平面图的设计方法与步骤

设计全工地性的施工总平面图时，首先应从大宗材料、成品、半成品等进入工地的运输方式入手。当材料等由公路运入工地时，由于汽车线路可以灵活布置，因此，亦可先布置场内仓库和加工厂，然后再布置场外交通道路的引入。

(1) 运输路线的布置。主要材料进入工地的方式不外乎铁路、公路和水路。当由铁路运输时，需根据建筑总平面图中永久性铁路线，布置主要运输干线，引入时应注意铁路的转弯半径和竖向设计。当由水路运输时，应考虑码头的吞吐能力，码头数量一般不少于两个，其宽度应大于 2.5 m。

(2) 仓库的布置。材料由铁路运入工地时，仓库可沿铁路线布置，但应有足够的卸货场地。材料由汽车运入工地时，仓库布置较灵活，此时应考虑尽量利用永久性仓库。仓库位置距各使用地点要比较适中，以使运输工作量(t・km)尽可能小。

一般仓库应邻近公路和施工地区布置；钢筋、木材仓库应布置在加工厂附近，水泥库、砂石场则布置在搅拌站附近，油库、氧气站、危险品库宜布置在僻静、安全之处。

(3) 加工厂的布置。建设工程一般设有混凝土、木材、钢筋和金属结构等加工厂。布置这些加工厂时，主要考虑原材料运至工厂和成品、半成品运往使用地点的总运输费用最小，还应使加工厂的生产与工程施工互不干扰。在大多数情况下，把加工厂集中在一个地区，布置在工地的边缘。这样，既便于管理，又能降低铺设道路、动力管线及给水排水管道的费用。

(4) 工地供水的布置。工地上临时供水包括三方面，即生产用水、生活用水及消防用水。布置时，应尽量利用永久性给水系统。工地上给水系统有明管与暗管两种，一般采用暗管。暗管布置应与场地平整统一规划。

临时水池应设在地势较高处，临时排水干管沿主要干道布置。布置方式通常有环形和树枝状两种。究竟采用何种方式，主要由单位工程使用点的情况及供水需要而定。

过冬的临时管道，要加设防冻保温措施。消防站一般布置在工地的出入口附近，沿道路设置消火栓，间距不应大于 100 m，距路边缘不应大于 2 m。

(5) 工地供电的布置。关于电源，应尽量利用施工现场附近原有变电所。如在新辟地区施工，则应考虑临时供电设施。如工地附近现有电源满足要求，则仅需在建筑工地上设立变电所和变压器，将外来高压电降为低压电。另外，由于受供电半径的限制，在大型工地上，往往需设多个变电所。临时输电干线沿主要干道布置成环形线路。

应当指出的是，上述布置并不能截然分开，而应相互结合，统一考虑，反复修正，直到合理。当有几个布置方案时，应进行方案比较，从中择优。

（五）技术经济指标

施工组织总设计中的技术经济指标有：

（1）施工周期

从建设项目开工到全部竣工、投产使用的时间。

（2）全员劳动生产率[元/（人·年）]

全员劳动生产率＝完成的建安工作量/（全部在册职工人数＋合同工、临时工人数）。

（3）劳动力不均衡系数

劳动力不均衡系数＝施工期高峰人数/施工期平均人数。

（4）单位面积用工数

单位面积用工数＝工日/每平方米竣工面积。

（5）临时工程费用比

临时工程费用比＝全部临时工程费/建安工程总值。

（6）综合机械化程度

综合机械化程度＝（机械化施工完成的工作量/建安工程总工作量）×100％。

（7）单位面积造价

单位面积造价＝建安工程总价/总建筑面积。

技术经济指标主要用来衡量施工企业的生产能力、技术水平，找出与同行业的差距等。

四、单位工程施工组织设计

（一）单位工程施工组织设计的编制内容

单位工程施工组织设计的编制内容，根据工程性质、规模、繁简程度的不同，其深度和广度要求不同，不强求一致，但基本内容必须齐全、简明扼要，使其真正起到指导现场施工的作用。单位工程施工组织设计较完整的内容一般包括：

（1）工程概况及施工特点。

（2）施工方案。

（3）施工进度计划。

（4）施工准备工作计划。

（5）劳动力、材料、构件、加工品、施工机械和机具等需要计划。

（6）施工平面图。

（7）保证质量、安全、降低成本等技术组织措施。

（8）各项技术经济指标。

（二）单位工程施工组织设计的编制程序

单位工程施工组织设计的编制程序如图 7－6 所示。

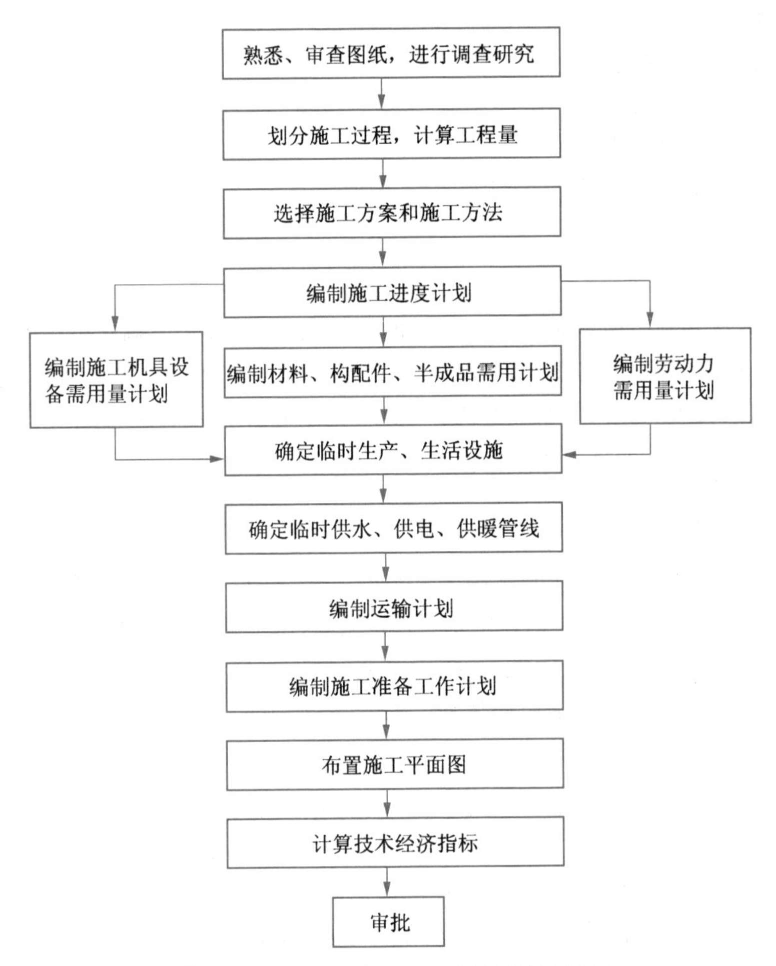

图7-6　单位工程施工组织设计的编制程序

(三) 施工方案

施工方案是单位工程施工组织设计的核心。施工方案合理与否，直接影响工程的施工效率、质量、工期和技术经济效果，因此必须给予足够的重视。施工方案的内容一般包括：确定施工程序、确定施工起点流向、确定施工顺序、选择施工方法和施工机械。

1. 确定施工程序

单位工程的施工程序一般为：接受任务阶段—开工前准备阶段—全面施工阶段—竣工验收阶段。每阶段都必须完成规定的工作内容，并为下一阶段工作创造条件。

2. 确定施工起点流向

确定施工起点流向就是确定单位工程在平面或竖向上施工开始的部位和开展的方向，它涉及一系列施工活动的开展和进程，是组织施工活动的重要环节。

3. 确定施工顺序

施工顺序是指分部分项工程施工的先后次序。确定施工顺序时，一般应考虑以下几项因素：

(1) 遵循施工程序。

(2) 符合施工工艺要求。

(3) 与施工方法一致。

(4) 符合施工组织的要求。

(5) 考虑施工安全和质量。

(6) 考虑当地气候的影响。

4. 选择施工方法和施工机械

选择施工方法和施工机械是施工方案中的关键问题,它直接影响施工进度、施工质量和安全以及工程成本。在编制施工组织设计时,必须根据工程项目的建筑结构、抗震要求、工程量的大小、工期长短、资源供应情况、施工现场条件和周围环境,制定出可行方案,并且进行技术经济比较,确定出最优方案。

(四) 施工进度计划

单位工程施工进度计划是在既定施工方案的基础上,根据规定工期和各种资源供应条件,按照施工过程的合理施工顺序及组织施工的原则,用横道图或网络图,对一个工程从开始施工到工程全部竣工(包括土建施工、结构吊装、设备吊装等不同施工内容),确定其全部施工过程在时间和空间上的安排和相互配合关系。

1. 施工进度计划的作用

(1) 控制单位工程的施工进度,保证在规定工期内完成满足质量要求的工程任务。

(2) 确定单位工程各个施工过程的施工顺序、施工持续时间及相互衔接和合理配合关系。

(3) 为编制季度、月度生产作业计划提供依据。

(4) 是确定劳动力和各种资源需要量计划以及编制施工准备工作计划的依据。

2. 施工进度计划的表示方法

施工进度计划一般用图表来表示,有两种形式的图表,即横道图和网络图。

3. 编制步骤和内容

(1) 划分施工过程。在编制进度计划时,首先应按照图纸和施工顺序,将拟建单位工程的各个施工过程列出,并结合施工方法、施工条件、劳动组织等因素,加以适当调整,使其成为编制施工进度计划所需的施工过程。

(2) 计算工程量。在计算工程量时,一般可以采用施工图预算的数据,但应注意有些项目的工程量应按实际情况做适当调整。如在计算柱基土方工程量时,应根据土壤的级别和采用的施工方法(单独基坑开挖、基槽开挖还是大开挖,放边坡还是加支撑)等实际情况进行计算。

(3) 确定劳动量和机械台班数量。劳动量和机械台班数量应当根据分部分项工程的工程量、施工方法和现行的施工定额,并结合当时当地的具体情况加以确定。一般应按下式计算:

$$P = Q/S \tag{7-1}$$

或

$$P = Q \cdot H \tag{7-2}$$

式中，P——完成施工过程所需的劳动量(工日)或机械台班数量(台班)；

O——完成某施工过程的工程量(m^3，m^2，t…)；

S——某施工过程的产量定额(m^3，m^2，t…/工日或台班)；

H——某施工过程的时间定额(工日或台班/m^3，m^2，t…)。

4. 确定各施工过程的施工天数。计算各分部分项工程施工天数的方法有两种：

(1) 根据工程项目经理部计划配备在该分部分项工程上的施工机械数量和各专业工人人数确定，其计算公式如下：

$$t=\frac{P}{R\cdot N} \tag{7-3}$$

式中，t——完成某分部分项工程的施工天数；

P——某分部分项工程所需的机械台班数量或劳动量；

R——每班安排在某分部分项工程上的施工机械台数或劳动人数；

N——每天工作班次。

(2) 根据工期要求倒排进度。首先根据规定总工期和施工经验，确定各分部分项工程的施工时间，然后再按各分部分项工程需要的劳动量或机械台班数量，确定每一分部分项工程每个工作班所需要的工人数或机械台数。公式如下：

$$R=\frac{P}{t\cdot N} \tag{7-4}$$

5. 编制施工进度计划的初始方案。在编制施工进度计划时，必须考虑各分部分项工程的合理施工顺序，尽可能组织流水施工，力求主要工种的工作队连续施工。

6. 施工进度计划的检查与调整。

(五) 各项资源需要量计划的编制

各项资源需要量计划可用来确定建筑工地的临时设施，并按计划供应材料、调配劳动力，以保证施工按计划顺利进行。在单位工程施工进度计划正式编制完后，就可以着手编制各项资源需要量计划。

1. 劳动力需要量计划

劳动力需要量计划，主要是作为安排劳动力的平衡、调配和衡量劳动力耗用指标、安排生活福利设施的依据。其编制方法是将施工进度计划表内所列各施工过程每天(或旬、月)所需工人人数按工种汇总而得，其表格形式如表 7-1 所示。

2. 主要材料需要量计划

主要材料需要量计划是备料、供料和确定仓库、堆场面积及组织运输的依据。其编制方法是将施工进度计划表中各施工过程的工程量按材料品种、规格、数量、使用时间计算汇总而得，其表格形式如表 7-2 所示。

当某分部分项工程是由多种材料组成时，应按各种材料分类计算，如混凝土工程应换算成水泥、砂、石、外加剂和水的数量列入表格。

表 7－1　劳动力需要量计划

<table>
<tr><th rowspan="3">序号</th><th rowspan="3">分项工程名称</th><th rowspan="3">工种</th><th colspan="2">需要量</th><th colspan="6">需要时间</th><th rowspan="3">备注</th></tr>
<tr><th rowspan="2">单位</th><th rowspan="2">数量</th><th colspan="3">×月</th><th colspan="3">×月</th></tr>
<tr><th>上旬</th><th>中旬</th><th>下旬</th><th>上旬</th><th>中旬</th><th>下旬</th></tr>
<tr><td></td><td></td><td></td><td></td><td></td><td></td><td></td><td></td><td></td><td></td><td></td><td></td></tr>
<tr><td></td><td></td><td></td><td></td><td></td><td></td><td></td><td></td><td></td><td></td><td></td><td></td></tr>
<tr><td></td><td></td><td></td><td></td><td></td><td></td><td></td><td></td><td></td><td></td><td></td><td></td></tr>
</table>

表 7－2　主要材料需要量计划

序号	材料名称	规格	需要量		供应时间	备注
			单位	数量		

3. 构件和半成品需要量计划

建筑结构构件、配件和其他加工半成品的需要量计划主要用于落实加工订货单位，并按照所需规格、数量、时间，组织加工、运输和确定仓库或堆场，可根据施工图和施工进度计划编制，其表格形式如表 7－3 所示。

表 7－3　构件和半成品需要量计划

序号	构件和半成品名称	规格	图号、型号	需要量		使用部位	加工单位	供应日期	备注
				单位	数量				

4. 施工机械需要量计划

施工机械需要量计划主要用于确定施工机械的类型、数量、进场时间，可据此落实施工机械来源，组织进场。编制方法：将单位工程施工进度表中的每一个施工过程、每天所需的机械类型、数量和施工日期进行汇总，即得施工机械需要量计划，其格式形式如表 7－4 所示。

表 7－4　施工机械需要量计划

序号	机械名称	类型、型号	需要量		货源	使用起止日期	备注
			单位	数量			

(六) 施工平面图

单位工程施工平面图是一个建筑物或构筑物施工现场的平面规划和空间布置图。它是根据工程规模、特点和施工现场的条件，按照一定的设计原则，正确地解决施工期间所需的各种暂设工程和其他临时设施等同永久性建筑物和拟建工程之间的合理位置关系。

其主要作用表现在：单位工程施工平面图是进行施工现场布置的依据，是实现施工现场有组织、有计划文明施工的先决条件，因此也是施工组织设计的重要组成部分。贯彻和执行合理施工平面布置图，会使施工现场井然有序，施工顺利进行，保证进度，提高效率和经济效益；反之，则造成不良后果。单位工程施工平面图的绘制比例一般为1∶500～1∶2000。

1. 单位工程施工平面图的设计内容

(1) 建筑物总平面图上已建的地上及地下的一切房屋、构筑物以及其他设施(道路和各种管线等)的位置和尺寸。

(2) 测量放线标桩位置、地形等高线和土方取弃地点。

(3) 自行式起重机开行路线、轨道式起重机轨道布置和固定式垂直运输设备位置。

(4) 各种加工厂、搅拌站、材料、加工半成品、构件、机具的仓库或堆场。

(5) 生产和生活性福利设施的布置。

(6) 场内道路的布置和引入的铁路、公路和航道位置。

(7) 临时给水管线、供电线路、蒸气及压缩空气管道等布置。

(8) 一切安全及防火设施的位置。

2. 设计的步骤

单位工程施工平面图设计的一般步骤如图 7－7 所示。

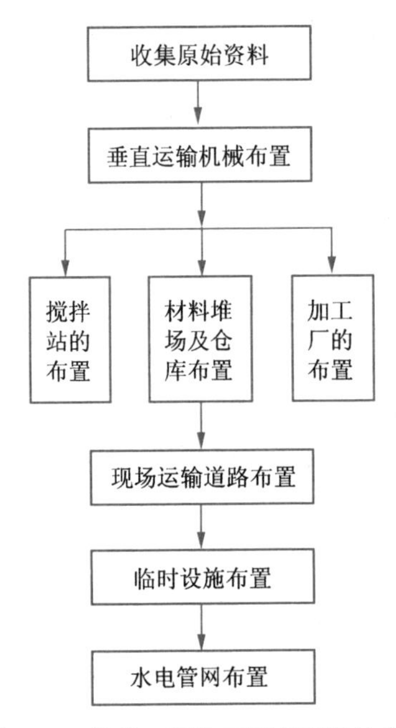

图7－7　单位工程施工平面图设计步骤

单元小结

本单元主要介绍了：

(1) 施工技术是以各工种工程(土方工程、基础工程、混凝土结构工程、结构安装工程、装饰工程等)的施工技术为研究对象的;施工组织是以一个工程的施工过程为研究对象的。

(2) 为了保证施工的顺利进行,保证施工在规定的时间内完成,必须对土木施工进行有效的科学的管理。根据不同的施工工艺进行施工组织,保质、保量、按时、高效地完成土木工程产品。

(3) 在组织同类项目或将一个项目分成若干个施工区段进行施工时,可以采用不同的施工组织方式,如依次施工、平行施工、流水施工等组织方式。

(4) 网络计划技术是采用网络图的形式编制工作进度计划,并在计划实施过程中加以控制,以保证实现预定目标的计划管理技术。

(5) 施工组织总设计的主要内容由五部分组成:工程概况、施工部署、施工总进度计划、施工总平面图、技术经济指标。

复习思考题

1. 施工技术和施工组织的含义。
2. 现代施工技术的特点。现代施工技术主要体现在哪些方面?
3. 现代施工技术有哪些具体应用?
4. 现代隧道和桥梁施工中采用了哪些特殊的施工技术?
5. 大体积混凝土的施工要求。
6. 什么是流水施工? 流水施工有什么特点?
7. 网络计划的类型与作用。
8. 施工组织设计的主要内容包括哪些方面?
9. 施工进度计划的编制步骤和主要内容。
10. 施工总平面布置的含义。布置要求与主要内容。
11. 单位工程施工组织设计的编制内容和编制程序。

单元八 土木工程项目管理

学习目标

掌握工程建设的基本程序与建设法规构成，监理的工作程序；BIM的概念和特点；了解工程项目管理的内涵；熟悉工程招标与投标办法；了解工程监理工作的业务内容以及监理工程师的权利和责任；了解BIM常用软件。

学习重点

工程建设的基本程序与建设法规；工程招标与投标；工程监理的内容与工作程序；BIM的概念和特点。

课题一 建设程序与建设法规

一、建设项目和建设程序的概念

建设项目流程

(一) 建设项目

建设项目是指按照一个设计任务书，按一个总体进行施工，由若干个单项工程组成，经济上实行独立核算，行政上具有独立的组织形式的基本建设单位。建设项目按其组成内容，从大到小，可以划分为若干个单项工程、单位工程、分部工程和分项工程。

1. 单项工程

单项工程是指具有独立的设计文件，自成独立系统，可独立施工，建成后可以独立发挥生产能力或效益的工程。如一所学校的教学楼、办公楼、宿舍、食堂等。

2. 单位工程

单位工程是单项工程的组成部分。它是指具有单独设计图样，可以独立施工，但竣工后不能独立发挥生产能力和效益的工程。如办公楼通常可以分为建筑工程、安装工程两类。

3. 分部工程

分部工程是指按照工程的部位、施工的工种、使用材料等不同而划分的工程。如房屋的建筑部分按部位可以划分为基础、主体、屋面和装修等。

4. 分项工程

分项工程是分部工程的组成部分。它是按分部工程的施工方法、使用的材料、结构构件的规格等不同划分的。如房屋的混凝土工程可以分为支模板、绑扎钢筋、浇筑混凝土等分项工程。基本建设项目的划分如图 8-1 所示。

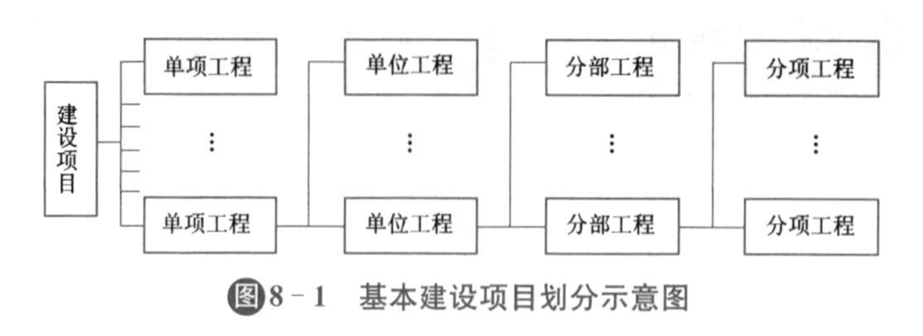

图8-1 基本建设项目划分示意图

(二) 建设程序

建设程序是指建设项目在整个建设过程中的各项工作必须遵循的先后次序，包括项目的设想、选择、评估、决策、设计、施工以及竣工验收、投入生产等的先后顺序。这个顺序不是任意安排的，是人们在认识客观规律的基础上制定出来的，是经过多年实践而逐步被认识到的。目前我国基本建设程序的主要阶段是项目建议书阶段、可行性研究报告阶段、设计文件阶段、建设准备阶段、建设实施阶段和竣工验收阶段。工程项目建设程序如图 8-2 所示：

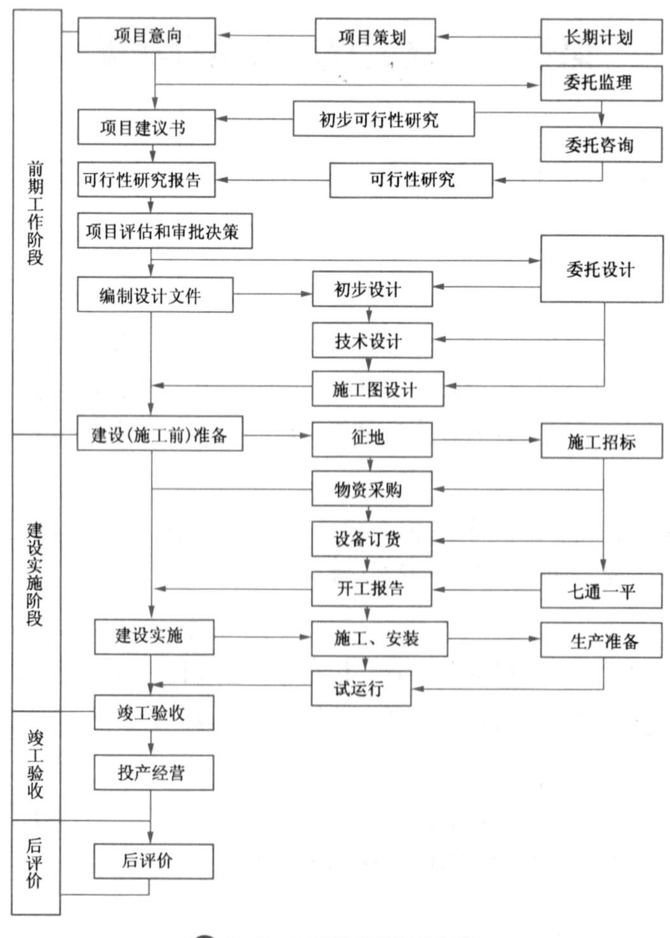

图8-2 工程项目建设程序

二、基本建设程序的步骤和内容

基本建设程序

（一）项目建议书阶段

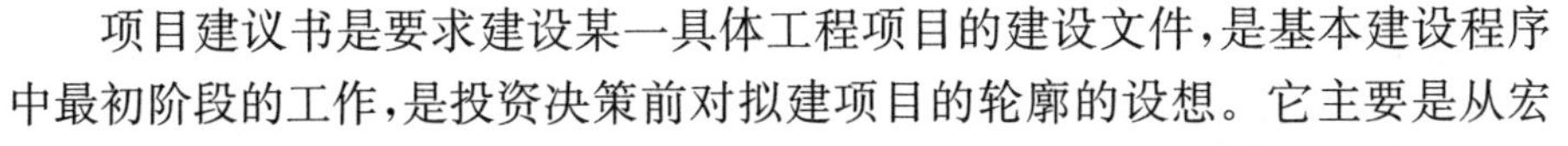

项目建议书是要求建设某一具体工程项目的建设文件，是基本建设程序中最初阶段的工作，是投资决策前对拟建项目的轮廓的设想。它主要是从宏观上来分析项目建设的必要性，看其是否符合国家长远规划的方针和要求。同时，初步分析建设的可能性，看其是否具备建设条件，是否值得投资。项目建议书经批准后，可以进行详细的可行性研究工作，项目建议书不是项目的最终决策。

项目建议书的内容视项目的情况而繁简不同，但一般应包括以下几个方面：

（1）建设项目提出的必要性和依据。

（2）产品方案、拟建规格和建设地点的初步设想。

（3）资源情况、建设条件、协作关系等的初步分析。

（4）投资估算和资金筹措设想。

（5）经济效益和社会效益的估计。

各部门和地区及企事业单位根据国民经济和社会发展的长远规划、行业规划、地区规划等要求，经过调查、预测分析后，提出项目建议书。项目建议书按要求编制完成后，按照建设总规范和限额划分的审批权限报批。

（二）可行性研究报告阶段

项目建议书一经批准，即可着手进行可行性研究，形成可行性研究报告。可行性研究报告是确定建设项目，编制设计文件的重要依据。所有基本建设项目都要在可行性研究通过的基础上，选择经济效益最好的方案编制可行性研究报告。通过可行性研究可以从技术、经济和财务等几个方面论证建设项目是否得当，以减少项目投资的盲目性，提高科学性。可行性研究报告必须有相当的深度和准确性。各类建设项目的可行性报告内容不尽相同，一般应包括以下几个方面：

（1）根据经济预测、市场预测确定的建设规模和产品方案。

（2）资源、原材料、燃料、动力、供水和运输条件。

（3）建厂条件和厂址方案。

（4）技术工艺、主要设备选型和相应的技术经济指标。

（5）主要单项工程公用辅助设施、配套工程。

（6）环境保护、城市规划、防震、防洪等要求和采取的相应措施方案。

（7）企业组织、劳动定员和管理制度。

（8）建设进度和工期。

（9）投资估算和资金筹措。

（10）项目的经济评价，包括经济效益和社会效益。

（三）设计工作阶段

可行性研究报告获批准的建设项目应通过招标和投标择优选择设计单位，按照批准的可行性研究报告的内容和要求进行设计，编制设计文件。根据建设项目的不同情况，设计过程一般划分为两个阶段，即初步设计和施工图设计。重大项目及技术复杂项目可根据不同行业的特点和需要，增加技术设计阶段。

1. 初步设计的主要内容

(1) 设计指导思想。

(2) 建设地点、规模的选择。

(3) 总体布置和工艺流程。

(4) 设备选型和配置、主要材料用量。

(5) 主要技术经济指标，劳动定员。

(6) 主要建筑物、构筑物、公用设施和生活区的建设。

(7) 占地面积和征地数量。

(8) 综合利用、环境保护和抗震措施等。

(9) 分析各项技术经济指标。

(10) 总概算文字和图样。

2. 技术设计

技术设计是根据初步设计进一步编制的，具体地确定初步设计中所采用的工艺、土建结构等方面的主要技术问题。

3. 施工图设计

施工图设计是在初步设计和技术设计的基础上，将工程的建筑外形、内部空间的分割、结构类型、结构体系、周围环境等完整地表现出来。

(四) 建设准备阶段

项目在开工建设之前要切实做好各项准备工作，其主要内容包括：

(1) 征地、拆迁和场地平整。

(2) 完成施工用水、电、路等工程。

(3) 组织设备、材料订货。

(4) 准备必要的施工图样。

(5) 组织施工招标和投标，择优选定施工单位。

(6) 建立项目管理班子，调集施工力量。

(7) 招聘并培训人员。

(8) 材料、构件、半成品的订货或生产、储备等。

新开工的项目还必须具备按施工顺序需要至少有三个月以上的工程施工图样，否则不能开工建设。

(五) 建设实施阶段

生产准备是施工项目投产前所要进行的一项重要工作。生产准备完成后，具备开工条件，正式开工建设。建设单位在建设实施中起着重要的作用，对工程进度、质量、费用的管理和控制责任重大。

(六) 竣工验收阶段

工程的竣工，是指工程通过施工单位的施工建设，业已完成了设计图样或合同中规定的全部工程内容，达到建设单位的使用要求，标志着工程建设任务的全面完成。

工程竣工验收，是施工单位将竣工的产品和有关资料移交给建设单位，同时接受对产品质检的技术资料审查验收的一系列工作，它是工程建设过程的最后一环，是全面考核基本建设成果、检验设计和工程质量的重要步骤。通过竣工验收以结束合同的履行，解除各自承担的经济与法律责任。

建设工程符合下列要求方可进行竣工验收：

(1) 完成工程设计和合同约定的各项内容。

(2) 施工单位在工程完工后，对工程质量进行了检查，确认工程质量符合有关法律、法规和工程建设强制性标准，符合设计文件及合同要求并提出工程竣工报告。工程竣工报告应经项目经理和施工单位有关负责人审核签字。

(3) 对委托监理的工程项目，监理单位对工程进行了质量评估，具有完整的监理资料，并提出工程质量评估报告。工程质量评估报告应经总监理工程师和监理单位有关负责人审核签字。

(4) 勘察、设计单位对勘察、设计文件及施工过程中由设计单位签署的设计变更通知书进行检查，并提出质量检查报告。质量检查报告应经项目勘察、设计负责人和勘察设计单位有关负责人审核签字。

(5) 有完整的技术档案和施工管理资料。

(6) 有工程使用的主要建筑材料、建筑构件及配件和设备的进场试验报告。

(7) 建设单位已按合同的约定支付工程款。

(8) 有施工单位签署的工程质量保修书。

(9) 城市规划行政主管部门对工程是否符合规划设计要求进行检查，并出具认可文件。

(10) 有公安、消防、环保等部门出具的认可文件或者准许使用文件。

(11) 建设行政主管部门及其委托的工程质量监督机构等有关部门责令整改的问题全部整改完毕。

竣工验收是工程建设过程的最后一环，是全面考核基本建设成果、检验设计和工程质量的重要步骤，也是基本建设转入生产或使用的标志。

三、土木工程建设立法的必要性

建设法规是指国家立法机关或其授权的行政机关制定的旨在调整国家及其有关机构、企事业单位、社会团体、公民之间在建设活动中或建设行政管理活动中发生的各种社会关系的法律、法规的统称。

建设法规的调整对象，是在建设活动中所发生的各种社会关系。它包括建设活动中所发生的行政管理关系、经济协作关系及其相关的民事关系。

1. 建设活动中的行政管理关系

建设活动与国家经济发展、人们的生命财产安全、社会的文明进步息息相关，国家对之必须进行全面的严格管理。当国家及其建设行政主管部门在对建设活动进行管理时，就会与建设单位(业主)、设计单位、施工单位、建筑材料和设备的生产供应单位及建设监理等中介服务单位产生管理与被管理关系。在法制社会里，这种关系当然要由相应的建设法规来规范、调整。

2. 建设活动中的经济协作关系

工程建设是非常复杂的活动，要有许多单位和人员参与，共同协作完成。因此，在建设活动中存在着大量的寻求合作伙伴和相互协作的问题，在这些协作过程中所产生的权利、义务关系，也应由建设法规来加以规范、调整。

3. 建设活动中的民事关系

在建设活动中，会涉及土地征用、房屋拆迁、从业人员及相关人员的人身与财产的伤 害、财产及相关权利的转让等涉及公民个人权利的问题，由之而产生的国家、单位和公民之间的民事权利与义务关系，应由建设法规中有关法律规定及民法等相关法律来予以规范、调整。

任何法律都以一定的社会关系为其调整对象。建设法规作为我国法律体系的组成部分亦不例外。调整对象是区分法律部门的重要标准。根据我国实际，建设法规调整的是建设活动中发生的各种社会关系。我们学习建设法规的目的有以下几点：

(1) 掌握建设法规所涉及的法律、法规的基本概念和建设活动的基本程序。

(2) 熟悉建设活动中的勘察、设计、施工、监理所涉及的法规及分类，并能在实践中逐渐对其加深理解和选用。重点是建设活动基本法律规范。

(3) 明确建设法规在我国建设活动中的地位、作用和如何实施，并能及时掌握我国新颁布的相应法律、法规。

建设法规所研究的内容涉及各类建设部门，如城市规划、市区公共事业、村镇建筑、工程建筑、房地产以及相关的环境保护、土地资源、矿产资源等。因此学习建设法规应从掌握基本概念、基本建设程序着手，并按建设程序的各过程学习相应法律、法规的基本内容。

为了达到上述目的，学习建设法规要借助许多相关专业学科，如城市规划、钢筋混凝土结构、砖石结构、建筑材料、水工建筑物、港口建筑物、钢结构、地基基础和土木工程施工等。

四、建设法规构成

建设法律法规

我国建设法规体系采用的是梯形结构。

目前，根据《中华人民共和国立法法》有关立法权限的规定，我国建设法规体系由 5 个层次组成。

1. 建设法律

指由全国人民代表大会及其常委会制定颁行的属于国务院建设行政主管部门主管业务范围的各项法律。主要内容是建设领域的基本方针、政策，涉及建设领域的根本性、长远性和重大的问题，是建设领域法律体系的最高层次，它们是建设法规体系的核心和基础。

例如，《中华人民共和国建筑法》《中华人民共和国招标投标法》《中华人民共和国合同法》《中华人民共和国城市规划法》和《中华人民共和国房地产管理法》。

2. 建设行政法规

建设行政法规是指国务院依法制定并颁布的建设领域行政法规的总称。建设行政法规是建设法律制度中的第二层次，一般是对建设法律条款的进一步细化，以便于法律的实施。例如，2003 年 11 月 24 日国务院颁布了《建设工程安全生产管理条例》；2003 年 6 月 8 日国务院颁布了《物业管理条例》，并于2018年3月19日进行了最新修订；2019年3月24日国务院最新修改了《住房公积金管理条例》；2000年9月25日国务院颁布了《建设工程勘察设计管理条例》，并于2015年6月23日进行了最新修订；2000年1月30日国务院颁布了《建设工程质量管理条例》，并于2019年4月23日进行了第二次修订。

3. 建设部门规章

建设部门规章，是指建设部或国务院有关部门根据国务院规定的职责范围，依法制定并颁布的建设领域的各项规章。规章一方面将法律、行政法规的规定进一步具体化，以便其更好地贯彻执行；另一方面规章作为法律、法规的补充，为有关政府部门的行为提供依据。部门规章对全国有关行政管理部门具有约束力，但其效力低于行政法规。2003年3月8日七部委联合发布了《工程建设项目施工招标投标办法》，2003年2月13日建设部和对外贸易经济合作部联合颁布了《外商投资城市规划服务企业管理规定》，2002年12月4日建设部颁布了《建设工程勘察质量管理办法》等。

4. 地方性建设法规

指由省、自治区、直辖市人民代表大会及其常委会制定颁行的或经其批准颁行的由下级人大或常委会制定的建设方面的法规。地方性法规在其所管辖的行政区内具有法律效力，如《山东省实施〈中华人民共和国土地管理法〉办法》《山东省水污染防治条例》《泰山风景名胜区保护管理条例》《山东省城市房地产交易管理条例》《山东省城市房地产开发经营管理条例》《山东省城市房屋拆迁管理条例》《山东省建设工程招标投标管理条例》等。

5. 地方建设规章

指由省、自治区、直辖市人民政府制定颁行的或经其批准颁行的由其所辖城市人民政府制定的建设方面的规章。如《山东省关于提高建筑工程质量的若干规定》《山东省建设工程设计招标投标暂行规定》《山东省建设工程施工招标投标暂行规定》《山东省关于外国建筑企业承包建设工程施工管理的暂行规定》。

其中，建设法律的法律效力最高，层次越往下的法规的法律效力越低。法律效力低的建设法规不得与比其法律效力高的建设法规相抵触；否则，其相应规定将被视为无效。

五、我国建设法规体系的现状与规划

新中国成立初期，建设立法基本上是个空白，为了适应经济建设和发展的需要，国务院（初期为政务院）及其相关行政主管部门制定颁行了许多有关建设程序、设计、施工及成本管理等方面的有关规定，但未形成完整的体系，更无一部建设法律。改革开放以来，尤其是中央确立经济体制由计划经济向社会主义市场经济转变的发展战略以后，随着国家法制建设的加强，建设法规逐步成为国家整个法律体系的重要组成部分，其立法的系统性、迫切性也成为国家法制建设中必须解决的重大问题。1989年建设部组织了建设法规体系的研究、论证工作，并于1991年制定出《建设法律体系规划方案》，使我国建设立法走上了系统化、科学化的健康发展之路。我国建设法规体系采用了梯形结构形式，所以在我国将没有一部《中华人民共和国建设法》这样的基本法律，而由城市规划法、市政公用事业法、村镇建设法、风景名胜区法、工程勘察设计法、建筑法、城市房地产管理法、住宅法等8部关于专项业务的法律构成我国建设法规体系的顶层，并由城市规划法实施条例等38部行政法规对这些法律加以细化和补充。

需要指出的是，与建设活动关系密切的相关法律、行政法规和部门规章，虽不属于建设法规体系，但其有些规定对调整相关的建设活动有着十分重要的作用，对此，我们必须予以密切关注。

课题二　工程项目管理

一、工程项目管理的预期目标和基本目标

工程项目管理的特点和主要内容

在工程项目管理过程中，人们的一切工作都是围绕着一个目的——取得一个成功的项目而进行的。那么怎样才算是一个成功的项目？时间、条件、视角不同，就会有不同的标准，通常一个成功项目至少必须实现如下的预期目标：

(1) 在预定的时间内完成项目的建设，及时地实现投资目的，达到预定的项目要求。

(2) 在预算费用(成本或投资)范围内完成，尽可能地降低费用消耗，减少资金占用，保证项目的经济性。

(3) 满足预定的使用功能要求，达到预定的生产能力或使用效果，能经济、安全、高效地运行并提供较好的运行条件。

(4) 能为使用者(用户)接受和认可，同时又照顾到社会各方面及各参加者的利益，使得各方面都感到满意，企业由此获得良好的声誉。

(5) 能合理、充分、有效地利用各种资源。

(6) 项目实施按计划、有秩序地进行，变更较少，不发生事故或其他损失，较好地解决项目过程中出现的风险、困难和干扰。

(7) 与环境协调一致，即项目必须为它的上层系统所接受，这里包括：

① 与自然环境的协调，没有破坏生态或恶化自然环境，具有良好的审美效果；

② 与人文环境的协调，没有破坏或恶化优良的文化氛围和风俗习惯；

③ 项目的建设和运行与社会环境有良好的接口，为法律所允许，或至少不能招致法律问题，有助于社会就业、社会经济发展。

要取得完全符合上述每一个条件的项目几乎不可能，因为这些条件之间有许多矛盾。在一个具体的项目中常常需要确定它们的重要性(优先级)，有的必须保证，有的尽可能照顾，有的又不能保证。这就属于项目目标的优化。

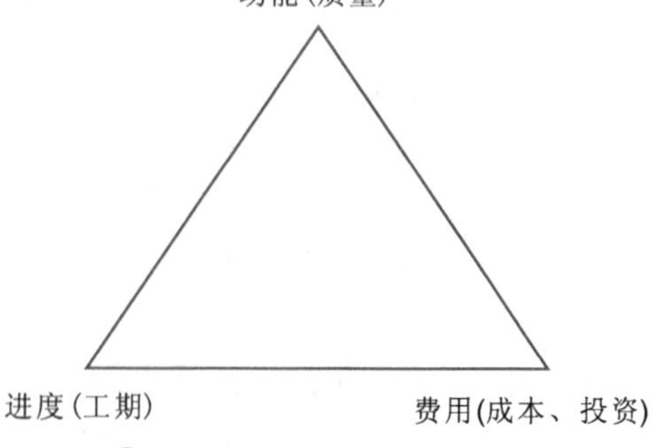

图8-3　项目管理的目标体系

以工程建设作为基本任务的项目管理的核心内容可概括为“三控制、二管理、一协调”，即进度控制、质量控制、费用控制，合同管理、信息管理和组织协调。在有限的资源条件下，运用系统工程的观点、理论和方法，对项目的全过程进行管理。所以项目管理基本目标有三个最主要的方面：专业目标(功能、质量、生产能力等)、工期目标和费用目标(成本、投资)，它们共同构成项目管理的目标体系，如图8-3所示。

二、工程项目管理现代化

工程项目管理现代化

现代化的项目管理是在20世纪50年代以后发展起来的。

20世纪50年代，人们将网络技术应用于工程项目的工期计划和控制，取得了很大成功。最重要的是美国1957年的北极星导弹研制和后来的登月计划。

20世纪60年代，利用大型计算机进行网络计划的分析计算已经成熟，人们可以用计算机进行项目工期的计划和控制。但当时计算机还不普及，一般的项目不可能使用计算机进行管理，而且当时有许多人对网络技术接受迟缓，所以网络技术尚不十分普及。

20世纪70年代，计算机网络分析程序已十分成熟，人们将信息系统方法引入项目管理中，提出项目管理信息系统。这使人们对网络技术有更深的理解，扩大了项目管理的研究深度和广度，同时扩大了网络技术的作用和应用范围，在工期计划的基础上实现用计算机进行资源和成本计划、优化和控制。

20世纪80年代，计算机得到了普及，这使项目管理理论和方法的应用走向了更广阔的领域。计算机及软件价格的降低，数据获得更加方便，计算时间缩短，调整容易等优点，使得寻常的项目管理公司和企业都可以使用现代化的项目管理方法和手段。这使项目管理工作大为简化，收到了显著的经济和社会效益。

20世纪90年代，人们扩大了项目管理的研究领域，包括合同管理、项目形象管理、项目风险管理、项目组织行为。在计算机应用上则加强了决策支持系统和专家系统的研究。

现代化的项目管理具有如下特点：

1. 项目管理理论、方法、手段的科学化

(1) 现代管理理论的应用

例如：系统论、信息论、控制论、行为科学等在项目管理中的应用。

(2) 现代管理方法的应用

例如：预测技术、决策技术、数学分析方法、数理统计方法、模糊数学、线性规划、网络技术、图论、排队论等。

(3) 管理手段的现代化

最显著的是计算机的应用，以及现代图文处理技术、精密仪器的使用，多媒体的使用等。

2. 项目管理的社会化、专业化

以往人们进行工程建设要组织起管理班子，一旦工程结束，这套班子便解散或赋闲。因此管理人员的经验得不到积累，只有一次教训，没有二次经验。

在现代社会中，需要专业化的项目管理公司。项目管理今天不仅是学科，而且成为一门职业，专门承接项目管理业务，提供全套的专业化咨询和管理服务。这是世界性的潮流。现如今，不仅发达国家就连发展中国家建设大型的工程项目都聘请或委托项目管理(咨询)公司进行项目管理，这样能达到投资省、进度快、质量好的目标。

3. 项目管理的标准化和规范化

项目管理是一项技术性非常强的十分复杂的工作，要符合社会化大生产的需要，项目管理必须标准化、规范化。这样项目管理工作才有通用性，才能专业化、社会化，才能提高管理水平和经济效益。这使得项目管理成为人们通用的管理技术，逐渐摆脱经验型管理以及管理工作“软”的特征而逐渐“硬”化。

4. 项目管理国际化

项目管理的国际化趋势越来越明显。项目管理的国际化即按国际惯例进行项目管理。国际惯例能把不同文化背景的人包罗进来，提供一套通用的程序，通行的准则和方法，这样，统一的文件就使得项目中的协调有一个统一的基础。

工程项目管理国际惯例通常有：

世界银行推行的工业项目可行性研究指南；世界银行的采购条件；国际咨询工程师联合会颁布的 FIDIC 合同条件和相应的招投标程序；国际上处理一些工程问题的惯例和通行准则等。

课题三　工程项目招标与投标

一、概述

工程项目招标与投标是国际上通用的比较成熟的科学合理的工程发包方式。许多国家用立法的形式规定了企业、事业单位承包工程项目的可行性研究、勘察设计、施工、设备安装、物资和机械设备采购等必须采用招标与投标方式。

工程项目招标与投标中的标，又叫标的，是指拟发包工程项目内容的标明。招标与投标是在商品经济中运用于工程项目中的一种交易方式。它的特点是由专一的买主(招标单位)设定以建筑商品质量、价格、工期为主的标的，邀请若干个卖主(投标企业)对建筑工程的价格和施工方案等条件进行竞争，进而通过开标、评标择优，确定承包单位并与之达成交易协议。

工程项目招标，就是建设单位(招标单位)在发包工程项目前，发布招标公告，由咨询公司、勘察设计单位、建筑公司、安装公司等各类公司的多家承包企业分阶段来投标，最后建设单位从中择优选定承包企业的一种经济行为。招标单位发布招标公告时必须编制招标书及图纸资料文件，并在招标投标管理机构审批合格的基础上提出招标要求，明确招标项目内容和投标、开标的时间；招标单位根据投标企业填报的投标资料，按其投标报价的高低、技术水平、施工经验、财务状况、企业信誉等方面进行综合评价，选出优胜企业为中标单位，并与之签订工程项目承包合同，达成工程项目成交协议。

工程建设项目招标范围和规模标准规定

工程项目投标，就是投标企业在同意招标单位拟订的招标文件所提条件的前提下，对招标项目提出实施方案和报价的过程。投标企业在获得投标资料以后，要认真研究招标文件，调查工程环境，确定投标策略，仔细编制标书，妥善处理好工程造价与工程质量、工期的关系，依据招标单位的要求和条件，对所投标的工程项目估算成本与造价，按规定的投标期限，向招标单位递交投标资料文件，并准时参加开标会。经过评标、定标过程，投标企业中标后，及时与招标单位签订工程施工承包合同，并履行合同。

二、招标方式与分类

招标方式与分类

1. 招标方式

《中华人民共和国招标投标法》规定我国招标方式有两种，即公开招标和邀请招标。

(1) 公开招标，又称无限竞争性招标。由业主在国内外主要报纸或行业刊物上，或在电视、电台上发布招标广告，凡对此招标项目感兴趣的承包商都可以在规定的时间内报名购买资格预审文件，参加资格预审，经业主资格预审合格者均可购买招标文件参加投标。这种投标方式的优点是业主有较大的选择范围，能更好地实施竞争，打破垄断，有利于降低工程造价。但这种招标方式投标单位较多，审查投标者资格和标书的工作量也较大，所花费用较多，招标过程需要的时间较长。

(2) 邀请招标，又称为有限制性选择招标。业主可根据自己的经验和资料或咨询公司提供的材料，依据企业的信誉、技术水平，以往承担的类似工程的质量、资金、技术力量、设备状况、经营能力等条件，邀请某些承包商来参加投标。邀请招标的承包商的数量可根据工程规模来确定，一般以5～10家为宜，但不能少于3家。邀请的承包商名单要经过慎重选择，应尽量保证选定的单位都符合招标条件要求，以利评标时主要依据报价的高低来选定中标单位。

这种方式因参加投标的承包商数量有限，既可以节省招标费用，缩短招标时间，又可提高承包商的中标概率，对业主和承包商都有利。但这种方式限制了竞争范围，可能漏掉一些技术上、报价上有竞争力的后起承包商。

2. 招标分类

按工程项目建设程序，招标可分为以下三种：

(1) 项目开发招标。它是指业主对工程建设项目进行可行性研究的工程咨询单位实行竞争性选择的过程，其标的是可行性研究报告。

(2) 勘察设计招标。它是根据通过的可行性研究报告所提出的项目设计任务书，择优选择勘察设计单位。这种招标的标的是勘察设计的成果。

(3) 工程施工招标。在工程项目初步设计或施工图设计完成的基础上，业主用招标的方式选择信誉好、技术水平高、管理和施工经验多的施工单位。这种招标的标的是施工单位向业主交付按设计规定的建筑产品。

按工程项目招标的范围分类，招标可分为：

(1) 全过程招标。是指从项目的可行性研究、勘察设计、物资供应、施工安装、职工培训、生产准备和试生产、交付使用都由一个总承包商负责承包的招标。

(2) 专项工程承包招标。指在工程承包招标中，对工程规模大、工程内容复杂、专业性强、施工和制作要求特殊的单项工程，实施单独选择承包商的过程。

三、工程项目招标应具备的条件

工程项目实施施工招标应具备如下条件：

(1) 概算已经有关部门批准；

(2) 工程建设项目已正式列入国家、部门或地方的年度固定资产投资计划；

(3) 建设用地的征用工作已经完成；

(4) 有能够满足施工需要的施工图纸及技术资料；

(5) 建设资金和主要建筑材料、设备的来源已经落实；

(6) 已被建设项目所在地规划部门批准，施工现场的“七通一平”已经完成或一并列入施工招标范围。

不具备上述招标条件的工程，要积极创造条件，待条件成熟后再行招标。

四、工程项目招标程序

工程项目招标投标程序

1. 办理审批手续、成立招标组织

招标活动必须有一个专门机构组织，这就是招标委员会或招标小组，具有编制招标文件和组织评标的能力，则可以自行组织招标，并报建设行政监督部门备案；如果不具备法定条件，则应先选择招标代理机构，签订委托合同，委托其办理招标事宜。无论是自行组织招标还是委托代理机构招标，招标人都要组织成立招标小组或招标委员会，以便能对招标中的诸多事项，如确定投标人，中标人等重大问题进行决策。

根据《招标投标法》第三条规定必须进行招标的建设项目必须经有关部门审核批准后，并且建设资金已经落实后，才能招标。此外，对于不属于强制招标的范围，但是法律、法规、规章明确应当审批的项目，也必须履行审批手续。

工程项目招标应当具备下列条件：

(1) 概预算已经批准；

(2) 建设项目已经列入国家、部门或地方的年度固定资产投资计划；

(3) 建设用地的征用工作已经完成；

(4) 有能够满足施工需要的施工图纸及设计文件；

(5) 建设资金和主要建筑材料、设备的来源已经落实；

(6) 建设项目已经经所在地规划部门批准，施工现场的“三通一平”已经完成或一并列入施工招标范围。

2. 编制招标文件

《招标投标法》第十九条规定：“招标人应当根据招标项目的特点和需要编制招标文件。招标文件应当包括招标项目的技术要求、对投标人资格审查的标准和评标标准等所有实质性要求和条件以及拟签订合同的主要条款。

国家对招标项目的技术、标准有规定的，招标人应当按照其规定在招标文件中提出相应要求。

招标项目需要划分标段、确定工期的，招标人应当合理划分标段、确定工期，并在招标文件中载明。”

(1) 招标文件的内容

《工程施工招投标管理办法》第十八条规定，招标人应当根据招标工程的特点和需要，自行或者委托工程招标代理机构编制招标文件。招标文件应当包括下列内容：

① 投标须知，包括工程概况，招标范围，资格审查条件，工程资金来源或者落实情况(包括银行出具的资金证明)，标段划分，工期要求，质量标准，现场踏勘和答疑安排，投标文件编

制、提交、修改、撤回的要求，投标报价要求，投标有效期，开标的时间和地点，评标的方法和标准等；

② 招标工程的技术要求和设计文件；

③ 采用工程量清单招标的，应当提供工程量清单；

④ 投标函的格式及附录；

⑤ 拟签订合同的主要条款；

⑥ 要求投标人提交的其他资料。

(2) 招标文件依据的原则

编制招标文件的工作是一项十分细致、复杂的工作，必须做到系统、完整、准确、明了，提出要求的目标要明确，使投标者一目了然。编制招标文件依据的原则是：

① 建设单位和建设项目必须具备招标条件；

② 必须遵守国家的法律、法规及有关贷款组织的要求；

③ 应公正、合理地处理业主和承包商的关系，保护双方的利益；

④ 正确、详尽地反映项目的客观、真实情况；

⑤ 招标文件各部分的内容要力求统一，避免各份文件之间有矛盾。

招标文件的措辞应表达清楚、确切，要指明评标时考虑的因素，不仅总价中要考虑到货价以外的如运输、保险、检验费用以及需某些进口部件时的关税、进口费用、支付货币等，还要说明尚有哪些因素以及怎样评价。招标文件的技术规格一定要准确、详细，国家对招标项目的技术、标准有相关规定的，招标文件中应予以体现。

3. 标底及保密的规定

设有标底的招标项目，招标人应当编制标底。标底是我国工程招标中的一个特有概念，标底既是招标人对该工程的预期价格，也是评标的依据。标底是依据国家统一的工程量计算规则，预算定额和计价办法计算出来的工程造价，是招标人对建设工程预算的期望值。

《招标投标法》第二十二条规定："招标人不得向他人透露已获取招标文件的潜在投标人的名称、数量以及可能影响公平竞争的有关招标投标的其他情况。招标人设有标底的，标底必须保密。"

招标人对潜在投标人状况及标底具有保密义务。招标人向他人透露已获取招标文件的潜在投标人的名称、数量以及可能影响公平竞争的有关招标投标的其他情况，泄露本应当保密的标底的行为，都直接违反了招标投标法规定，从而使招标投标流于形式，损害其他投标人的利益，严重破坏了社会主义市场条件下正当的竞争秩序，具有相当大的社会危害性，因此，必须加以禁止。对于招标人将有关信息或标底泄露给某特定投标人的行为，应认定为是招标投标中的不正当竞争行为。

在我国工程建设领域，标底仍然得到普遍的应用。在实践中，投标价格是否接近标底价格仍然是投标人能否中标的一个重要的条件。正是由于标底在投标中的重要作用，所以一些投标人为了中标，想方设法地打听标底，由此产生的违法问题也屡见不鲜。因此，招标人必须依照法律规定，对标底进行保密。

4. 发布招标公告或发出投标邀请书

《招标投标法》第十六条规定："招标人采用公开招标方式的，应当发布招标公告。依法必须进行招标的项目的招标公告,应当通过国家指定的报刊、信息网络或者其他媒介发布。

招标公告应当载明招标人的名称和地址,招标项目的性质、数量、实施地点和时间以及获取招标文件的办法等事项。”

(1) 招标公告应当载明招标人的名称和地址、招标项目的性质、数量、实施地点和时间、投标截止日期以及获取招标文件的办法等事项。招标人或其委托的招标代理机构应当保证招标公告内容的真实、准确和完整。

(2) 拟发布的招标公告文本应当由招标人或其委托的招标代理机构的主要负责人签名并加盖公章。招标人或其委托的招标代理机构发布招标公告,应当向指定媒体提供营业执照(或法人证书)、项目批准文件的复印件等证明文件。

(3) 招标人或其委托的招标代理机构应至少在一家指定的媒体发布招标公告。指定报纸在发布招标公告的同时,应将招标公告如实抄送指定网络。招标人或其委托的招标代理机构在两个以上媒体发布的同一招标项目的招标公告的内容应当相同。

(4) 指定报纸和网络应当在收到招标公告文本之日起七日内发布招标公告。指定媒体应与招标人或其委托的招标代理机构就招标公告的内容进行核实,经双方确认无误后在前款规定的时间内发布。

《招标投标法》第十七条第 1 款规定:“招标人采用邀请招标方式,应当向 3 个以上具备承担招标项目的能力、资信良好的特定法人或者其他组织发出投标邀请书。”

5. 对投标单位的资格审查

承包商的投标是否真实或是否有履行承包合同的能力,直接关系到招标项目能否顺利进行及招标目标能否顺利实现。招标人可以根据招标项目本身的特点和需要,要求潜在的投标人或投标人提供满足其资格要求的文件,并对其进行资格审查。国家对投标人的资格条件有规定的,依照其规定。

资格审查根据招标进行的时间,可以分为资格预审、资格中审和资格后审。我国的行政规章规定了资格预审和资格后审。资格预审是指在投标前对潜在投标人进行的资格审查。资格后审是指在开标后对投标人进行的资格审查。进行资格预审的,一般不再进行资格后审,但招标人需对中标企业是否有能力履行合同义务进行进一步审查的,可以在招标文件中另作规定。

采用资格预审是在发出招标公告或投标邀请以前发布资格预审公告,招标人应在资格预审文件中载明资格预审的条件、标准和方法。采用资格后审的,招标人应在招标文件中载明对投标人资格要求的条件、标准和方法。招标人不得改变载明的资格条件或以没有载明的资格条件对潜在投标人进行资格审查。资格预审是招标人对投标人的财务状况、技术能力等方面事先进行的审查,以确保参加投标人均为有投标能力的投标人。资格预审主要从法律、技术及资金等方面对投标人的资格进行审查。具体地说,就是审查投标人的财务能力、机械设备条件、技术水平、施工经验、工程信誉及法律资格等方面的有关情况。资格审查程序是为了在招标过程中剔除资格条件不适合承担或履行合同的潜在投标人或投标人。

《招标投标法》第十八条规定:“招标人可以根据招标项目本身的要求,在招标公告或者投标邀请书中,要求潜在投标人提供有关资质证明文件和业绩情况并对潜在投标人进行资格审查;国家对投标人的资格条件有规定的,依照其规定。

招标人不得以不合理的条件限制或者排斥潜在投标人,不得对潜在投标人实行歧视待遇。”

关于资格审查的规定主要是针对资格预审做出的，同时《房屋建筑与市政基础设施工程施工招标投标管理办法》第十六、十七条对资格预审的有关事项进行了规定。

招标人可以根据招标工程的需要，对投标申请人进行资格预审，也可以委托工程招标代理机构对投标申请人进行资格预审。实行资格预审的招标工程，招标人应当在招标公告或者投标邀请书中载明资格预审的条件和获取资格预审文件的办法。

资格预审文件一般应当包括资格预审申请书格式、申请人须知，以及需要投标申请人提供的企业资质、业绩、技术装备、财务状况和拟派出的项目经理与主要技术人员的简历、业绩等证明材料。

资格预审后，招标人应当向资格预审合格的投标申请人发出资格预审合格通知书，告知获取招标文件的时间、地点和方法，并同时向资格预审不合格的投标申请人告知资格预审结果。

在资格预审合格的投标申请人过多时，可以由招标人从中选择不少于 7 家资格预审合格的投标申请人。

6. 发售招标文件

招标文件、图纸和有关基础资料发放给通过资格预审或具有投标资格的投标单位。不进行资格预审的，发放给愿意参加投标的单位。投标单位收到招标文件、图纸和有关资料后，应当认真核对，核对无误后以书面形式予以确认。

在工程实践中，经常会出现招标人以不合理的高价发售招标文件的现象。对此，《工程施工招投标管理办法》第二十二条规定："招标人对于发出的招标文件可以酌收工本费。招标人可以酌收押金，对于开标后将设计文件退还的，招标人应当退还押金。"根据该项规定，借发售招标文件的机会谋取不正当利益的行为是法律所禁止。

7. 组织投标单位踏勘现场，并对招标文件答疑

招标人根据招标项目的具体情况可以组织潜在的投标人踏勘项目现场，向其介绍工程场地和相关环境的有关情况。但招标人不得单独或分别组织任何一个投标人进行现场踏勘。潜在投标人依据招标人介绍情况作出的判断和决策，由投标人自行负责。

标前会议也称投标预备会，是招标人按投标须知规定时间和地点召开会议。对于潜在投标人在阅读招标文件和现场踏勘中提出的问题，招标人可以书面形式或召开投标预备会的方式解答。但需要同时将解答以书面方式通知所有购买招标文件的潜在投标人，该解答的内容为招标文件的组成部分。

五、工程项目投标工作程序

1. 组建精干的投标班子

建筑工程投标文件范本

建立一个强有力的、内行的投标班子是投标获得成功的根本保证。该班子应由具备以下基本条件的人员组成：精明的决策人员；精干的投标专业人员；有丰富现场施工经验的总工程师或主管工程师（他们熟悉施工组织设计，针对现场的实际情况，能编制出科学的施工方案，能够对招标文件中的设计图纸在满足原工程项目基本设计要求的前提下，提出既可缩短工期又能降低工程造价的改进方案，赢得招标单位的信赖）；有熟悉建筑材料、设备、物资供应的管理人员（他

们了解市场行情，熟悉供给渠道，能为工程项目估价提供重要资料）；有精通工程项目预算的经济师；有政策性强、懂税收、保函、保险、涉外管理和结算等知识的财会人员。

2. 投标工作程序和内容

（1）通过广播、电视、专业期刊等渠道获得工程项目招标信息。

（2）实施前期投标决策。

（3）向招标单位申报资格预审书。内容包括：申请者的身份、营业执照、资质等级和组织机构；过去的详细履历；拟用于本工程的主要施工机械、设备详细情况；从事本工程项目主要管理者的资历和经验；近几年的主要同类工程业绩；过去两年经审计的财务状况；近年内介入的诉讼情况等，并填好申请人、申请合同、组织机构及框图、财务、公司人员、施工机械设备、业绩、在建项目、介入诉讼案件等登记表格。

（4）购买招标文件。在通过资格预审，获得参加投标的通知后，到招标单位购买招标文件，并交纳一定数量的投标保证金。

（5）澄清招标文件中的有关问题。投标企业购买到招标文件后，应组织人员仔细阅读和研究，若发现招标文件、设计图纸有遗漏、错误、词义含糊等情况，应书面向招标单位质询，或在答疑会上提出，由招标单位予以解释。

（6）研究招标文件，调查工程环境，确定投标策略。重点是：招标文件的工程综合说明；施工图纸和相应说明书及工程量清单；所需材料、设备的供应方式；合同条款及投标企业的权利和义务；投标、开标、评标日程安排及编制标书的其他要求；派人参加招标单位组织的现场踏勘活动，调查招标工程自然、经济和社会环境，了解现场“七通一平”，地上、地下障碍物的清除，土质、水位、坐标点及电力供应，建筑材料市场行情，各投标企业的实力等情况，为编制标书提供重要依据。

（7）编制投标书。其顺序是：在审核工程量基础上首先制定施工组织设计；然后依次计算工程造价，确定报价，提出主要材料消耗量，依据投标策略，决定是否调整各类主要材料消耗量，还要确认合同主要条款，特别是有关工期、质量、造价调整，付款条件，材料供应，设备提供，争议，仲裁的条款，有需修改的应在投标书内提出；最后编写标书的综合说明。

（8）递送投标书。投标企业对编制好的标书要保证其整洁、纸张一致、字迹清楚、装帧美观，给评委留下该企业重视质量的好印象。标书盖上投标企业的印鉴、法定代表人或法人代表委托的代理人印鉴，反复校对文字和报价数据，确认无误后分正副本分别包装，且要求用内外两层信封包装和密封。外信封写明招标单位地址和投标工程名称。内信封写上投标企业的地址和名称，以备招标单位将投标文件退还投标者时邮寄用。密封后的标书在截止日期前送达。标书送出后，如发现其内容有误或需修改报价，要在投标截止日期前用正式函件更正，此函件与投标书具有同等效力，原标书相应部分、应以更正函件为准。

（9）开标。投标单位按招标文件规定的时间、地点参加开标会，要求投标企业法定代理人或其委托人必须亲自出席。在招标单位启封投标文件前，投标企业要复验本单位的投标书密封情况。投标企业一般按抽签顺序或递交标书的时间顺序依次唱标，并按招标会议上宣布的唱标时间、范围，宣读投标标书的主要内容。当招标单位对宣读的标书提出有关问题时，投标企业应及时解释清楚，但不允许投标企业修改投标报价和工期等重要内容。

（10）询标、议标。开标会一般不能当场定标，招标单位经过审查投标文件，对投标书中的疑问还要向投标企业进行询标，有时还会同一家或几家实力雄厚均有中标可能的投标企业进一步议标，此时，参加询标、议标的投标企业应积极主动与招标单位配合，认真解释和提供必要的资料，积极创造条件争取招标。

(11) 中标、签约。投标企业接到招标单位的中标通知书后，即成为工程项目的承建单位，应按招标文件和投标的内容及有关规定，按期同招标单位签订工程承包合同，并办理投标保证金退回手续，向发包单位提交银行信用证明或履约保函、履约保证金。接到招标单位未中标通知的投标企业，在定标后十天内向招标单位退回招标文件及有关资料，并收回押金和投标保证金。

3. 投标书内容

(1) 投标书封面。

它应填写招标单位、工程项目名称、投标企业名称及其负责人姓名、送达标书的日期。

(2) 标书主文。

主要是根据招标文件提供的设计图纸、技术说明和合同条件，投标企业承担施工任务提出的工程总标价及其构成情况、总工期、主要材料指标、机械设备数量、工程质量标准、主要施工技术组织措施、安全施工保证措施以及要求建设单位提供的配合条件，这些是招标单位评标、定标的主要依据。

(3) 投标书附属材料。

主要包括：工程量清单或单位工程主要分部分项标价明细表；单位工程主要材料、设备标价明细表；详细的施工方案、施工进度计划表、人力安排计划表、特殊材料的样本和技术说明等；按招标文件所附的格式，由建设单位同意的银行出具的投标保函；详细的致函；如欲将部分项目分包给其他施工单位，则应附有分包企业的详细情况。

课题四　建设工程监理

一、概述

GB/T 50319—2013

建设工程监理规范

(一) 建设工程监理的概念

建设工程监理，是指具有相应资质的监理单位受工程项目建设单位的委托，依据国家有关工程建设的法律、法规，经建设主管部门批准的工程项目建设文件、建设工程委托监理合同及其他建设工程合同，对工程建设实施的专业化监督管理。实行建设工程建设监理制，目的在于提高工程建设的投资效益和社会效益。

从事建设工程监理活动，应当遵循守法、诚信、公正、科学的准则。

(二) 建设工程监理的范围

为了确定必须实行监理的建设工程项目的具体范围和规模标准，规范建设工程监理活动，根据《中华人民共和国建筑法》和《建设工程质量管理条例》，下列建设工程必须实行监理：

（1）国家重点建设工程。是指依据《国家重点建设项目管理办法》所确定的对国民经济和社会发展有重大影响的骨干项目。

（2）大中型公用事业工程。是指项目总投资额在3000万元以上的下列工程项目：

① 供水、供电、供气、供热等市政工程项目。

② 科技、体育、文化等项目。

③ 旅游、商业等项目。

④ 卫生、社会福利等项目。

⑤ 其他公用事业项目。

（3）成片开发建设的住宅小区工程。建筑面积在50000 m^2 以上的住宅建设工程必须实行监理；5万平方米以下的住宅建设工程可以实行监理，具体范围和规模由省、自治区、直辖市人民政府建设行政主管部门规定。

为保证住宅质量，对高层住宅及地基、结构复杂的多层住宅应当实行监理。

（4）利用外国政府或者国际组织贷款、援助资金的工程，包括：

① 使用世界银行、亚洲开发银行等国际组织贷款资金的项目。

② 使用国外政府及其机构贷款资金的项目。

③ 使用国际组织或者国外政府援助资金的项目。

（5）国家规定必须实行监理的其他工程，是指：

① 项目总投资额在3000万元以上的关系社会公共利益、公众安全的项目。

② 学校、影剧院、体育场馆等项目。

国务院建设行政主管部门商同国务院有关部门后，可以对本规定确定的必须实行监理的建设工程具体范围和规模进行调整。

省、自治区、直辖市的政府和建设行政主管部门根据本地区的情况，对建设工程监理范围还有补充规定的，按补充规定执行。

（三）建设工程监理的内容

GF—2012—0202

建设工程监理合同示范文本

建设工程监理分为建设前期阶段、勘察设计阶段、施工招标阶段、施工阶段和保修阶段的监理。各阶段监理的主要内容包括控制工程建设的投资、建设工期和工程质量，进行工程建设的合同管理，协调有关单位间的工作关系等。

一般情况下，监理工作的主要业务内容：

1. 建设前期阶段的监理工作

（1）投资项目的决策内容和建设项目的可行性研究。

（2）参与设计任务书的编制等。

2. 勘察设计阶段的监理工作

（1）协助业主提出设计要求，组织评选设计方案。

（2）协助选择勘察、设计单位，协助签订建设工程勘察、设计合同，并监督合同的履行。

（3）督促设计单位限额设计、优化设计。

（4）审核设计是否符合规划要求，能否满足业主提出的功能使用要求。

(5) 审核设计方案的技术、经济指标的合理性，审核设计方案能否满足国家规定的具体要求和设计规范。

(6) 分析设计的施工可行性和经济性。

3. 工程施工招标阶段的监理工作

(1) 受业主委托组织招标，编制与发送招标文件(包括编制标底)。

(2) 协助业主考察投标单位的承包能力和水平，提出考察意见。

(3) 协助业主依法招标、评标和定标。

(4) 协助业主与承建单位签订建设工程施工合同。

4. 工程施工阶段的监理工作

(1) 协助业主与承建单位编写开工报告，协助业主办理开工手续。

(2) 确认承建单位选择的分包单位。

(3) 参加施工图会审和设计交底。

(4) 审查承建单位提出的施工组织设计、施工技术方案、施工进度计划、施工质量保证体系和施工安全保证体系，并提出审查意见。

(5) 督促、检查承建单位执行建设工程施工合同和国家工程技术规范、标准，协调业主和承建单位之间的关系和争议。

(6) 审核承建单位或业主提供的材料、构配件和设备的清单及所列规格、技术性能与质量。

(7) 审批承建单位报送的施工总进度计划；审批承建单位编制的年、季、月度施工计划；分阶段协调施工进度计划，及时提出调整意见，督促承建单位实施进度计划。

(8) 根据施工进度计划协助业主编制用款计划；审核经质量验收合格的工程量，并签证工程款支付申请表；协助业主进行工程竣工结算工作。

(9) 督促承建单位严格按现行规范、规程、强制性质量控制标准和设计要求施工，控制工程质量。

(10) 检查工程使用的材料、构配件和设备的规格、技术性能及质量。

(11) 督促、检查、落实施工安全保证措施和防护措施。

(12) 负责施工现场签证。

(13) 检查工程进度和施工质量，进行技术复核和隐蔽工程验收，组织有关单位人员进行检验批和分项工程、分部(子分部)工程的验收，编写地基与基础、主体结构和其他主要分项工程、分部(子分部)工程和单位(子单位)工程的质量评估报告、阶段工程质量评估报告，并报政府质量监督机构备案。

(14) 参加、督促对工程质量事故的调查、分析和处理。

(15) 督促整理合同文件、施工技术档案资料和竣工资料。

(16) 协助业主组织设计、施工和有关单位进行工程竣工初步验收，编写工程竣工验收报告，协助业主办理工程竣工的备案手续。

(17) 协助业主审查工程结算。

(18) 督促承建单位及时完成未完工程尾项和维修工程出现的缺陷。

5. 工程保修阶段的监理工作

负责检查工程，鉴定质量问题的责任，督促承建单位回访和保修。

（四）项目监理工作程序

工程项目施工阶段的监理，是指工程项目已经完成施工图设计，并已经完成施工投标招标工作，签订建设工程施工合同以后，从工程项目的承建单位进场准备、审查施工组织设计开始，一直到工程竣工验收、备案、竣工资料存档的全过程实施的监理。

监理工作程序如图 8－4 所示：

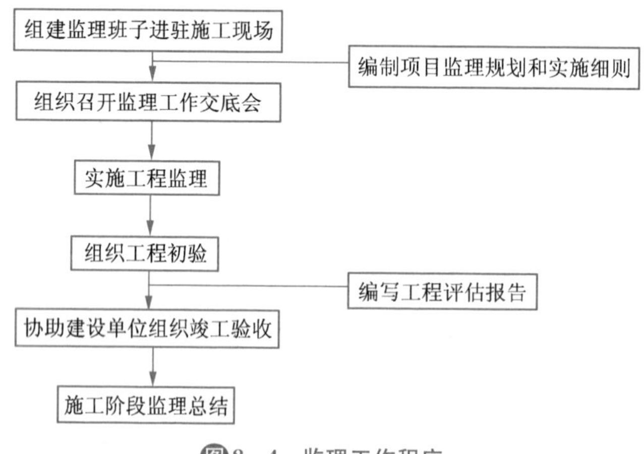

图8－4 监理工作程序

二、监理单位

工程监理单位是社会上建设工程监理企业（工程建设监理公司或工程建设监理事务所）受业主的委托和授权，以自己合格的技能和丰富的经验为基础，依照国家有关工程建设的法律、法规、政策、技术标准和设计文件、建设工程委托监理合同、建设工程施工合同等，对工程项目建设的活动所实施的监督、管理，包括对工程建设活动的组织、协调、监督控制和服务等一系列技术服务活动，亦即实现工程项目建设活动监督管理的专业化和社会化。

1. 监理单位的资质管理

监理单位的资质是指从事建设工程监理业务的工程监理企业，应当具备的注册资本、专业技术人员的素质、管理水平及工程监理业绩等。

工程监理企业的资质等级分为甲级、乙级和丙级，并按照工程性质和技术特点划分为若干工程类别。

2. 监理单位与建设单位的关系

（1）建设单位与监理单位的关系是平等的合同约定关系，是委托与被委托的关系。

监理单位所承担的任务由双方事先按平等协商的原则确定于合同之中，建设工程委托监理合同一经确定，建设单位不得干涉监理工程师的正常工作；监理单位依据监理合同中建设单位授予的权力行使职责，公正独立地开展监理工作。

（2）在工程建设项目监理实施的过程中，总监理工程师应定期（月、季、年度）根据委托监理合同的业务范围，向建设单位报告工程进展情况、存在问题，并提出建议和打算。

(3) 总监理工程师在工程建设项目实施的过程中，严格按建设单位授予的权力，监督建设单位与承建单位签署的建设工程施工合同的执行，但无权自主变更建设工程施工合同，可以及时向建设单位提出建议，协助建设单位与承建单位协商变更建设工程施工合同。

(4) 总监理工程师在工程建设项目实施的过程中，是独立的第三方；当建设单位与承建单位在执行建设工程施工合同过程中发生任何争议时，均须提交总监理工程师调解。总监理工程师接到调解要求后，必须在30日内将处理意见书面通知双方。如果双方或其中任何一方不同意总监理工程师的意见，在15日内可直接请求当地建设行政主管部门调解，或请当地经济合同仲裁机关仲裁。

(5) 工程建设监理是有偿服务活动，酬金及计提办法由建设单位与监理单位依据所委托的监理内容、工作深度、国家或地方的有关规定协商确定，并写入委托监理合同。

3. 监理单位与承建单位的关系

(1) 监理单位在实施监理前，建设单位必须将监理的内容、总监理工程师的姓名、所授予的权限等，书面通知承建单位。

监理单位与承建单位之间是监理与被监理的关系。承建单位在项目实施的过程中，必须接受监理单位的监督检查，并为监理单位开展工作提供方便，按照要求提供完整的原始记录、检测记录等技术、经济资料。监理单位应为项目的实施创造条件，按时按计划做好监理工作。

(2) 监理单位与承建单位之间没有合同关系，监理单位对工程项目实施中的行为具有监理身份，有以下三个方面的原因：一是建设单位的授权；二是在建设单位与承建单位为甲、乙方的建设工程施工合同中已经事先予以承认；三是国家建设监理法规赋予监理单位具有监督实施有关法规、规范、技术标准的职责。

(3) 监理单位是存在于签署建设工程施工合同的甲、乙双方之外的独立一方，在工程项目实施的过程中，监督合同的执行应体现其公正性、独立性和合法性；监理单位不直接承担工程建设中进度、造价和工程质量的经济责任和风险。监理人员也不得在建设工程的承建单位任职、合伙经营或发生经营性隶属关系，不得参与承建单位的盈利分配。

4. 监理单位与质量监督机构的区别

建设工程监理和质量监督是我国建设管理体制改革中的重大措施；是为确保工程建设的质量、提高工程建设的水平而先后推行的制度。质量监督机构在加强企业管理、促进企业质量、保证体系的监理、确保工程质量、预防工程质量事故等方面起到了重要作用，两者关系密不可分、相互紧密联系。工程监理单位要接受政府委托的质量监督机构的监督和检查；工程质量监督机构对工程质量的宏观控制也有赖于项目监理机构的日常管理、检查等微观控制活动。监理机构在工程建设中的地位和作用，也只有通过在工程中的一系列控制活动才能得到进一步加强。对工程质量监督机构和监理单位正确认识和了解，将有助于工程项目管理工作更好地开展。

三、监理工程师

1. 监理工程师的责任

在工程施工阶段，监理工程师的责任是根据国家的法规、技术标准、设计文件、监理合同、建设工程施工合同等，在工程项目施工的全过程中进行监督、管理。包括控制工程建设的投资、建设工期和工程质量，进行工程建设合同管理和信息管理，协调有关单位间的工作关系。具体内容是：

(1) 协助业主考查、选择、确定施工队伍，并参加合同谈判。

(2) 有权发布开工令、停工令、复工令以及在授权范围内的其他指令。

(3) 认可施工组织设计或施工方案。

(4) 有权要求撤换不合格的工程建设分包单位和工程项目建设负责人及有关人员。

(5) 在工程实施的过程中，及时进行隐蔽工程验收、签证。

(6) 审查有关材料的性能、质量与操作工艺，监督有关工程试验。

(7) 签认工程项目有关款项的支付凭证。

(8) 处理有关工程变更事项。

(9) 处理有关索赔事项。

(10) 参加工程质量事故的调查、分析和处理。

(11) 组织有关单位人员进行检验批、分项工程、分部(子分部)工程和单位(子单位)工程的验收，对地基与基础、主体结构和其他主要分项工程、分部工程、单位工程质量写出评估报告。

(12) 签发施工单位提交的工程竣工报告，参加由建设单位组织的工程竣工验收工作。

2. 监理工程师的权利

监理工程师的权利应在委托监理合同中写明，并正式通知承建单位。在一般情况，建设单位应赋予监理工程师的权力是：

(1) 发现建设工程设计不符合建筑工程质量标准或者合同约定的质量要求的，应当报告建设单位要求设计单位改正。

(2) 认为工程施工不符合设计要求、施工技术标准和合同约定的，或者可能产生工程质量或安全隐患的，有权要求建筑施工企业改正。

(3) 对影响建设工程主体结构质量和安全的建筑材料、构配件和设备，未经签字认可，不得在工程上使用或者安装；对其他质量不合格的建筑材料、构配件和设备，要求施工单位停止使用；未经监理工程师签字认可的建筑材料、构配件和设备不得在工程上使用或者安装，施工单位不得进行下一道工序施工。

(4) 对隐蔽工程进行验收；未经总监理工程师签字认可，不进行竣工验收。

(5) 建议撤换不合格的承接建设工程项目的单位、项目负责人或者有关人员。

(6) 建议撤换不合格的建设单位项目负责人，并有权向有关主管部门反映。

(7) 计划进度与建设工期上的确认与否决权。

(8) 工程计量、工程款支付与结算上的确认与否决权。

(9) 施工组织协调上的主持权。

在特殊情况下，若出现了危及生命、工程或财产安全的紧急事件时，监理工程师有权指令承建单位实施解除这类危险的作业，或必须采取其他的措施。

除在建设工程施工合同和监理合同中明确规定外，监理工程师无权解除合同规定的承建单位的任何权利和义务。

课题五　建筑信息模型(BIM)

一、BIM 的基本概念

BIM 的全拼是 Building Information Modeling，中文翻译最为贴切的、也被大家所认可的名称为：建筑信息模型。美国国家 BIM 标准(NBIMS)对 BIM 的定义是：

1. BIM 是一个设施(建设项目)物理和功能特性的数字表达；

2. BIM 是一个共享的知识资源，是一个分享有关这个设施的信息，为该设施从建设到拆除的全生命周期中的所有决策提供可靠依据的过程；

3. 在项目的不同阶段，不同利益相关方通过在 BIM 中插入、提取、更新和修改信息，以支持和反映其各自职责的协同作业。

这些建筑模型的数据在建筑信息模型中的存在是以多种数字技术为依托，从而以这个数字信息模型作为各个建筑项目的基础，去进行各个相关工作。建筑工程与之相关的工作都可以从这个建筑信息模型中拿出各自需要的信息，即可指导相应工作又能将相应工作的信息反馈到模型中。

建筑信息模型不是简单地将数字信息进行集成，它还是一种数字信息的应用，并可以用于设计、建造、管理的数字化方法，这种方法支持建筑工程的集成管理环境，可以使建筑工程在其整个进程中显著提高效率、大量减少风险。

在建筑工程整个生命周期中，建筑信息模型可以实现集成管理，因此这一模型既包括建筑物的信息模型，同时又包括建筑工程管理行为的模型。将建筑物的信息模型同建筑工程的管理行为模型进行完美的组合。因此在一定范围内，建筑信息模型可以模拟实际的建筑工程建设行为，例如：建筑物的日照、外部维护结构的传热状态等。

同时 BIM 可以四维模拟实际施工，以便于在早期设计阶段就发现后期真正施工阶段所会出现的各种问题，来提前处理，为后期活动打下坚固的基础。在后期施工时能作为施工的实际指导，也能作为可行性指导，以提供合理的施工方案及人员，材料使用的合理配置，从而来最大范围内实现资源合理运用。

二、BIM 的特点

BIM 技术应该符合以下五个特点：

1. 可视化：BIM 的可视化即“所见所得”的形式，对于建筑行业来说，可视化的真正运用在建筑业的作用是非常大的，例如经常拿到的施工图纸，只是各个构件的信息在图纸上的采用线条绘制表达，但是其真正的构造形式就需要建筑业参与人员去自行想象了。对于一般简单的东西来说，这种想象也未尝不可，但是现在建筑业的建筑形式各异，复杂造型在不断地推出，那么这种光靠人脑去想象的东西就未免有点不太现实了。

BIM 提供了可视化的思路，让人们将以往的线条式的构件形成一种三维的立体实物图形展示在人们的面前。在 BIM 建筑信息模型中，由于整个过程都是可视化的，所以，可视化的结果不仅可以用来效果图的展示及报表的生成，更重要的是，项目设计、建造、运营过程中的沟通、讨论、决策都在可视化的状态下进行。

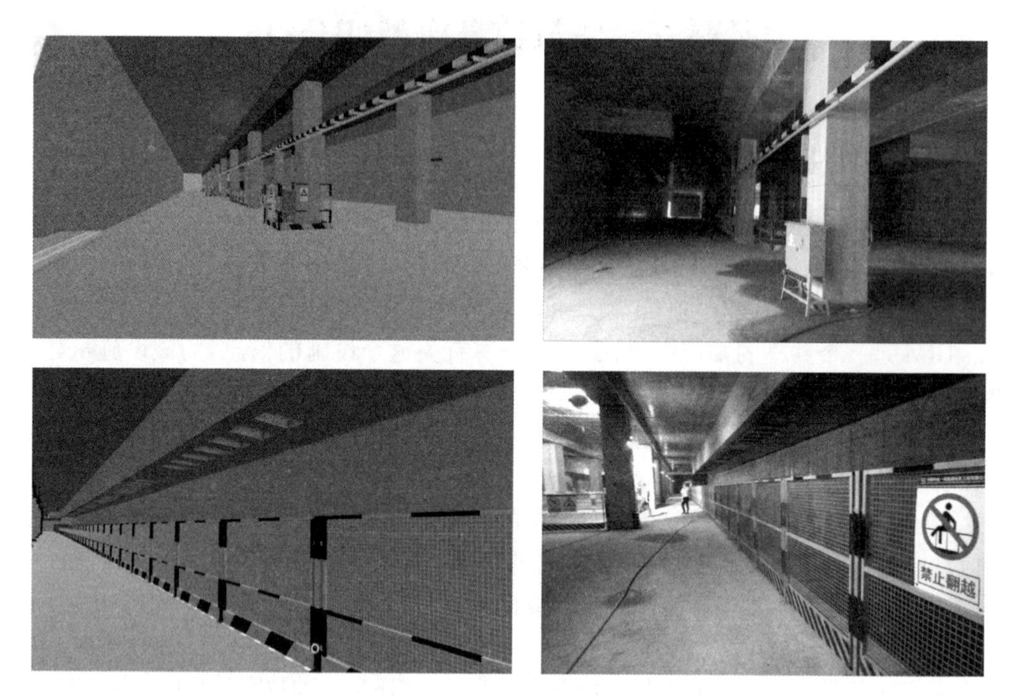

图8-5 临建模拟可视

2. 协调性:BIM的协调性是建筑业中的重点内容,不管是施工单位还是业主及设计单位,无不在做着协调及相配合的工作。一旦项目的实施过程中遇到了问题,就要将各有关人士组织起来开协调会,找各施工问题发生的原因,及解决办法,然后出变更,做相应补救措施等进行问题的解决。

BIM的协调性服务就可以帮助处理这种问题,也就是说BIM建筑信息模型可在建筑物建造前期对各专业的碰撞问题进行协调,生成协调数据,提供出来。当然BIM的协调作用也并不是只能解决各专业间的碰撞问题,它还可以解决例如:电梯井布置与其他设计布置及净空要求之协调,防火分区与其他设计布置之协调,地下排水布置与其他设计布置之协调等。

3. 模拟性:模拟性并不是只能模拟设计出的建筑物模型,还可以模拟不能够在真实世界中进行操作的事物。在设计阶段,BIM可以对设计上需要进行模拟的一些东西进行模拟实验,例如:节能模拟、紧急疏散模拟、日照模拟、热能传导模拟等;在招投标和施工阶段可以进行4D模拟(三维模型加项目的发展时间),也就是根据施工的组织设计模拟实际施工,从而来确定合理的施工方案来指导施工。同时还可以进行5D模拟(基于3D模型的造价控制),从而来实现成本控制;后期运营阶段可以模拟日常紧急情况的处理方式的模拟,例如地震人员逃生模拟及消防人员疏散模拟等。

图8-6　管道设计模拟

4. 优化性：事实上整个设计、施工、运营的过程就是一个不断优化的过程，当然优化和BIM也不存在实质性的必然联系，但在BIM的基础上可以做更好的优化、更好地做优化。优化受三样东西的制约：信息、复杂程度和时间。没有准确的信息做不出合理的优化结果，BIM模型提供了建筑物的实际存在的信息，包括几何信息、物理信息、规则信息，还提供了建筑物变化以后的实际存在。复杂程度高到一定程度，参与人员本身的能力无法掌握所有的信息，必须借助一定的科学技术和设备的帮助。现代建筑物的复杂程度大多超过参与人员本身的能力极限，BIM及与其配套的各种优化工具提供了对复杂项目进行优化的可能。目前基于BIM的优化可以做下面的工作：

(1) 项目方案优化：把项目设计和投资回报分析结合起来，设计变化对投资回报的影响可以实时计算出来；这样业主对设计方案的选择就不会主要停留在对形状的评价上，而更多的可以使得业主知道哪种项目设计方案更有利于自身的需求。

(2) 特殊项目的设计优化：例如裙楼、幕墙、屋顶、大空间到处可以看到异型设计，这些内容看起来占整个建筑的比例不大，但是占投资和工作量的比例和前者相比却往往要大得多，而且通常也是施工难度比较大和施工问题比较多的地方，对这些内容的设计施工方案进行优化，可以带来显著的工期和造价改进。

5. 可出图性：BIM并不是为了出大家日常多见的建筑设计院所出的建筑设计图纸，及一些构件加工的图纸。而是通过对建筑物进行了可视化展示、协调、模拟、优化以后，可以帮助建设方出如下图纸：综合管线图(经过碰撞检查和设计修改，消除了相应错误以后)、综合结构留洞图(预埋套管图)、碰撞检查侦错报告和建议改进方案。

三、常用BIM软件

BIM的软件非常多，目前就有近百种，但其核心软件或者说国内应用最广泛的软件还是以Autodesk Revit、Autodesk Navisworks为主。

1. Autodesk Revit

Revit是由全球领先的数字化设计软件供应商Autodesk公司，针对建筑设计行业开发的三维参数化设计软件平台。目前以Revit技术平台为基础推

Revit软件

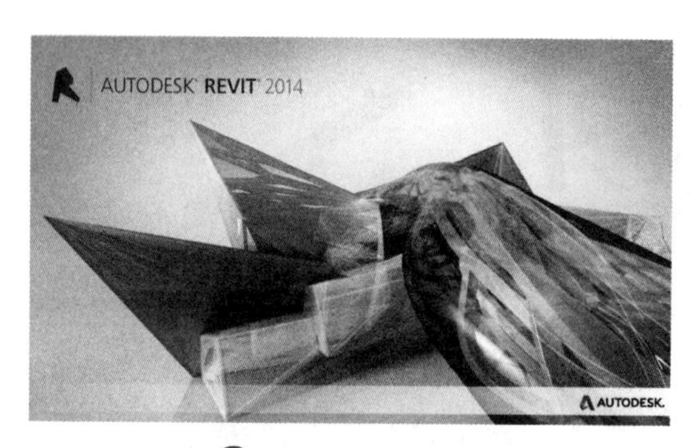

图8-7 Autodesk Revit

出的专业版模块包括：Revit Architecture(Revit 建筑模块)、Revit Structure(Revit 结构模块)和 Revit MEP(Revit 设备模块——设备、电气、给排水)三个专业设计工具模块，以满足设计中各专业的应用需求。在 Revit 模型中，所有的图纸、二维视图和三维视图以及明细表都是同一个基本建筑模型数据库的信息表现形式。在图纸视图和明细表视图中操作时，Revit 将收集有关建筑项目的信息，并在项目的其他所有表现形式中协调该信息。Revit 参数化修改引擎可自动协调在任何位置(模型视图、图纸、明细表、剖面和平面中)进行的修改。

2. Autodesk Navisworks

Navisworks 软件

NavisWorks2014 是 Autodesk 公司的 BIM 系列产品之一，在 revit 模型基础上，提供了模拟漫游、各专业的碰撞检查、结合 Project 进行模拟施工进度计划管理、导出漫游视频等功能，是模型应用的主要工具。

3. MagiCAD

MagiCAD 软件

MagiCAD 是芬兰普罗格曼有限公司出品的设计软件，适用于 Revit 平台。包含通风系统设计、水系统设计、电气系统设计等多种模块。MagiCAD 可以通过许多灵巧的方法帮助进行设计工作。例如在绘图过程中改变风管方向的话，MagiCAD 会自动产生弯头。如果需要将风管连接到某个弯头，该弯头会自动转变成一个 T 形连接(三通)。

图8-8 Autodesk Navisworks

图8-9 MagiCAD

单元小结

本单元主要介绍了：

(1) 建设项目按其组成内容，从大到小可以划分为若干个单项工程、单位工程、分部工程和分项工程。

(2) 建设程序是指建设项目在整个建设过程中的各项工作必须遵循的先后次序，包括项目的设想、选择、评估、决策、设计、施工以及竣工验收、投入生产等的先后顺序。

(3) 建筑法规的构成分为三个部分：建设行政法律、建设民事法律和建设技术法规。

(4) 以工程建设作为基本任务的项目管理的核心内容可概括为三控制、二管理、一协调，即进度控制、质量控制、费用控制，合同管理、信息管理和组织协调。

(5) 工程项目招标与投标是国际上通用的比较成熟的科学合理的工程发包方式。

(6) 实行建设工程建设监理制，目的在于提高工程建设的投资效益和社会效益。从事建设工程监理活动，应当遵循“守法、诚信、公正、科学”的准则。

(7) BIM 的概念，特点和常用软件。

复习思考题

1. 建设项目是如何划分的？建设项目各组成之间的关系如何？
2. 什么是基本建设程序？基本建设程序包括几个阶段？
3. 基本建设程序的步骤和内容？
4. 可行性研究报告的内容主要有哪些？其主要意义是什么？
5. 建设法规的概念是什么？
6. 学习建设法规的目的是什么？
7. 建设法规的构成分哪些部分？各自的含义如何？
8. 工程项目管理的预期目标是什么？基本目标是什么？
9. 工程项目招标方式与各自的含义是什么？
10. 工程项目招标与投标的工作程序是什么？
11. 建设工程监理的含义与监理范围是什么？
12. 项目监理工作程序是什么？
13. 监理工程师的权利和责任是什么？
14. BIM 的特点有哪些？

参考文献

[1] 陈克森,赵得思.土木工程概论[M].郑州:黄河水利出版社,2010.
[2] 刘宗仁.土木工程概论[M].北京:机械工业出版社,2008.
[3] 刘祥柱,郝和平,陈宇翔.水利水电工程施工[M].郑州:黄河水利出版社,2008.
[4] 徐学东,姬宝霖.水利水电工程概预算[M].北京:中国水利水电出版社,2007.
[5] 丁大钧,蒋永生.土木工程概论[M].北京:中国建筑工业出版社,2006.
[6] 叶志明,江见鲸.土木工程概论[M].北京:高等教育出版社,2006.
[7] 张立伟.土木工程概论[M].北京:高等教育出版社,2006.
[8] 刘光忱.土木建筑工程概论[M].大连:大连理工大学出版社,2006.
[9] 刘汉东.岩土力学[M].北京:中央广播电视大学出版社,2008.
[10] 成虎.工程项目管理[M].北京:中国建筑工业出版社,2006.
[11] 崔长江.建筑材料[M].郑州:黄河水利出版社,2006.
[12] 田平.道路勘测设计[M].北京:机械工业出版社,2006.
[13] 高辉巧.水土保持[M].北京:中央广播电视大学出版社,2005.
[14] 段树金.土木工程概论[M].北京:中国铁道出版社,2005.
[15] 郑万勇,杨振华.水工建筑物[M].郑州:黄河水利出版社,2004.
[16] 张立忠.水利水电工程造价管理[M].北京:中央广播电视大学出版社,2004.